普通高等教育“十四五”规划教材

二氧化碳地质封存与利用监测基础

赖枫鹏　李治平◎编著

中国石化出版社

内 容 提 要

本书系统阐述了二氧化碳封存与利用过程中动态监测的相关概念、原理、技术和方法，以提高读者对碳捕集、利用与封存(CCUS)过程中的流体运移及监测的认识。具体内容包括二氧化碳地质封存概况及封存原理、封存与利用中流体运移监测、二氧化碳泄漏风险及评价方法、地质封存利用的地球物理监测、地质封存利用的地球化学监测、封存与利用数值模拟理论、环境监测及评价、监测设备仪器。全书突出封存与利用过程监测的基础理论和基本方法，强调将 CCUS 过程中流体运移、泄漏及监测的关键知识点以及理论与工程实践的结合，使读者能掌握扎实的 CCUS 监测理论基础，做到紧跟行业发展、与时俱进。

本书可作为碳储科学与工程专业、石油工程专业、地质类专业本科生，以及地质资源与地质工程、石油与天然气工程专业研究生的教学用书，也可供从事碳封存与利用的工程技术人员参考和使用。

图书在版编目(CIP)数据

二氧化碳地质封存与利用监测基础 / 赖枫鹏，李治平编著. —北京：中国石化出版社，2023.8
ISBN 978-7-5114-7121-5

Ⅰ.①二… Ⅱ.①赖… ②李… Ⅲ.①二氧化碳-地下储存-研究 ②二氧化碳-大气监测-研究 Ⅳ.①P562 ②X831

中国国家版本馆 CIP 数据核字(2023)第 138181 号

中国石化出版社出版发行
地址：北京市东城区安定门外大街 58 号
邮编：100011　电话：(010)57512500
发行部电话：(010)57512575
http://www.sinopec-press.com
E-mail：press@sinopec.com
北京艾普海德印刷有限公司印刷
全国各地新华书店经销
*
787 毫米×1092 毫米 16 开本 12.25 印张 293 千字
2023 年 8 月第 1 版　2023 年 8 月第 1 次印刷
定价：38.00 元

前言

全球变暖是由人类行为造成地球气候变化导致的，也在改变(影响)着人们的生活方式。碳捕集、利用与封存(CCUS)是应对全球气候变化的关键技术之一，也是实现碳中和的重要技术，受到世界各国的高度重视。2020年9月，我国明确提出2030年碳达峰与2060年碳中和的目标。党的二十大报告指出，立足我国能源资源禀赋，坚持先立后破，有计划分步骤实施碳达峰行动。深入推进能源革命，积极参与，应对气候变化全球治理。近年来，我国采取有力的政策和措施，持续推进绿色低碳发展，落实"双碳"行动。

动态监测是保证碳封存与利用大规模应用的关键步骤，由于封存地质体的地质条件多样性和参数不明确，以及工程实施过程中的影响因素众多，导致储层中流体运移规律复杂、封存利用效果不清晰、动态不确定性强等问题。要保证碳封存与利用的有效实施，需要立足于地质工程一体化、微观研究与宏观分析相结合的原则，从封存方式、流体运移规律入手，考虑地质、工程因素对监测的影响，从而较为系统地理解碳封存与利用动态监测涉及的基础原理与方法。

碳封存与利用监测技术的发展要求相关专业人员运用正确的理论方法，借助于先进的技术手段，针对二氧化碳地质封存储层地质特点及动态特征，找出最优的监测实施管理方案，实现对流体运移及泄漏风险的准确评价。这就要求必须重视对专业人员的基础培养，紧跟行业的发展。在教学阶段，通过课堂教学、课堂研讨、课后作业和上机实践等教学活动，让学生了解碳地质封存过程和监测工程设计、研究的主要内容，掌握流体运移、动态监测的基本方法和资料整理分析的基本技能，为学生从事CCUS相关工作奠定理论基础。同时，课程内容的知识学习能够帮助学生参与国家级、省部级的学科竞赛及大学生创新创业科技项目。

2022 年 2 月，教育部批复同意重庆大学、中国地质大学(北京)、中国石油大学(北京)、中国矿业大学(北京)四所高校首设“碳储科学与工程”专业，开启了国内高校培养 CCUS 相关产业综合型高素质人才的新篇章。2022 年 3 月，中国地质大学(北京)邀请国内能源行业的多位院士、专家召开了专业建设研讨会，为专业培养方案的制定提出了宝贵的建议。CCUS 过程中的监测原理与技术是专业学习的重要内容，教学内容设计包含地质封存概况及原理、封存与利用中流体运移监测、二氧化碳泄漏风险及评价方法、地质封存利用的地球物理监测、地质封存利用的地球化学监测、封存与利用数值模拟理论、环境监测及评价、监测设备仪器等内容。

本教材编写主要突出碳封存与利用过程中流体运移、动态监测的基础理论和基本方法，章节之间的逻辑关系明显、书的系统性较完整，学生学习后可以掌握 CCUS 监测的实质内容，为现场应用奠定基础。本教材在编写过程中融入了作者多年的科研经验、科研成果及对新技术成果发展的理解，保证了内容的先进性，注重思政元素的有机融入，目的是帮助学生更全面地了解我国能源行业碳封存与利用工作的精神内涵以及行业人员的高尚道德情操，帮助学生树立职业理想。

在编写过程中，张烜瑞、李浩浩、夏清萍、王宁、逯广腾、范宁参与了部分资料的整理、编辑工作。本书参考了大量的书籍和文献资料，部分内容已在参考文献中列出，在此谨对这些文献的作者和未被列出文献的作者表示深深的感谢!

由于编写人员水平有限，书中不妥之处在所难免，希望使用此教材的师生、读者提出批评并给予指正，以便今后不断完善。

目录

第一章　二氧化碳地质封存概况及原理

随着《巴黎气候变化协定》的生效，中国已成为全球应对气候变化的重要参与者、贡献者和引领者，并积极推动碳减排技术的研发与示范。2020 年 9 月 22 日，中国在联合国大会上提出，力争 2030 年前实现碳达峰、2060 年前实现碳中和，实现“双碳”目标的技术创新也成为当前讨论的热点。面对工业社会的飞速发展，控制碳排放量已不足以减轻如今的环境污染问题。因此，在地下含水层或油气藏中对 CO_2 进行地质封存，成为减少 CO_2 排放到大气中一个有效的替代方法。

第一节　CO_2 地质封存项目概况

人类活动造成的 CO_2 气体排放，已成为主要的温室气体来源，随着它在大气中的迅速增加，过去的几十年里给人类带来了不可逆的生存问题，比如海平面上升、极端气候环境变化、冰川融化以及地下水位的持续降低。根据记载，CO_2 占世界温室气体排放总量的 60%以上，人类活动又是 CO_2 大量排放的罪魁祸首，致使大气中的 CO_2 浓度逐年上升，从工业革命以来至 2000 年增加了 31%±4%。根据气候模拟分析的数据，在过去的 150 年间，由于 CO_2 等产生温室效应的气体无约束地排放，地球地表的平均温度上升了 0.3~0.6℃。这种气候变化的影响，对人类生存和发展产生了严重的威胁。据统计，人类碳排放的 80%是由于能源消耗引起的，主要是化石能源，石油消耗占化石燃料使用总量的 31.6%。大规模使用化石燃料，不合理的碳排放，都给环境带来了不小的压力。

从 20 世纪 60 年代到现在，很多国家都开展了不同程度的 CO_2 封存项目，根据调研，国外情况大致汇总见表 1-1。

表 1-1　国外 CO_2 封存项目

时间	地点	国家	备注 CO_2 封存率/(10^4t/a)
1968 年	阿肯色州	美国	—
1972 年	得克萨斯州	美国	—
1996 年	斯莱普纳	挪威	0.10
2000 年	韦伯恩	加拿大	0.05

续表

时间	地点	国家	备注 CO_2 封存率/(10^4t/a)
2004 年	在萨拉赫	阿尔及利亚	0.12
2004~2006 年	弗里奥盐水	美国	—
2007 年	奥特韦盆地	澳大利亚	0.07
2007~2011 年	斯诺维特	挪威	1.46
2008~2009 年	凯津	德国	0.67
2011 年	罗内尔	美国	—
2013 年	北礁趋势	美国	—
2013 年	亚瑟港	美国	—
2014 年	边界坝	加拿大	—
2016 年	惠灵顿	美国	—
2017 年	耶茨	美国	—
2018 年至今	阿尔伯塔碳干线	加拿大	—

对于石油行业而言，CO_2 驱油与封存技术就是对“碳中和”之路的探索与改变。在油田开发中，减少碳排放量的主要思路就是高效循环利用 CO_2，也就是要进行 CO_2 驱油封存。CO_2 气体的地质封存不仅可以提高原油采收率，还可以实现 CO_2 的深度减排，进而缓解气候变化，是一项兼具经济效益和社会效益的技术，是目前经济技术条件下最有效的一种减排方式。

根据国际能源署的评估，适合注入 CO_2 进行开发的石油资源在世界范围内为 300000~60000 亿桶。与其他气体相比，CO_2 最小混相压力(MMP)低，压缩成本低，是最适合注气的气体之一。目前，油田主要将 CO_2 驱油分为混相驱油和非混相驱油，注入方式主要有连续注入、换水注气(WAG)和 CO_2 吞吐。

美国是最早进行 CO_2 驱替封存的国家。1968 年，美国阿肯色州 Ritchie 油田成功进行了第一次 CO_2 非混相驱试验。1972 年，雪佛龙在得克萨斯州 Kelly-Synder 油田的 Sacro 区块实现了首次 CO_2 驱油商业化生产，这是 CO_2 驱替技术成熟的里程碑。在 CO_2 驱油封存项目试验成功的背景下，1973 年和 1975 年，美国分别在 Little Creek 油田和 Lick Creek 油田进行了 CO_2 混相驱油试验和 CO_2 非混相驱油试验，均取得了比较好的成果。随后，美国各个州的油田展开了一系列的试验，进行了 CO_2 非混相驱油试验的油田有得克萨斯州的 Yates 油田、新墨西哥州的 Maljamar 油田、怀俄明州的 Halfmoon 油田和加利福尼亚州的 Lost Hills 油田；进行了 CO_2 混相驱油试验的油田有路易斯安那州的 Quarantine Bay 油田、加利福尼亚州的 North Coles Levee 油田、得克萨斯州的 Slaughter Estate Unit 油田和怀俄明州的 Beaver Creek 油田；进行 CO_2 吞吐测试试验的油田有肯塔基州的 Big Sinking 油田和蒙大拿州的 Bakken 地层。CO_2 混相驱油已成为美国提高采收率技术中日产量最高的一种方法，CO_2 驱油已成为美国除蒸汽驱外最炙手可热的提高采收率技术。与此同时，其他各国也纷纷加入 CO_2 驱油试点的研究中，加拿大、卡塔尔、马来西亚、特立尼达和多巴哥、克罗地亚、匈牙利、巴西、土耳其等国也进行了 CO_2 驱油试点试验。

中国有多家石油公司已经率先开展了 CO_2 驱油试点工作：中国石油天然气集团有限公司、中国石油化工集团有限公司和陕西延长石油集团。尽管都在进行注 CO_2 驱提高采收率和 CO_2 封存技术研究，但热法和化学法提高采收率仍主导着中国的三次采油。2021 年 8 月，中国海油启动中国首个海上 CO_2 封存示范项目，将在海底储存层永久封存 146×10^4t CO_2。这是中国海洋油气开发中绿色低碳模式转变的重要一步，为实现碳达峰、碳中和目标开辟了新的道路。中国海洋石油开展海上 CO_2 封存技术，填补了中国海上封存 CO_2 的空白。2023 年 2 月，中国海油与广东省发改委、壳牌集团和埃克森美孚公司共同签署了《在中国大亚湾地区开发和运营碳捕集、利用与封存项目联合研究协议》，标志着我国首个海上千万吨级 CCS/CCUS 集群示范项目联合研究工作正式启动。

20 世纪 60 年代，我国大庆油田也开始了一些关于 CO_2 驱油技术研究的探索与尝试，包括在实验室内进行的 CO_2 驱油研究和在萨尔图区蒲 I4-7 层的现场测试，1990~1995 年，大庆进行了水交替气 CO_2 驱替，使产量增加了 6%。1996 年，江苏富民油田进行了 CO_2 吞吐的现场试验，由于经验不足、知识理论欠缺、有限的气源供应和气窜严重等问题，最终现场试验效果并不理想。2000 年之前中国 CO_2 驱油技术的发展十分缓慢。

在过去的几十年里，我国从未停止对 CO_2 驱油封存技术的探索，然而，长期以来天然气供应和技术问题都未得到有效解决，直到 21 世纪才逐渐形成一定规模。近些年，又加大了 CO_2 驱油封存核心技术的攻关，在大庆油田、吉林油田、江苏油田、胜利油田、长庆油田、延长油田、中原油田开展了多项 CO_2 驱油储气利用重点项目。中国石油长庆油田黄 3 区高矿化度油藏进行了 CO_2 驱油、封存技术的先导试验；新疆油田 8 块 530 井砂砾岩油藏的 CO_2 驱油提高采收率试验，如果突破了技术难点，鄂尔多斯盆地和准噶尔盆地石油采收率将会大幅度提高，对 CO_2 地质封存也会产生积极影响。另外，以延长油田低渗透油藏为例，根据现场实际的数据发现注水后 CO_2 驱油可增加原油产量 1.8×10^8t。

根据文献资料，现将我国部分 CO_2 驱油封存的发展情况汇总见表 1-2。

表 1-2 国内部分 CO_2 驱油封存项目

日期	油田/项目	项目开展方式
1990 年	大庆油田海拉尔、榆树林	驱油
1994 年	吉林油田大情字	驱油
1998 年	江苏油田富 14 断块	驱油
2001 年	辽河油田锦 612 块、双 229 区块	CO_2 精细蒸汽吞吐、驱油封存
2002 年	中原油田濮城采油厂	驱油
2003 年	沁水煤田	驱煤层气、CO_2 置换技术
2006 年	武汉岩土所	驱煤层气
2009 年	新疆油田	CO_2 驱油封存
2010 年	神华集团	CO_2 封存
2011 年	长庆油田黄 3 试验区	CO_2 驱油封存
2013 年	胜利油田高 89-樊 142 地区	驱油

续表

日期	油田/项目	项目开展方式
2013 年	延长油田靖边、吴起试验区	CO_2 驱油封存
2013 年	中联煤 CO_2 驱煤层气项目(柿庄)	CO_2 驱提高煤层气采收率
2011~2015 年	国家能源集团神华煤制油化工有限公司	深部盐水层 CO_2 封存
2018 年	新疆准东彩南油田	CO_2 强化深部盐水开采与封存
2021 年	齐鲁石化+胜利油田(我国首个百万吨级碳捕集、利用与封存项目)	CO_2 驱油封存
2022 年	广汇能源 CCUS 示范项目	CO_2 驱油封存
2022 年	中国海油恩平 15-1 油田群(国内海上首个 CO_2 封存示范工程)	CO_2 封存

综合国内各个油田先导试验结果，CO_2 驱油可使采收率提高 3%~12%(平均 7%)。虽然提高采收率范围低于国外 7%~18%(平均 12%)，但储层、流体条件差，注气成熟度低等因素依然是国内 CO_2 驱油、封存技术发展的桎梏。值得一提的是，经过反复研究和试点，我国已基本形成了开发试点、油藏工程设计、工程腐蚀评价、注采、地面工程、动态监测调整、安全控制与项目经济评价等 8 项配套应用技术。

第二节　CO_2 地质封存方式

一、不同封存地质体

CO_2 地质封存，是指通过工程技术手段将从碳排放工业源捕集的 CO_2 直接注入地下 800~3500m 深度范围内的地质构造中，通过一系列的岩石物理束缚、溶解和矿化作用而将 CO_2 封存在地质体中。可用于封存 CO_2 的地质体有陆上盐水层、海底盐水层、枯竭油气田、深部不可开采煤层，以及用于提高采收率的油气藏等(见图 1-1)。当前，全球 CO_2 地质利用与封存技术以 CO_2 驱油和深部盐水层地质封存最为成熟，驱油工程已安全投入商业运营近 50 年。截至 2020 年年底，全球目前共有 26 个正在运行的商业项目，合计捕集 CO_2 规模约 4×10^7t/a。从深部盐水层储集介质来看，全球拟建和在建的地质封存项目超过了 12 个，且正在逐步从小规模示范向大规模集成过渡。

盐水层是包含了高浓度溶解盐水饱和而成的沉积岩，溶解性固体总量通常高达 10000mg/L。盐水层包含大量但不适合农业或人类消费的水，广泛分布于全球沉积岩盆地，较其他地质结构具有最大的 CO_2 封存潜力，因而在 CO_2 地质封存方面发挥主导作用。根据 CO_2 进入盐水层后的状态和变化可将盐水层封存分为构造封存、溶解封存和矿化封存。构造封存为物理过程，封存量较大，但是被封存的 CO_2 不稳定，属于 CO_2 注入初期的过程；溶解封存和矿化封存为化学过程，需要的反应时间较长，其封存量比物理封存少，但是更加稳定和安全。不同的 CO_2 封存具有不同的作用时间尺度，且对 CO_2 封存的贡献度和安全性也具有一定差异。因此，在盐水层封存中，往往不是某种单一的封存机制在发挥作用，而是各种封存作用贯穿整个封存过程。

油田、天然气田经过一定时间的开发后，受技术与经济条件等的限制，剩下的油气不

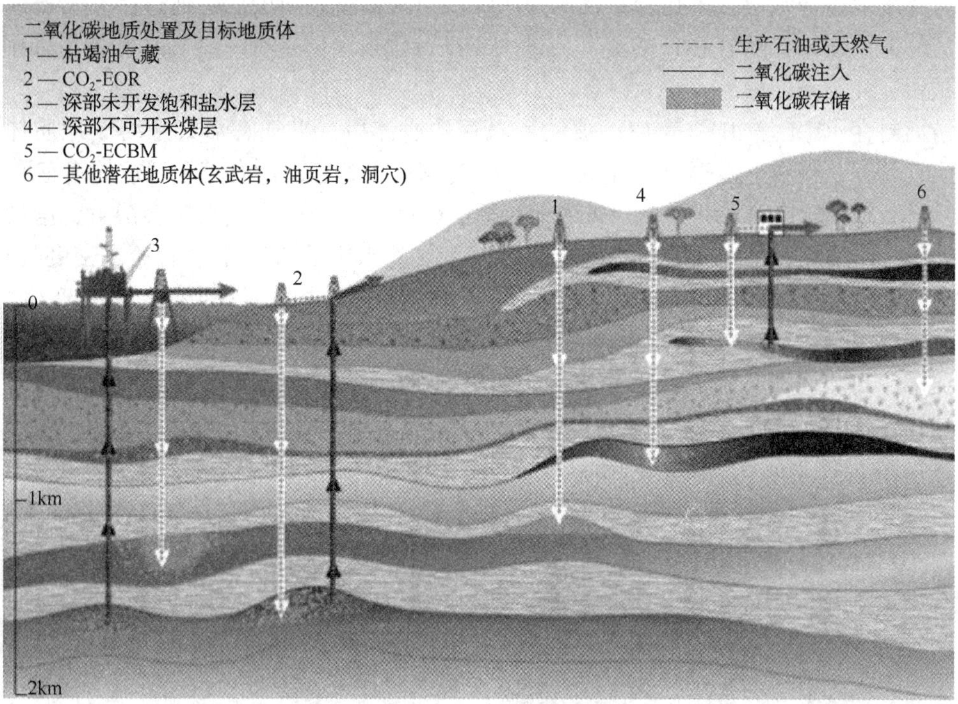

图 1-1 碳封存与利用示意图

能被采出，被称为枯竭油气藏。虽然它已失去原有价值，但却对 CO_2 地质封存具有很大优势：可充分利用已有的油气藏勘探开发资料、井场和油井设备进行封存，节省投资和工程时间。CO_2 注入枯竭油气藏后，或溶于地层流体、成石固化，或被地层构造圈闭捕获，实现地质封存。

不可开采煤层封存 CO_2 与枯竭油气藏封存 CO_2 有相似之处。在煤系地层中，普遍存在因技术或经济原因而弃采的煤层，这也是储存 CO_2 的一个潜在地质场所。煤层通常都伴生有甲烷，因为 CO_2 在煤体表面的被吸附能力是甲烷的 2 倍，所以当 CO_2 被"偏爱"它的煤或有机物丰富的页岩吸附后，就开始置换甲烷类气体。在这种情况下，只要压力和温度保持稳定，CO_2 将长期保持被俘获状态，最终以吸附态、游离态赋存于煤层中。

二、不同封存方式

CO_2 地质封存的方式主要是 4 种：构造封存、游离封存、溶解封存和矿化封存(见图 1-2)。

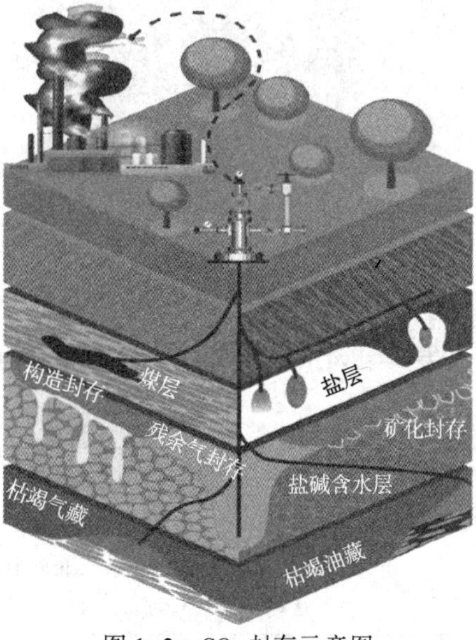

图 1-2 CO_2 封存示意图

构造封存[图 1-3(a)]是指 CO_2 进入地质体后，在毛细管作用下，被孔隙封存在地质体中。

游离封存发生得非常快，多孔岩石就像是海绵，当气体注入地层后，通过多孔岩石时将其中的流体置换出来，随着 CO_2 的流动，进一步进行置换，但是有一些 CO_2 会像海绵中的水一样被留在孔隙空间中。

游离封存[图 1-3(b)]是 CO_2 被注入封存地质体后，以气态形式束缚于地质体孔隙间，实现封存。但在地层温压条件下，CO_2 多为超临界状态，没有完全理想的气态形式。

溶解封存[图 1-3(c)]是 CO_2 进入地层后，CO_2 在接触地层盐水时会溶解，溶解后的 CO_2 大部分作为相对稳定的碳酸根离子存在。上层盐水中的 CO_2 溶解后盐水密度会升高，当高密度盐水层的厚度加厚到一定程度时，盐水内部的压力平衡就会被打破，产生“指进现象”。高密度盐水在重力作用下移动沉积，使地层中气相 CO_2 的存在减少，低密度盐水向上流动，封闭内部对流，逐渐溶解更多的 CO_2。与前两种封存方式相比，溶解状态下的 CO_2 具有更高的安全性。

矿化封存[图 1-3(d)]是溶于水的 CO_2 与地层中的长石、石英等矿物发生化学反应，从而生成一些黏土矿物，这些黏土矿物长期封固在地层中。因此，矿化封存具有最高的安全性。

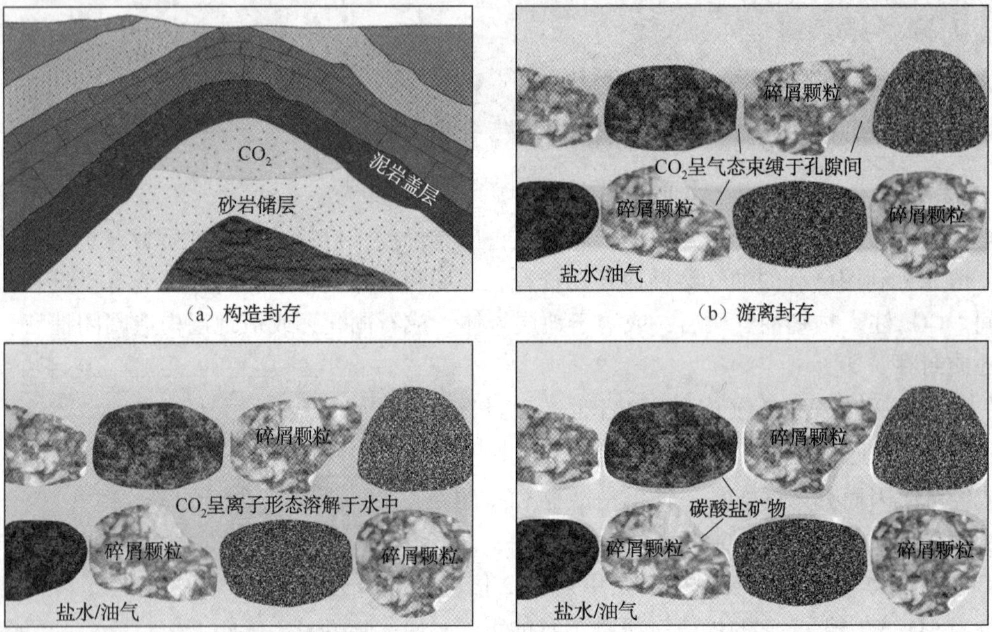

(a) 构造封存　(b) 游离封存

(c) 溶解封存　(d) 矿化封存

图 1-3　CO_2 地质封存方式示意图

表 1-3 列出了不同 CO_2 封存方式的作用机理及其主控因素。

表 1-3　CO_2 封存方式及主控因素

封存方式	封存作用	主控因素
构造封存	部分 CO_2 进入微小孔道被永久封存	毛细管压力
溶解封存	CO_2 部分溶解于盐水和原油，增加其黏度、体积，同时也增加封存量	盐水矿化度、原油和盐水组成、温度、压力

续表

封存方式	封存作用	主控因素
游离封存	CO_2 过饱和后，部分 CO_2 游离存在；盖层是封存的关键	温度、压力、岩石压缩系数、盖层封闭性
矿化封存	CO_2-地层水-岩石相互作用，最终以矿物的形式固结	矿物组成、反应时间、CO_2 含量、温度、压力

第三节　CO_2 地质封存机理

一、地层水体系与 CO_2 封存利用

可以通过浸泡实验(静态实验)和 CO_2 驱替实验(动态实验)两类室内实验，模拟实际 CO_2 地质封存及利用过程时储层物性参数的变化规律，揭示不同地层水体系对 CO_2 封存利用的影响。以 CO_2 驱油封存为例，使用 CO_2-地层水体系测试 CO_2 在 $CaCl_2$ 和 $NaHCO_3$ 型地层水中的溶解情况，确定 CO_2 酸性溶液对黏土矿物侵蚀程度，探究出 CO_2 溶解度与地层水类别的关系对岩石微观结构的影响规律。再将饱和去氢煤油的岩心用 CO_2 驱替，根据驱替后的实验数据分析出 CO_2 对油藏采收率的影响，确定储层微观结构和物性参数的变化趋势。此外，通过核磁共振实验，观察岩心浸泡实验前后，岩心孔隙中流体的分布情况，进而从微观层面得出 CO_2 浸泡对孔隙孔径和孔隙结构的影响。

(一) 实验原理

(1) 驱替过程中的 CO_2 流动原理

在驱替过程中岩石的受力情况是不均匀的，这主要是驱替压差造成的，根据图 1-4 和图 1-5 所示，有效压力差(p_e)就是注入端与采出端的差值：

$$p_e=(p_{confining}-p_A)-(p_{confining}-p_B)=-(p_A-p_B) \quad (1-1)$$

式中　p_A——注入端压力，MPa；

p_B——采出端压力，MPa；

$p_{confining}$——围压，MPa。

公式(1-1)表明，当有效压力差与驱替压差的数值相等时，驱替压差是减小的。

对于中高渗岩心或气测渗透率而言，流体压差(p_A-p_B)较小，可近似认为整个岩心各个点所受有效应力相同；由于低渗透岩心或液测渗透率压差较大(>1~4MPa)，岩心后端所受的有效压力相对较大，理论上会造成渗透率随驱替压差的增加而降低，这就是 CO_2 动态驱替过程中的流动与受力关系。

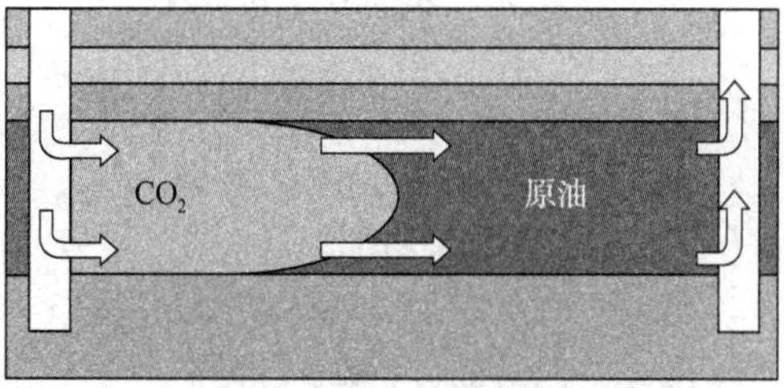

图 1-4　CO_2 驱油示意图

(2) 岩心浸泡过程中 CO_2 反应原理

对静态浸泡法而言[图 1-5(b)]，当连通的孔隙内充满流体时，岩心内部流体与四周加压介质的压力相等，岩心受的有效压力理

论上为0，这就是和动态驱替之间的差异，因此该方法可排除有效压力这一因素的干扰，这也是本研究采用静态浸泡法的原因所在。在这个静态过程中，CO_2 溶于地层水反应生成碳酸，碳酸电离时会产生氢离子，其结合物会发生微粒移动和新矿物的堆积，从而导致渗透率改变。

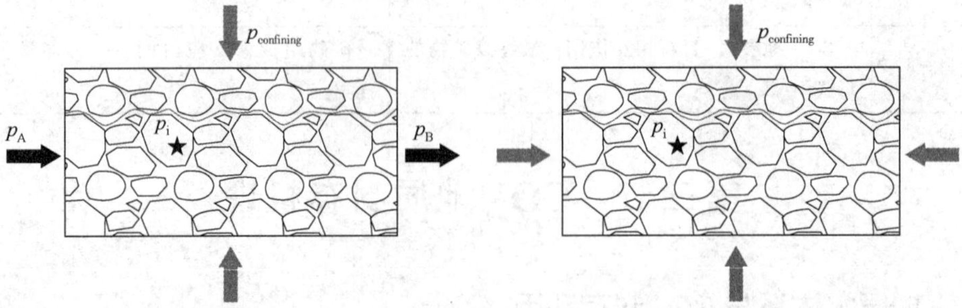

(a) 驱替过程　　(b) 静态浸泡

图 1-5　CO_2 驱油和浸泡实验示意图

(3) 核磁共振测试原理

原子核在外加磁场中像陀螺一样旋转，叫作原子核的自旋。原子核在自旋的过程中，产生围绕核的电流，并且在与该方向相同的方向上同时产生核磁矩。当对常规磁场施加恒定频率的磁场时，原子核的自旋引起核磁矩发生变化，从而产生"不平衡"状态。如果没有外加磁场，核磁矩就会恢复到原来的平衡状态，这被称为核磁共振引起的弛豫现象。

在岩石微观结构测试中，主要是对岩石样本中饱和地层水中的氢核进行核磁共振测试。在岩石外施加脉冲，使岩样赋存的流体中的氢核经历弛豫现象。岩样中孔隙水的氢原子核的横向弛豫时间与孔隙半径呈正比例关系，用弛豫时间乘一个换算系数可以获得岩样的孔隙半径分布规律。

氢核主要存在于孔隙流体中，峰值所对应的信号幅度，表示其经历弛豫现象的氢核的多少，即反映了孔隙内流体的体积，简单来说，核磁共振 T_2 谱曲线的峰值所包含的面积越大，峰值越高，赋存流体的量越多。由此，能够从核磁共振 T_2 谱曲线得到不同状态下的岩心含水饱和度。

式(1-2)表示岩石孔隙中流体的 T_2 弛豫时间：

$$\frac{1}{T_2}=\rho_2\left(\frac{S}{V}\right)+\left(\frac{1}{T_2B}\right)+\frac{D(\gamma GT_E)}{12} \tag{1-2}$$

式中　ρ_2——弛豫率，μm/ms；

$\frac{S}{V}$——孔隙比表面积，m^2/g；

T_2B——流体本身的弛豫时间，ms；

D——扩散系数，$\mu m^2/ms$；

γ——磁旋比，MHz/T；

G——磁场梯度，10^{-2}mT/cm；

T_E——回波时间间隔，ms。

等式右侧的三项分别表示样品面的弛豫贡献、流体体积的弛豫贡献和分子扩散的弛豫贡献。

（二）实验步骤

（1）浸泡实验

① 将岩心用地层水进行饱和，岩心可以采取油田实际岩样，也可以根据需要选择人造岩心。

② 将储层岩样和地层水置入高压反应釜内密封，通过减压阀控制高压气瓶，以恒压打入反应釜内。

③ 将高温高压反应釜放置在恒温箱内，温度设置为105℃，恒温反应7d、12d。

④ 反应结束后，将气体迅速释放，取反应后的岩样进一步进行相关性质的分析，包括反应后岩样的核磁共振 T_2 谱、X射线衍射（XRD）、能量色散仪谱（EDS）和扫描电子显微镜（SEM）等。

⑤ 清洗反应釜，改变水型，对另一组岩样重复步骤①~④。

（2）CO_2 驱替实验

① 将岩心用地层水进行饱和。

② 将需要饱和的岩心放置于岩心夹持器中，连接好实验仪器，将实验用油放置于中间容器中，检查各路管线连接情况。

③ 用手摇泵对样品逐渐施加压力，直至围压为15MPa，停止加压。

④ 打开恒速驱替装置，将蒸馏水以一定的流速泵入中间容器中，待岩心夹持器另一端口有油流出时，证明管线和岩心中的空气已经排出。

⑤ 设置饱和实验的两端压差，待实验压力上升至设定值时，等待夹持器出口段有液体排出，保持此刻的恒压驱替，待排除液体含水率达到98%时，停止驱替。

⑥ 解除夹持器中的围压，将岩心取出，用纸巾擦拭其表面油珠，放置于电子天平秤称重，记录其湿重，将记录后的岩心放入去氢煤油瓶中待用。

⑦ 打开入口阀注 CO_2 升压，在入口端恒压条件下注 CO_2，快速排清夹持器入口端及岩心外围多余油，完毕后，在液体出口端通过油水分离器，记录驱替过程中，排出的油水质量。

⑧ 观察出液端无流体产出时，取出样品称重并计算采收率。将实验结束后的岩样放入去氢煤油瓶中待用。

⑨ 驱替实验结束后，清洗实验仪器。

（三）实验结果分析

以延长油田储层岩样为例，通过表1-4中数据可以看出，岩心通过 CO_2 驱替实验后，采收率都有所提升，总体采出程度可以达到58%左右，这个采收率对于致密油藏而言是很可观的。

同时得出以下结论：采收率与岩心孔渗数据有良好的相关性。可以在 S_2 岩心中得到良好的印证，它的孔隙度与渗透率是本次实验岩心中最高的，同时它的含油饱和度是最低的，经 CO_2 驱替后的采收率也是最高的，其余岩心也反映了这个规律。

根据实验前后岩心孔隙度和渗透率的测试数据，可以看到 CO_2 驱替采收率在57.56%左右，其中 S_2 岩心 CO_2 驱替采收率最大，所有岩心的孔渗都表现出不同程度增大（表1-5），这个采收率对于致密油藏而言是很可观的。说明 CO_2 驱替中的溶蚀效果良好，为 CO_2 的溶解封存提供了有利条件。

表 1-4　CO_2 驱替实验采收率结果数据表

岩样编号	含油饱和度/%	湿重(饱和油后)/g	CO_2 驱替采收率/%
S_1	86.3	34.41	56.73
S_2	85.7	33.44	59.65
S_3	86.8	36.89	56.41
S_4	86.9	35.44	57.44

表 1-5　CO_2 驱替前后岩心渗透率与孔隙度的对比

岩样编号	渗透率 K/mD			孔隙度/%		
	初始值	实验后	变化率/%	初始值	实验后	变化率/%
S_1	1.040	1.045	0.48	4.810	4.830	0.42
S_2	2.790	2.810	0.72	7.390	7.430	0.54
S_3	1.370	1.375	0.36	4.060	4.070	0.25
S_4	1.130	1.134	0.35	5.720	5.730	0.17

根据实验后岩心孔隙度和渗透率的变化率，可以得到四块样品渗透率变化率在 0.35%~0.72%，孔隙度变化率在 0.17%~0.54%，其中，S_2 样品变化程度比较明显，另外，其他所有岩心的孔渗都不同程度地增大，说明 CO_2 驱替中的溶蚀效果良好，为 CO_2 的溶解封存提供了有利条件。

原油采出代表着 CO_2 进入岩心并在其中留存，所以采收率的提高相当于储层中 CO_2 溶解封存量的增加。其主要原因为：CO_2 驱替过程中，CO_2-地层水-岩石之间的相互作用是一个复杂的反应过程，它不仅仅是矿物的溶蚀，对于孔隙度和渗透率相对小的样品，一方面是因为它孔隙结构比较复杂，影响 CO_2-地层水-岩石的相互作用，微裂缝产生，使得岩心孔渗条件变好，增强了孔隙通道的连通性；另一方面，易溶矿物的溶解使得一些微粒运移，CO_2-岩石地层反应生成的 $CaCO_3$ 在岩石孔隙中沉积，堵塞了孔喉，进而影响了岩心渗透率。对于孔隙度和渗透率都相对较大的岩心，初始孔隙增大意味着流体运动与渗流能力更强，因此孔隙体积也更大，且由于 CO_2 气体注入速率的提高，使得反应速度提高，CO_2-地层水-岩石的化学反应也更加强烈，因此溶蚀程度也更高，岩屑颗粒也更易于透过而不会阻塞，孔隙也更有利于分解产物的运移。

图 1-6~图 1-9 中菱形表示静态实验饱和地层水的核磁共振 T_2 谱，圆形表示静态实验进行 7d 岩心的核磁共振 T_2 谱，三角形表示静态实验进行 12d 岩心的核磁共振 T_2 谱。CO_2 注入地层后，会与地层水和岩石矿物发生一系列反应，降低岩石的孔隙度。原因可能有：①CO_2-地层水-岩石的水岩反应使得孔隙生长、沉淀新的矿物结晶；②碳酸盐胶结物的溶蚀，大量黏土颗粒溶解在流体中堵塞孔隙吼道；③搭桥状、丝缕状伊利石将孔隙空间分割，致使孔隙吼道的结构变得迂回、孔隙度降低，储层物性变差。此外，CO_2 与水形成的酸性水溶液，溶蚀岩心样品，造成孔隙的量以及孔隙体积变大，有的还会生成次生溶蚀孔，进一步增大岩心样品的孔隙度。

图 1-6 和图 1-7 为样品 S_1 和样品 S_2 的核磁共振 T_2 谱图，两个样品在 $CaCl_2$ 型地层水静态实验反应前后 T_2 谱均呈现双峰结构，弛豫时间集中在 0~100ms，第一个峰位于 0~10ms，第二个峰位于 100~1000ms，左峰信号强度略高于右峰，也就是微小孔占比更大一些。随着反应时间的增加，T_2 谱整体向左移动。反应 7d，左峰变化较小，右峰向左移动，即岩心中的大孔有变小的趋势。在反应 12d 后，样品 S_1 的 T_2 谱双峰结构不明显，样品 S_2 的峰形结构没有变化，但岩心大孔均进一步变小。

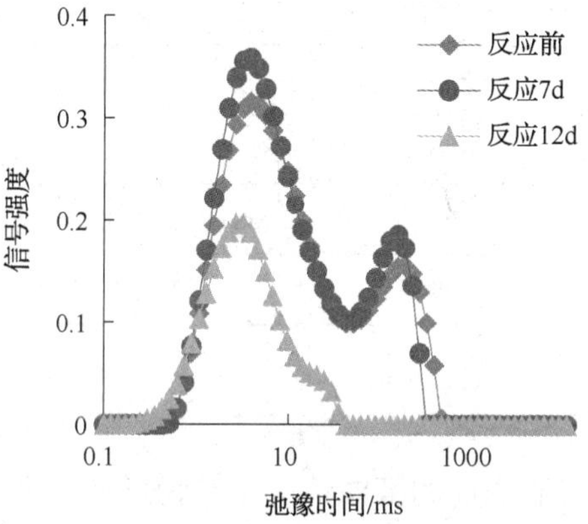

图 1-6　样品 S_1 核磁共振 T_2 谱

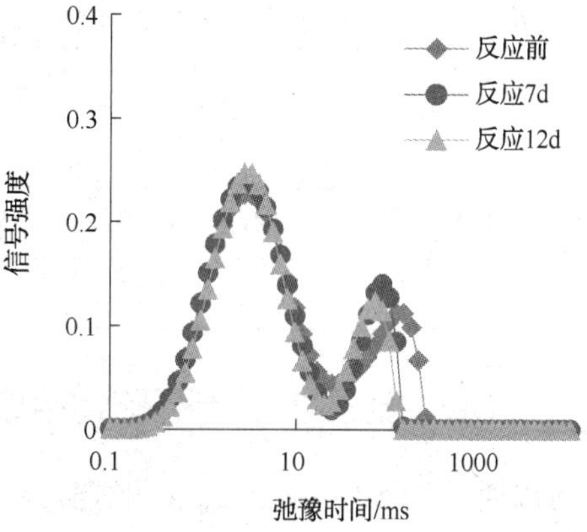

图 1-7　样品 S_2 核磁共振 T_2 谱

图 1-8 和图 1-9 为样品 S_3 和样品 S_4 的核磁共振 T_2 谱图，两个样品是在 $NaHCO_3$ 矿化水下进行反应的，这两块岩样的核磁共振实验的 T_2 谱曲线与前两组砂岩岩样的实验结果有明显不同。反应前均为双峰结构，弛豫时间集中在 0~100ms，左峰高于右峰，反应 7d 后，峰型变化较小，T_2 谱曲线整体向左移动。但在反应 12d 后，峰型和最大弛豫时间发生了明显变化，S_3 样品变为单峰结构，最大弛豫时间集中在 10ms 以内，即该岩心样品的孔隙空间由微孔-大孔变为微孔；S_4 样品峰型虽依旧保持双峰结构，但微孔孔隙体积空间范围变大且右峰高于左峰，即该样品的微孔孔隙体积空间范围变大，大孔孔喉所占比例增加。

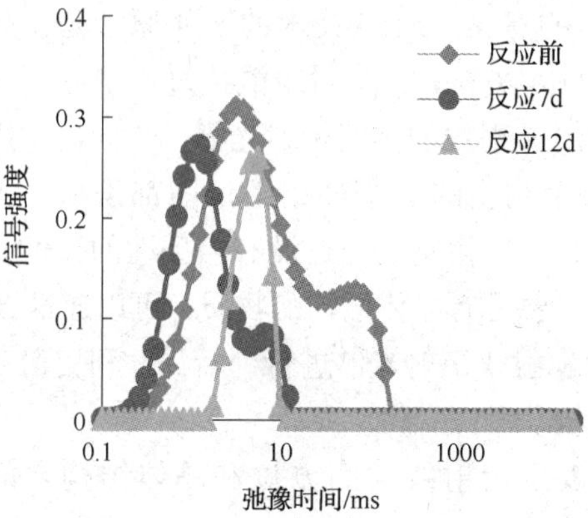

图 1-8　样品 S_3 核磁共振 T_2 谱

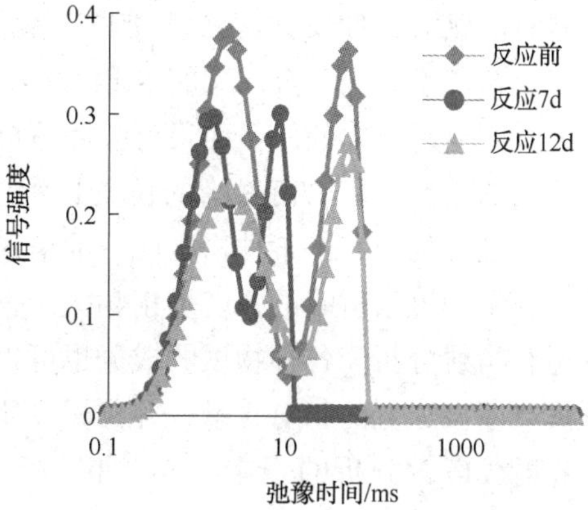

图 1-9　样品 S_4 核磁共振 T_2 谱

通过核磁共振实验可知，地层水的矿化度对延长岩心储层孔隙确实存在着一定程度的影响，从表 1-6 中可以看到，4 块岩心孔径随时间总体变化趋势相似，即 CO_2 浸泡实验后的小孔隙的比例增加，大孔隙占比相对减少。这一结果印证了 CO_2-地层水-岩石反应对储层物性有不小的影响，并且对于延长油田的样品来说，在相同条件下 $NaHCO_3$ 型 CO_2 水溶液对岩心孔径影响较大。

表 1-6　4 块岩心孔径随时间变化表

样品编号	峰形变化	反应 7d 的孔径变化	反应 12d 的孔径变化
S_1	反应 12d 后右峰变小	变小	变小
S_2	不变	变小	变小
S_3	反应 12d 后双峰变单峰	变小	相较 7d 而言增大
S_4	不变	变小	相较 7d 而言增大

二、CO_2-地层水对岩石矿物组成的影响

可以通过 SEM 实验和 XRD 测试实验，观察岩心表面的溶蚀情况、矿物形态特征的变化以及矿物组分含量的变化，分析 CO_2-地层水对岩石矿物组成的影响规律。

（一）实验原理

（1）扫描电镜-能谱分析实验

传统光学显微镜一般只能大概鉴定出矿物类型，对其微貌形态以及黏土矿物的具体类别很难判断，但是采用场发射扫描电子显微镜与配套 X 射线能谱仪的组合可观察到矿物组构特点和孔隙的三维微观形态，还能进一步快速、准确地分析其成分。通过场发射扫描电镜获得二次电子图像真实有效地反映了岩心样品表面微观结构，并结合背散射图像，对比分析岩石孔隙及矿物形态在 CO_2-$CaCl_2$ 型地层水溶液作用下的变化特征。

（2）XRD 实验

1912 年，劳埃德等人理论预测 X 射线与晶体相遇时会发生衍射，并通过实验证明了 X 射线具有电磁波的性质，这项发现具有里程碑式的意义。XRD 技术的工作原理是，高能量电子束会产生相当于金属靶的 X 射线（波长 0.06～20mm），X 射线能透过一定厚度的物质，波长距离晶体内的原子面很近，晶体可以用作 X 射线的空间衍射光栅。不同物质因为晶体结构的差异，所以衍射峰的位置也不同，每个物质的 X 射线衍射谱图都是独一无二的；对于混合物而言，某种物质成分的衍射光谱和其他物质成分是没有相关性的，但是该物质的含量和该衍射峰的强度呈正相关。据此，只要是有晶体结构的物质都可以通过 XRD 技术进行衍射分析，各种物质的成分也可以使用 X 射线衍射光谱进行判断，并利用衍射峰值强度判断该成分的相对含量，并分析物质的结构。

X 射线衍射分析的根本是布拉格方程，它表示衍射线空间方位和晶体结构之间的关系：

$$2d\sin\theta=\lambda n \tag{1-3}$$

式中 d——晶面间距；

n——反射级数；

θ——掠射角；

λ——X 射线的波长。

（二）实验步骤

1. 扫描电镜-能谱分析实验

样品准备：从岩心柱上截取 2cm 厚的圆饼状岩样，使用抛光仪对饼状岩样进行抛光，并对其镀膜。

实验方法：矿物、岩石等无机非粉末固体样品的微区形貌和微区成分分析；样品表面镀碳、氩离子抛光；岩石粉末的 CHNS 元素总含量分析。

实验设备：场发射扫描电子显微镜、高精度镀膜仪、氩离子剖光制样设备和有机元素分析仪。

（1）697 Ilion Ⅱ Datasheet 宽束氩离子抛光系统

设备型号：The Ilion+ Ⅱ 697；离子束能量：0.1～8.0kV；离子束流密度：$10mA/cm^2$ 峰值；抛光速度：硅，300μm/h。

（2）高精度镀膜仪

设备型号：EMACE 600；溅射工作真空范围：$5\times10^{-3}\sim5\times10^{-1}$ mbar；溅射电流：0～150mA；蒸发电流：1～75A。

（3）场发射扫描电子显微镜（FESEM）

设备型号：Supra 55。

电镜分辨率：0.8nm（15kV 时）；1.6nm（1kV 时）；4.0nm（0.1kV 时）；放大倍数：12～1000000x；加速电压：0.1～30kV。

能谱仪：分辨率：Mn-Kα 优于 129kV。

探测元素范围：Be（4）～U（92）；EBSD 空间分辨率：100nm（20kV 时）；平均角偏差 <0.5°。

阴极发光探测器：配合场发射扫描电镜，可获得样品的真彩色阴极荧光图像；具有数字扫描电子束控制系统 DigiScan Ⅱ；探测波长范围：400～800nm。

2. XRD 实验

① 分别从岩心上切取两个 1～2cm 的块状样品，分别是 a 组和 b 组。

② 选取岩心小块状样品各一个（a 组）。

③ 测定小岩心样品矿物成分。

④ 将剩下的小岩心样品进行 12d 的浸泡实验（b 组）。

⑤ 取出反应后的样品测定矿物成分。

⑥ 对比（a 组和 b 组）同一块岩心反应前后的矿物成分变化。

（三）实验结果分析

1. 扫描电镜-能谱分析实验

溶蚀前扫描电镜图像显示，S_3、S_4 号岩心样品中裂缝光滑，片间缝隙被有机质充填

[图 1-10(a)、(b)]。石英颗粒表面依附着少量的黏土[图 1-10(c)]；高岭石集合体呈叠层状，伊蒙混层不均匀分布[图 1-10(d)]。

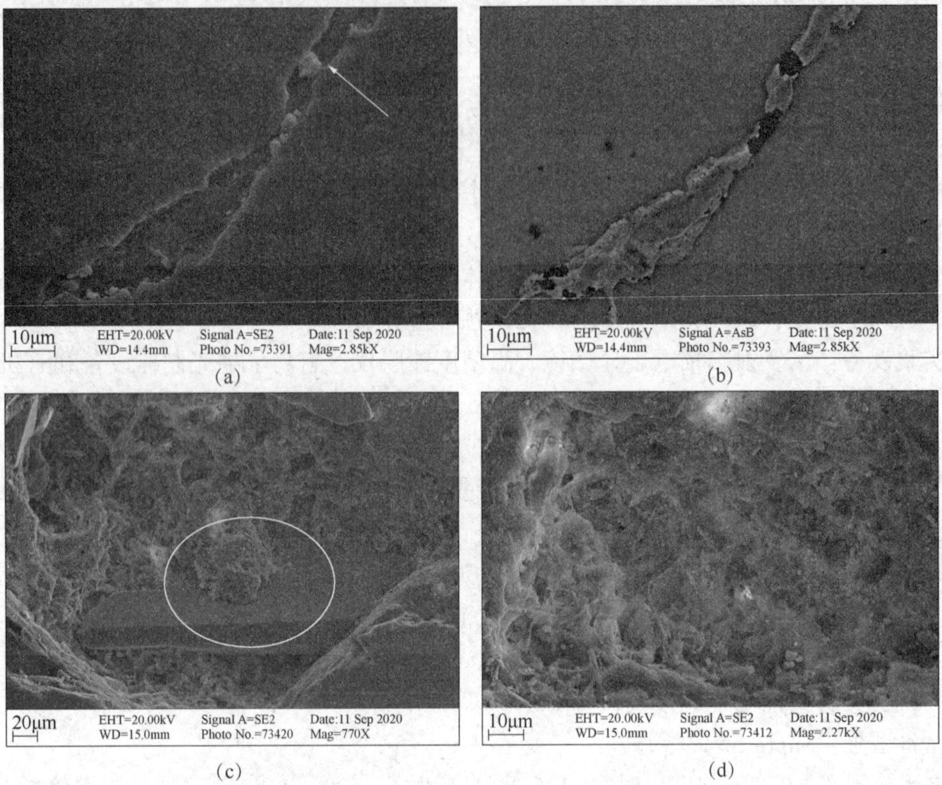

图 1-10　CO_2 注入前岩心表面微观形貌

注：(a)孔缝狭窄、连通性一般，碎屑颗粒堵塞孔隙的二次电子图像(Mag = 2. 85kX)；
(b) 孔缝狭窄、连通性一般，碎屑颗粒堵塞孔隙的背散射图像(Mag = 2. 85kX)；
(c)石英颗粒清晰，颗粒表面有少量黏土附着(Mag = 770X)；(d)混合层伊利-蒙脱石(Mag = 2. 27kX)。

长石的溶蚀作用是延长油田石盒子组储集层孔隙发育的主控因素，在地层的温压条件下，注入 CO_2 气体会使岩心的孔隙发生反应，从而形成次生裂缝，随着反应时间的增加，矿物组成也发生一定程度的改变。溶蚀后扫描电镜图像显示，S_3、S_4 号岩心样品采集面溶蚀孔不同程度地增多，孔洞间连通性一般，无明显方向性[图 1-11(a)、(b)]。石英及自生矿物边缘被溶蚀，局部显现次生加大，颗粒表面粗糙，周围被黏土矿物充填，石英次生加大，孔隙空间减小，储层结构改变。图 1-11(d)与图 1-10(c)处于同一位置，可以明显看出，石英柱体上面的黏土增多。由于 CO_2 气体持续不断地进入岩心内部，片间缝隙在反应后，形状发生了明显变化，由原来规则的直线状开始向四周延展[图 1-11(e)]。丝缕状、搭桥状伊利石将孔隙分割，孔隙结构变得迂回[图 1-11(f)]。

结合 X 射线能谱对微区元素的数据结果，依据矿物原子比例的唯一性，可以更加准确地确定岩心中矿物的分布。图 1-12 即为反应前后邻近区域的能谱图。结合 XRD 图像，微区元素数据根据矿物原子比的唯一性得出矿物在岩心中的分布情况。图 1-12(b)、(d)为反应实验前后的响应、能谱图和元素百分数。由于位移前后的采集位置不同，能谱分析不能作为主要对比依据。但可以为扫描电子显微镜（SEM）和大尺度变化的定量分析提供参考。Si、O、Cl、Na、C、Ca、Al、Fe、K 等元素如图 1-12(a)、(b)所示。根据元素与矿物的对应关系，可以大致判断图 1-12(a)圈出的区域为蒙脱土含量较高的伊利石-蒙脱石混层，而图 1-12(c)中蒙脱土含量较低。随着矿化反应的进行，伊利石逐渐增多，丝缕状、搭桥状伊利石将孔隙划分为许多小孔隙，增加了连通性。同时，丝状伊利石易溶解，溶解下的碎屑颗粒堵塞孔隙，降低孔隙度和渗透性。

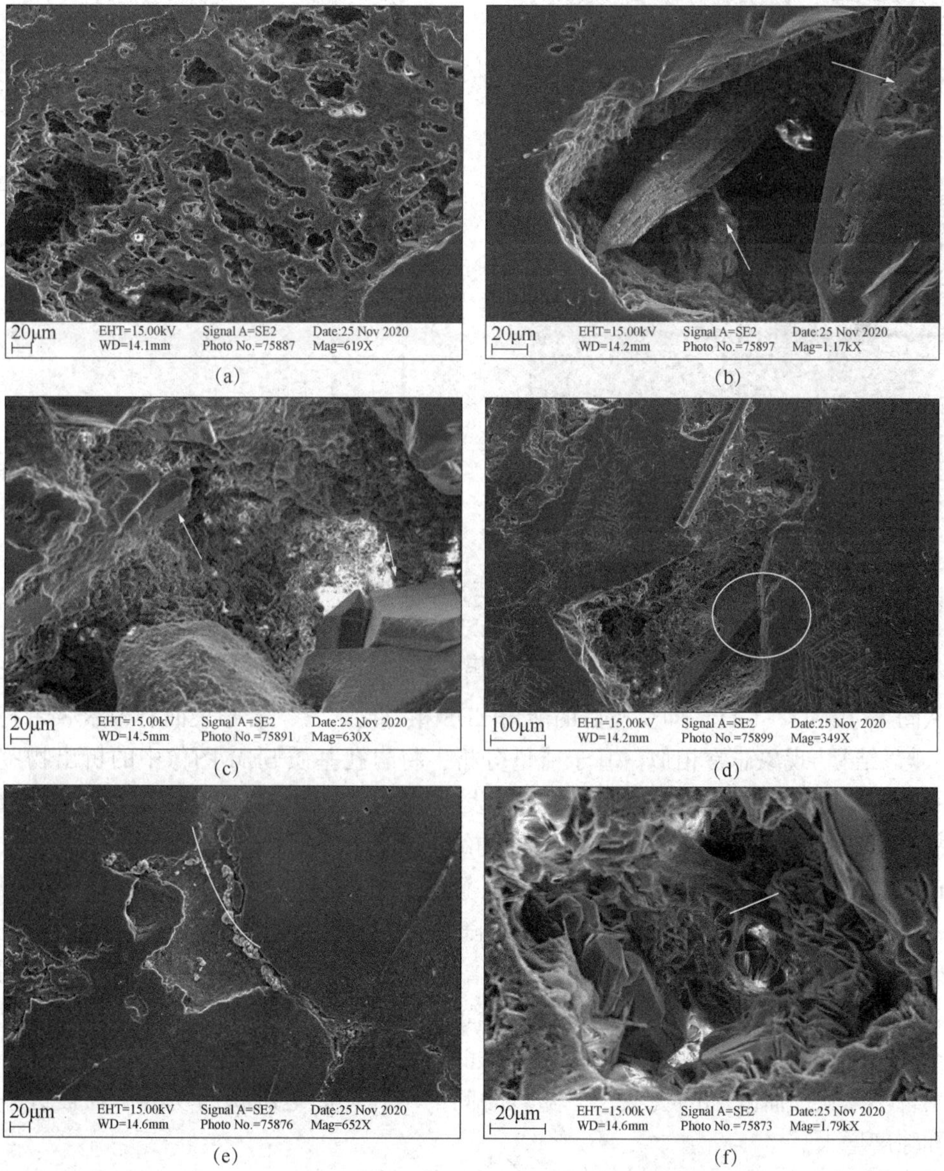

图 1-11 CO_2 注入后岩心表面微观形貌

注：(a)蜂窝状孔洞；(b)边缘被溶蚀的石英和自生矿物；(c)孔隙内部分石英颗粒表面粗糙，局部呈台阶状；(d)石英颗粒表面黏土较反应前增多，位置与图(c)相同(Mag=349X)；(e)裂缝向四周延伸；(f)丝状伊利石将孔隙空间分割。

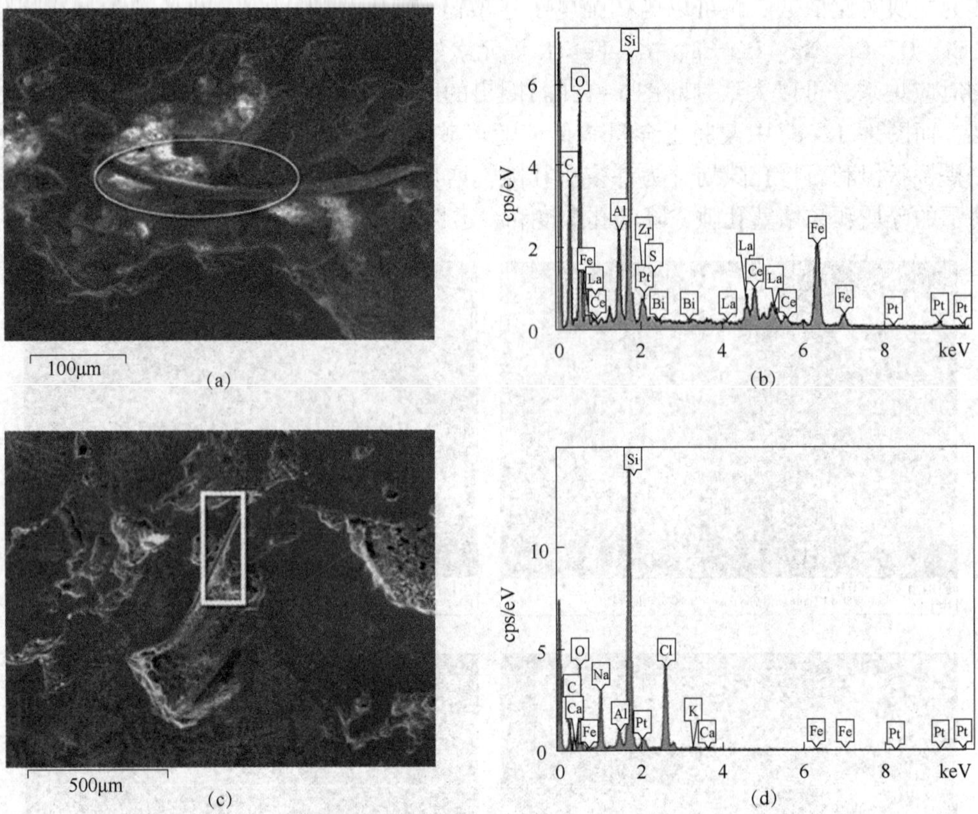

图 1-12 CO_2 注入后岩心能谱图

注：(a)能谱扫描区域的电子显微镜图像；(b)图为 1-12(a)圈内的能谱；
(c)能谱扫描区域的电子显微镜图像；(d)图为 1-12(c)柜内的能谱。

从图 1-12(c)、(d)，即反应后的能谱 EDS 相对比来看，岩心表面有微米级雪花状的沉淀，与“结霜”现象非常相似。基于能谱分析，将岩孔基质 SEM 图像中的析出物鉴定为盐(NaCl)。CO_2 的注入会导致地层水中的蒸发物结晶，这是 CO_2 水溶液蒸发效应导致的次表层盐结晶现象(图 1-13)。CO_2 流过这样的结晶物是极其困难的，因为 CO_2 分子大小大于 NaCl 晶格之间的间隙。因此，结晶沉淀在砂岩孔隙结构中，由于次表层盐结晶现象降低了 CO_2 注入的孔隙度。如图 1-13 所示，随着岩心中的 Al^{3+}、K^+等离子不断参与反应，易溶矿物被溶解，晶格逐渐解体，黏土矿物增多，当然这些变化不只是总遵循单一固定的模式，也不是从原始矿物到最终形成矿物的简单发展，而是经历了一个相对复杂的过程，包括：微小颗粒的迁移、黏土矿物的形成、润湿性改变等中间转化阶段。此时，岩心孔隙可能出现不增大反而减小的现象，但随着时间的增长，原地沉积的易溶矿物被进一步溶解，孔隙度增大。

对于 CO_2-水-岩反应而言，除了岩心自身的变化以外，还要考虑水溶液环境变化对岩心的影响。结合岩心反应不同时间的核磁数据以及扫描电镜的图像，可以发现，孔渗的变化不是单向增大或者减小的，这也就意味着随着一些反应的产生，加上周围水溶液环境的变化，在岩心孔隙的增大这一过程中，可能是先抑制再促进。要想准确分析造成储层岩石

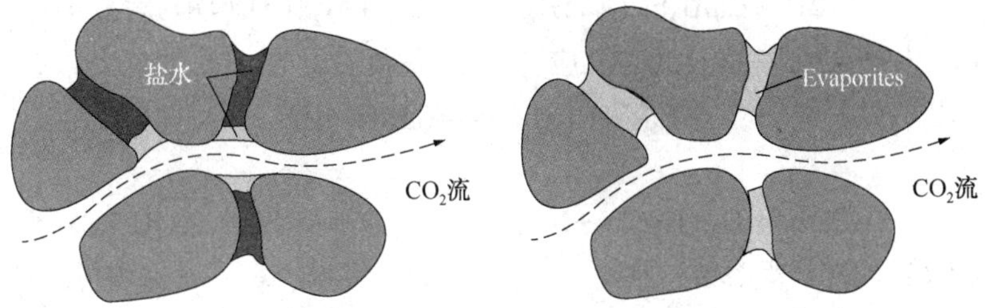

图 1-13 CO_2 注入时颗粒间水的蒸发结晶现象示意图

矿物变化的原因，就要明确 CO_2-地层水与岩石发生反应的原理，并且明确其变化趋势，根据上述要求，建立了水溶液中离子含量与 pH 值(图 1-14)，沉淀量随温度、矿化度变化(图 1-15)，水中 CO_2 含量与沉淀的关系图(图 1-16)。

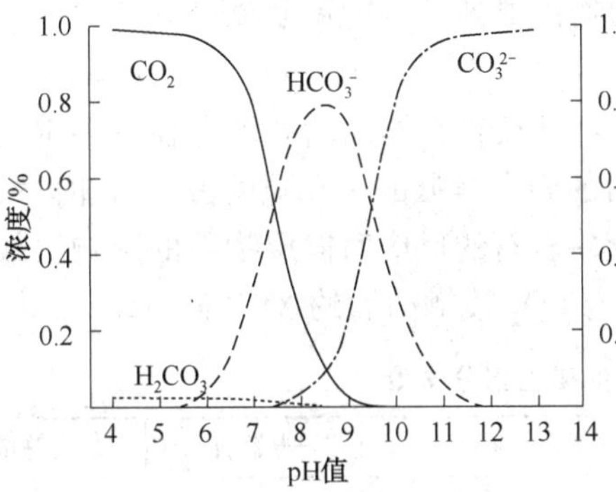

图 1-14 水溶液中离子含量与 pH 值的关系

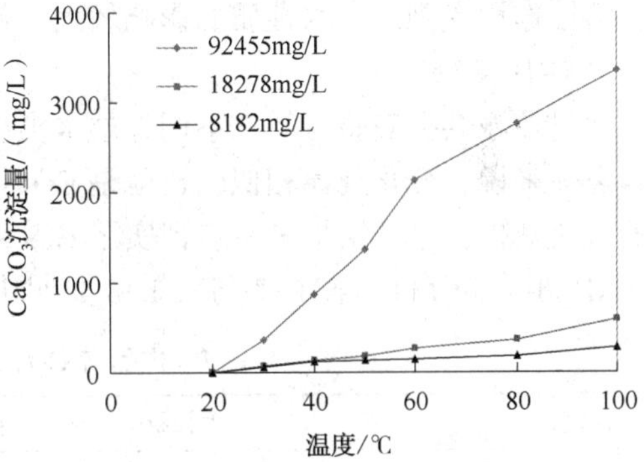

图 1-15 沉淀量随温度、矿化度变化

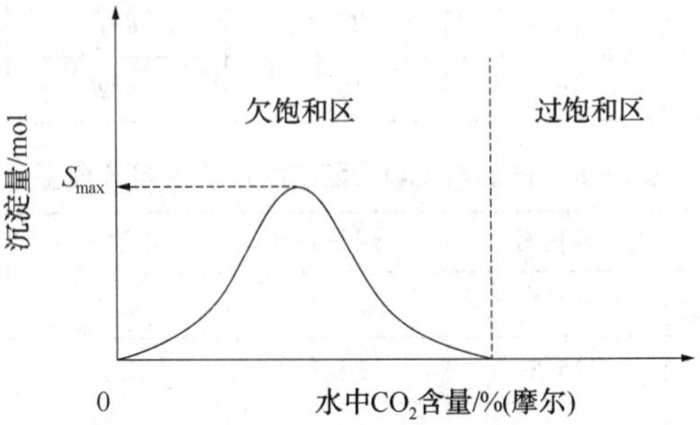

图 1-16 水中 CO_2 含量与沉淀的关系

部分反应方程式如下：

CO_2 在水中生成碳酸：

$$CO_2+H_2O \xlongequal{} H_2CO_3 \tag{1-4}$$

碳酸易电解为活性 H^+ 和 HCO_3^-，可以和储层中的岩石发生一系列化学反应，例如钾长石转变为高岭石的化学反应：

$$2KAlSi_3O_8+2H^++9H_2O \xlongequal{} Al_2Si_2O_5(OH)_4+2K^++4H_4SiO_4 \tag{1-5}$$

在斜长石-CO_2-H_2O 系统中，反应如下：

$$2H^{+}+CaAl_2Si_2O_8+H_2O \longrightarrow Ca^{2+}+Al_2Si_2O_5(OH)_4 \quad (1-6)$$

生成的 Ca^{2+} 和地层水中的 HCO_3^- 反应：

$$Ca^{2+}+HCO_3^- = CaCO_3+H^+ \quad (1-7)$$

总反应：

$$CaAl_2Si_2O_8+H_2CO_3+H_2O = CaCO_3+Al_2Si_2O_5(OH)_4 \quad (1-8)$$

方解石遇碳酸又进一步溶解：

$$CaCO_3+H_2CO_3 = Ca^{2+}+2HCO_3^- \quad (1-9)$$

CO_2 溶于水后形成碳酸，碳酸与其他类型碳酸盐岩的反应与式(1-9)近似。通过化学分析进一步了解了地层水与岩石之间的相互作用，证明地层水与岩心中的离子交换，岩心中部分 H 离子释放到流体中，pH 值急剧降低，从而形成酸性环境，导致岩心中矿物溶解。随着反应时间的增加，岩心样品的孔渗均呈现不同程度增大，即在富 CO_2 酸性流体的作用下，溶蚀作用受到地层水性质的影响较大，储层的物性得到了一定程度改善。

2. XRD 实验

通过核磁共振实验可知，不同地层水类型的确对延长岩心样品的孔隙存在着一定的影响，总体来说，变化规律相似，也就是 CO_2 浸泡后的岩心样品的小孔隙的占比增加，大孔隙的占比减少，这一结果进一步证实了 CO_2-地层水-岩石的反应对储层物性的影响，故通过 XRD 进一步分析。表 1-7 与表 1-8 为四块样品与 CO_2 接触前后的 XRD 测试结果。

表 1-7 样品与 CO_2 反应前的矿物组分含量 %

样品编号	石英	钾长石	斜长石	浊沸石	方解石	黏土总量
S_1	39.0	13.5	27.9	4.3	10.5	4.8
S_2	39.8	13.0	28.2	6.4	9.4	3.2
S_3	33.3	18.5	27.0	8.1	7.7	5.4
S_4	46.1	19.2	18.7	5.2	6.1	4.7

表 1-8 样品与 CO_2 反应后的矿物组分含量 %

样品编号	石英	钾长石	斜长石	浊沸石	方解石	黏土总量
S_1	38.3	14.1	25.2	4.9	6.2	11.3
S_2	37.4	15.5	24.8	5.2	5.4	11.7
S_3	31.2	16.2	26.8	8.3	4.7	12.8
S_4	44.8	18.5	18.1	6.4	4.1	8.1

岩心样品用 $NaHCO_3$ 型矿化水进行了 12d 的静态浸泡实验，通过 XRD 检测实验前后得到的矿物组成变化，如图 1-17 所示。在该反应条件下，由于 CO_2 水岩反应导致岩石发生溶蚀作用，石英和长石含量减少，黏土矿物含量显著增加。各岩心反应前后的相对含量，如图 1-18 所示。

在溶蚀作用中，由于长石类矿物不稳定，方解石、白云石等碳酸盐类矿物在酸性条件下易溶解，致使矿物组成成分、孔隙结构都发生了一定程度的改变。对于静态浸泡实验而言，易溶解矿物溶蚀中产生的碎屑，没能被带离溶解区域，在相对封闭的体系中，这部分黏土矿物堆积在岩心孔隙中，即使孔隙空间减少了，也使得孔喉结构变得曲折而迂回。黏土矿物的晶间孔隙所提供的储集空间和渗流通道变小，渗透性和连通性都很差，对于改善储层物性的积极影响远小于消极影响。另外，由于矿物溶解的差异性，随着浸泡时间的增加，粒内孔、粒间溶孔和碳酸盐类矿物溶解在 CO_2 水溶液中，导致孔隙空间加大，对孔隙的连通性和渗透性起到重要的改善作用。综上所述，CO_2 酸化地层水，导致岩石中的长石、方解石等矿物发生溶蚀、溶解，可使储层物性改善；无机盐沉淀、溶蚀释放出的颗粒，可能使储层物性变差。

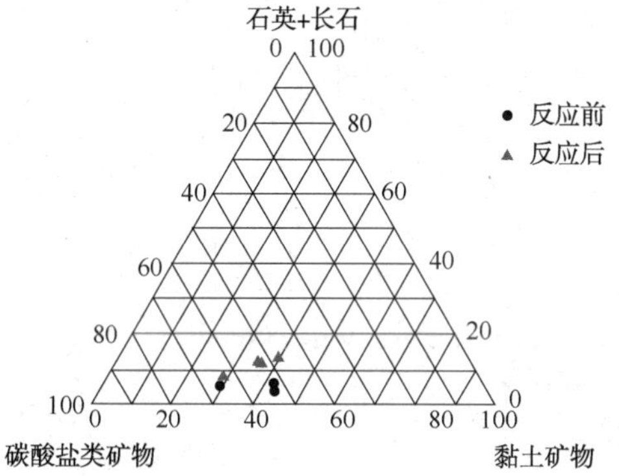

图 1-17　岩性三角图

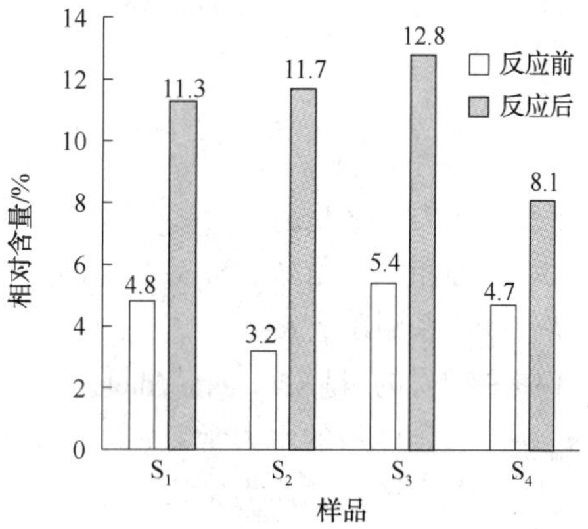

图 1-18　反应前后黏土矿物相对含量百分数

第四节　CO_2 封存量计算

建立 CO_2 有效体积封存量计算模型，一般需要考虑以下几个方面的问题：CO_2 在地层水中的溶解、CO_2 在原油中的溶解、CO_2 在有效储集空间中的封存、储层矿物的化学捕获。

一、CO_2 溶解于地层水中

CO_2 溶解于地层水中是主要的封存方式之一，它的溶解度受地层温度、地层压力和矿化度的影响，只考虑以上因素通常用式(1-10)表示：

$$M_w = \rho_r [C_{ws}(Ah\phi S_{wi} + V_{iw} - V_{pw})] \tag{1-10}$$

式中 M_w——CO_2 在水中的理论埋存量，10^6t；

ρ_r——CO_2 在地层条件下的密度，kg/m^3；

C_{ws}——CO_2 在水中溶解系数；

A——地层面积，m^2；

h——地层厚度，m；

ϕ——地层孔隙度；

S_{wi}——地层束缚水饱和度；

V_{iw}——注入地层的水量，m^3；

V_{pw}——从目标地层产出的水量，m^3。

其中，在水中的溶解度，采用 Huron 等提出的逸度系数模型结合 Peng-Robinson 状态方程的方法来描述 CO_2-H_2O 体系的热力学性质，状态方程如下：

$$\begin{cases} p = \dfrac{RT}{V - b_m} - \dfrac{a_m}{V(V + b_m) + b_m(V - b_m)} \\ a_m = b_m\left(\sum\limits_{i=1}^{n} x_i \dfrac{a_i}{b_i}\alpha_i - \dfrac{G_\infty^E}{C_o}\right),\ b_m = \sum\limits_{i=1}^{n} x_i b_i \\ a_i = 0.477235\dfrac{R^2 T_{ci}^2}{P_{ci}}\alpha_i,\ b_i = 0.07796\dfrac{RT_{ci}}{P_{ci}} \\ \alpha_i = [1 + m_i(1 - T_{ri}^{0.5})]^2,\ c_o = \dfrac{1}{2\sqrt{2}}\ln\left(\dfrac{2+\sqrt{2}}{2-\sqrt{2}}\right) \end{cases} \tag{1-11}$$

式中 p——压力，MPa；

R——通用气体常数，8.314J/(mol·K)；

T——体系温度，K；

V——物质的量体积，cm^3/mol；

a_m——混合体系的引力常数；

b_m——混合体系的斥力常数；

x_i——液相中组分 i 的物质的量分数；

a_i 和 b_i——i 组分纯物质的状态方程参数；

G_∞^E——在无穷大压力下的超额自由能，J/mol；

T_{ci}——i 组分的临界温度，℃；

P_{ci}——i 组分的临界压力，MPa；

$T_{ri}^{0.5}$——i 组分的对比温度，$T_{ri}^{0.5}=\dfrac{T}{T_{ci}}$；

m_i——关于偏心因子 ω 的函数，$m_i=0.37646+1.5426\omega-0.26992\omega^2$。

在不限定压力的条件下，采用 Huron 和 Vidal 提出的表达式计算 Gibbs 自由能：

$$G_\infty^E = \sum_{i=1}^{n} x_i \frac{\sum\limits_{j=1}^{n} x_j C_{ji} G_{ji}}{\sum\limits_{k=1}^{n} x_k G_{ki}} \tag{1-12}$$

其中，$C_{ji}=g_{ji}-g_{ii}$

$$\begin{cases} g_{ji}=-2\dfrac{b_i b_j}{b_i+b_j}(g_{ii}g_{jj})^{0.5}(1-k_{ij}),\ g_{ii}=-c_o\dfrac{a_i}{b_i} \\ G_{ji}=b_j\exp\left(-\alpha_{ji}\dfrac{C_{ji}}{RT}\right),\ G_{ki}=b_k\exp\left(-\alpha_{ki}\dfrac{C_{ki}}{RT}\right) \end{cases} \tag{1-13}$$

式中 g_{ji}——不同分子间作用的玻尔兹曼因子；

g_{ii}——相同分子间作用的玻尔兹曼因子；

k_{ij}——组分 i 和组分 j 之间的相互作用系数；

G_{ji}和 G_{ki}——与温度有关的可调参数；

α_{ji}——组分 i、j 之间的非随机参数；

α_{ki}——组分 i、k 之间的非随机参数。

基于化工热力学原理可得以$(T,\ p)$为独立变量的组分 i 的逸度系数通式：

$$\mathrm{R}T\ln\varphi_i=\frac{\partial}{\partial n_i}\left[\int_{v_t}^{\infty}\left(p-\frac{n\mathrm{R}T}{v_t}\right)\mathrm{d}v_t\right]_{T,\ v_t,\ n_i\neq j}-\mathrm{R}T\ln Z \tag{1-14}$$

式中 φ_i——i 组分的逸度系数；

v_t——体系总体积，cm^3/mol；

n_i 和 n_j——组分 i 和组分 j 的物质的量。

结合 Peng-Robinson 状态方程与 Huron-Vidal 混合规则可得到混合物逸度系数 φ_m：

$$\ln\varphi_m=\frac{b_i}{b_m}(Z_m-1)-\ln\left[Z_m\left(1-\frac{b_m}{v_m}\right)\right]-\frac{1}{2\sqrt{2}\mathrm{R}T}\left[\frac{a_i}{b_i}-\frac{\mathrm{R}T\ln\gamma_i}{c_o}\right]\ln\left[\frac{v_m+(\sqrt{2}+1)b_m}{v_m-(\sqrt{2}-1)b_m}\right] \tag{1-15}$$

式中 φ_m——混合物逸度系数；

Z_m——混合物的偏差因子；

v_m——混合体系的摩尔体积，m^3/mol；

γ_i——混合物中 i 组分的活度系数。

式(1-16)~式(1-18)是溶解度值的计算公式，图 1-19 是 CO_2 在饱和地层水岩石中的溶解系数图版。根据状态方程可知，CO_2 在两相体系中的逸度相等，故：

$$f^v_{CO_2}=f^l_{CO_2} \tag{1-16}$$

且任一相中 CO_2 的逸度由逸度系数可得：

$$\begin{cases}f^v_{CO_2}=y^v_{CO_2}\varphi^v_{CO_2}p\\ f^l_{CO_2}=y^l_{CO_2}\varphi^l_{CO_2}p\end{cases} \tag{1-17}$$

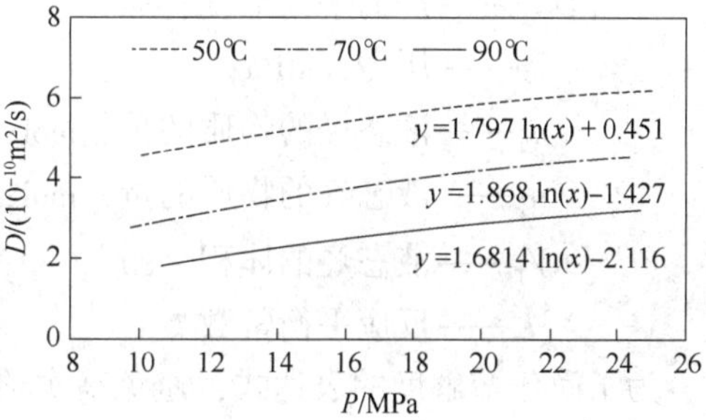

图 1-19 CO_2 在饱和地层水岩石中的溶解系数图

因此由式(1-16)和式(1-17)可得 CO_2 在液相中的溶解度：

$$y^l_{CO_2}=\frac{\varphi^v_{CO_2}}{\varphi^l_{CO_2}}y^v_{CO_2} \tag{1-18}$$

二、CO_2 溶解于原油中

CO_2 在储油层中的封存量公式为：

$$M_t=\rho_r[C_{os}(1-E_R)Ah\phi(1-S_{wi})] \tag{1-19}$$

式中 M_t——CO_2 在油藏中的理论埋存量，10^6t；

ρ_r——CO_2 在油藏条件下的密度，kg/m^3；

C_{os}——CO_2 在油中溶解系数；

A——油藏面积，m^2；

h——油藏厚度，m；

ϕ——油藏孔隙度；

S_{wi}——油藏束缚水饱和度；

E_R——原油的采收率。

其中，在油中的溶解度可通过以下方法算出。

假定气体溶解是一种表观化学反应，那么原油中溶解气体的主要成分烃类、胶质和沥青质对气体的溶解作用可以忽略不计。在一定条件下，烃类物质、胶质和沥青质都有可能溶解于原油。

表观化学反应式如下所示：

$$G(g)+O_T(l)\rightleftharpoons GO_T(l)+\Delta H \tag{1-20}$$

上述反应在一定温度、压力下达到溶解平衡，则反应的平衡常数为：

$$K=\frac{[GO_T]}{p[O_T]}=\frac{\frac{n_g}{V_T}}{p\frac{n_T-n_g}{V_T}}=\frac{n_g}{p(n_T-n_g)} \tag{1-21}$$

式中 $[GO_T]$——加合物平衡浓度，mol；

$[O_T]$——烃的平衡浓度，mol；

p——压力，MPa；

n_T——液态烃的物质的量，mol；

n_g——液态气的物质的量，mol；

V_T——液态烃的体积，cm^3；

K——反应平衡常数。

为了简化溶解度的表达式，避免高次项，在烃浓度项引入了一项校正因子 α，即：

$$[O_T]=\frac{n_T-\alpha n_g}{V_T} \tag{1-22}$$

将式(1-22)代入式(1-21)，得：

$$K=\frac{n_g}{p(n_T-\alpha n_g)} \tag{1-23}$$

根据上面的基本假设，得到式(1-24)：

$$n_g=\frac{Kpn_T}{1+\alpha Kp} \tag{1-24}$$

两边同除以 V_2 得：

$$C=\frac{n_g}{V_2}=\frac{Kpn_T}{1+\alpha KpV_2} \tag{1-25}$$

式中 C——摩尔溶解度，mol/cm^3；

V_2——一定量原油在压力 p 下达到溶解平衡时的体积，cm^3。

烃的体积为：

$$V_T=\frac{n_T M_T}{\rho_T}=\frac{\rho_o V_o x_T}{\rho_T} \tag{1-26}$$

对式(1-26)整理得：

$$n_T=\frac{V_T\rho_T}{M_T} \tag{1-27}$$

式中 ρ_T——原油中烃的密度，g/cm^3；

M_T——烃的平均相对分子质量；

V_T——烃的体积，cm^3；

V_o——原油在地面条件下的体积，cm^3；

ρ_o——原油密度，g/cm^3；

x_T——烃的质量分数，小数。

根据式(1-26)和式(1-27)，对式(1-25)进行整理，得计算单组分气体溶解度的理论模型：

$$C=\frac{Kp}{1+\alpha Kp}\cdot\frac{n_T}{V_2}=\frac{Kp}{1+\alpha KP}\cdot\frac{\rho_T V_T}{M_T V_2}=\frac{Kp}{1+\alpha KP}\cdot\frac{\rho_o x_T}{M_T}\frac{1}{B}$$
$$=\frac{Kpx_T\rho_o}{M_T f(t)+\alpha KpM_T f(t)+Kpx_T\rho_o f(t)V_{gm}} \tag{1-28}$$

式中 ρ_o——原油密度，kg/m^3；

x_T——烃的质量分数，小数；

M_T——烃的平均相对分子质量；

V_{gm}——表观摩尔体积，cm^3/mol；

$f(t)$——温度系数，小数。

要转换 C 为体积浓度 C_V(cm^3/cm^3)，只需要将 C 乘 22400。从上述公式可知，通过 K 和 α 温度之间的关系，以及原油和气体的基本参数，可以计算出气体的平衡溶解度，图 1-20 是 CO_2 在饱和原油岩石中的溶解系数图。

另外，可以对实验所测的溶解度 K 和 α 值进行校准。

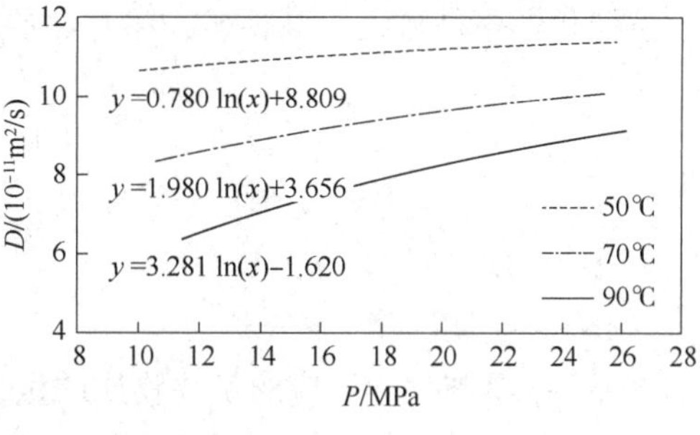

图 1-20 CO_2 在饱和原油岩石中的溶解系数图

$$C_o=\frac{n_g}{V_o}=\frac{n_g V_2}{V_2 V_o}=CB=\frac{Kp\rho_o x_T}{(1+\alpha Kp)M_T} \tag{1-29}$$

式中 C_o——地面原油在一定的温度和压力下达到两相平衡时单位体积溶解气体摩尔数，mol/cm^3。

式(1-29)表明，当溶解度是 C_o 时，溶解度方程有一个简单的形式，并且由于在标准状态下 1mol 气体的体积是 22400cm^3，可以得到进一步的公式(1-30)。

$$R_S=22400C_o=\frac{22400Kp\,d_o x_T}{(1+\alpha Kp)\,M_T} \tag{1-30}$$

式中　R_S——气油比，m^3/m^3。

三、CO_2 封存在有效储集空间

假设在储层有效储集空间中，填充的均为 CO_2，则 CO_2 在储层有效储集空间中的封存量公式为：

$$M_w = \rho_r [E_R A h \phi (1 - S_{wi}) - V_{iw} + V_{pw}] \tag{1-31}$$

式中　M_w——CO_2 在有效储集空间中的理论封存量，10^6t；

ρ_r——CO_2 在储集空间中的密度，kg/m^3；

A——有效储集空间面积，m^2；

h——储集空间厚度，m；

ϕ——储集空间孔隙度；

S_{wi}——储集空间束缚水饱和度；

V_{iw}——注入储集空间的水量，m^3；

V_{pw}——从储集空间的产出水量，m^3。

四、储层矿物化学捕获 CO_2

根据实验分析，岩石孔隙结构变化受储层初始孔隙度、岩石矿物成分、酸性水溶液中的一些离子和岩石中的活性矿物的控制，最终结果是岩石微观结构发生变化，孔隙度发生变化。随着 CO_2 水溶液与岩石接触时间增加，溶蚀作用会减小颗粒粒径，增大胶结面与化学溶液的接触面积，使得岩石的骨架颗粒结构疏松。

按照化学平衡方程，某种矿物参与储层岩石化学反应的矿物质量变化为：

$$\frac{\partial m}{\partial t} = \frac{\partial (n \cdot M)}{\partial t} = \frac{\partial (\rho V \cdot \phi)}{\partial t} \tag{1-32}$$

式中　m——某物质参加化学反应的质量，g；

t——反应时间，s；

ρ——矿物密度，g/cm^3；

n——参与化学反应的矿物物质的量，mol；

M——某种矿物成分的摩尔质量，mol/g；

ϕ——孔隙度，%；

V——岩石体积，cm^3。

由于在储层岩石中有多种矿物同时发生化学反应，可将储层岩石中各种参加化学反应的矿物体积减少量叠加并用式(1-33)表示：

$$\frac{\partial (V \cdot \phi)}{\partial t} = \sum_{i=1}^{\tau} \frac{\partial n_i}{\partial t} \cdot \frac{M_i}{\rho_i} \tag{1-33}$$

化简得：

$$\frac{\partial \phi}{\partial t} = \frac{1}{V} \cdot \sum_{i=1}^{\tau} \frac{\partial n_i}{\partial t} \cdot \frac{M_i}{\rho_i} \tag{1-34}$$

式中 $\frac{\partial \phi}{\partial t}$——孔隙度变化量,%;

V——岩石体积，cm^3；

n_i——第 i 矿物物质的量，mol；

M_i——第 i 矿物的摩尔质量，mol/g；

ρ_i——第 i 矿物的密度，g/cm^3。

其中，化学反应消耗矿物的物质的量，增加了孔隙体积，对于 CO_2 封存而言，有更多的封存空间。

五、CO_2 驱油封存实例计算

现有的理论模型假定所生产的原油和水释放的地质空间被注入的 CO_2 所占据，即油藏与地下水没有接触，或者在采油期间地下水没有流入储层。然而，在工程实践中，边际水或底水油藏在原油驱替的过程中会降低储层压力，被回收原油占用的空间会被水侵占，从而导致封存空间减少，CO_2 的储存量减少。注入 CO_2 可防止地下水侵入，直至储层压力恢复至原始油藏压力，然后油藏内流体与地下水达到水动力平衡，并在储油层内存留一定数量的侵入水。如果注入 CO_2 超过原来的储油层压力，入侵水便会恢复至原来的位置，但由于毛细管作用、黏附或重力分异等因素，部分侵入水仍留在储层内。因此，当储层接触地下水时，水的侵入减少了 CO_2 的有效储存空间。CO_2 进入地层后，其溶解度随时间逐渐增大，并形成稳定分布；当 CO_2 含量超过一定值时，CO_2 将从渗流通道向周围运移，导致孔隙度、渗透率等参数发生变化，进而改变了储层物性特征。油藏开发最终压力取决于储层压力阈值，在大多数情况下，最后压力低于原始油藏压力。由于地下水的入侵，减少了油藏中 CO_2 的有效储存空间。然而，在存在侵入性的水和地下水溶解性的情况下，溶解封存可增加 CO_2 封存量并减少空间封存量，但 CO_2 在水中的溶解量较小。CO_2 进入地层后，由于渗透率较高，CO_2 将沿着裂缝和孔隙运移到地下深部并发生溶解作用，从而形成大量的残余油或气；这些气体也可以通过渗流通道向周围岩层扩散。因此，地下水侵入对 CO_2 封存量的影响不容小觑。

如果油藏为低渗或超低渗油藏，油藏在开采工艺中不会采用二次采油水驱法，直接注入 CO_2 采油。在此情况下，封存量的计算公式为：

$$\begin{aligned} M_t = \frac{\rho_r}{10^9}[& E_R A h \phi (1-S_{wi}) - 0.159 V_e + C_{ws}(A h \phi S_{wi} + 0.159 V_e) \\ & + C_{os}(1-E_R) \times (A h \phi (1-S_{wi}) - 0.159 V_e)] \end{aligned} \tag{1-35}$$

式(1-35)中的符号与之前的相同符号是同一含义，在此不再赘述。

油田各种参数如表 1-9 所示，根据物质平衡方法，计算得到 CO_2 的总封存量为 60×10^4t。然而，实际储层有非常明显的非均质性，在计算驱油地质封存量时需要考虑这一点。储层物性参数，包括孔隙度、渗透率等，这些参数所体现的储层非均质性直接影响 CO_2 地质储存力、注入速率、在地层空间中的展布，以及 CO_2 在储层中运移扩散等，所以，对于储层非均质性的研究就显得格外重要。

表1 9　实例计算基本参数

参数名称	参数值	参数名称	参数值
工区面积 A/km^2	0.64	油藏原始地层压力 p_i/MPa	10.26
储层厚度 h/m	15	气藏温度 T/℃	41.16
平均含油饱和度 S_o/%	56	平均孔隙度 ϕ_m/%	16
基质渗透率 K_m/mD	1.5	地层水黏度 μ_w/(mPa·s)	1
油藏埋深/m	1350~1560	CO_2 在水中的溶解系数 C_{ws}	0.04952
原油采收率 E_R	24.56×10^4	CO_2 在油中的溶解系数 C_{os}	0.24354

结合储层非均质性的大小和生产实际，碎屑岩储层的非均质性可以分为宏观非均质性和微观非均质性，宏观非均质性可以进一步细分为：层间非均质性、平面非均质性、层内非均质性。这种分类方法被广泛接受，也是目前最常用的分类方法。层间非均质性指的是砂泥互层的岩层之间的地质因素差异；平面非均质性也就是单个储层砂体平面上孔隙度和渗透率的变化；层内非均质性是单层砂体垂向上的物性变化，包括：渗透率差异、渗透率韵律、最大渗透率位置、粒度韵律等参数的变化。储层非均质性的本质就是渗透率的差异，目前在油气田开发中一般会使用变异系数、突进系数和级差这三个参数进行评价。延长油田试验区属于湖泊浅水三角洲沉积体系，三角洲河道砂体的迁移，致使这些呈条带展布的单层砂体叠合连成片，复合砂体间泥质夹层较多，相对独立的各单砂体之间物性较好，向周围延伸物性逐渐变差，整体显现岩性圈闭带，成为主要的有利储集砂体。

综合地质分析是指利用一些参数来表征储层非均质性特征。最初多用渗透率、变异系数、渗透率级差、单层突进系数等参数，但是上述参数只能从单一角度来描述，因此，学者们开始采用变差函数、模糊数学、极差正规化等数学方法计算综合考虑各种因素的“非均质综合指数”，并将该指数应用到特定地区中。

这些相关研究都是将孔隙度处理为空间均质分布，但是非均质的孔隙分布会导致不规则的 CO_2 的分布。在理论封存量计算方法基础上，考虑在实际工程实施过程中其他影响封存量的因素，如流体流度、重力分离作用、油藏非均质性等各因素的影响，引入有效封存系数。则有效封存量计算式为：

$$M_e = C_e M_t \tag{1-36}$$

式中　M_e——有效封存量，10^6t；

C_e——有效封存系数，可以通过数值模拟方法或现场数据分析获得；

M_t——CO_2 在油藏中的理论埋存量，10^6t。

通过调研可知，延长油田的有效封存系数通常取 0.25，前面计算得到 CO_2 的总封存量为 60×10^4t，从而可以求得有效封存量为 15×10^4t。

CO_2 封存系数受储层平面渗透率、垂向横向渗透率比值、平面非均质性、储层沉积韵律、储层厚度、原油黏度、原油密度、CO_2 的注入方式、CO_2 驱混相条件等因素影响。

式(1-37)是连续 CO_2 非混相驱下 CO_2 封存系数经验计算模型：

$$\begin{aligned} R_{SCO_2} = & 1.69221-0.071086A-2.15772\times10^{-3}B-8.04747\times10^{-4}C-3.92977D-1.09045E \\ & +0.036637F+0.010535B\times D+2.2304D\times F-1.91352B^2+2.91172D^2 \end{aligned} \tag{1-37}$$

式(1-38)是连续 CO_2 混相驱下 CO_2 封存系数经验计算模型：

$$R_{SCO_2}=-0.549+2.37E-0.173A\times D+0.099A\times F+0.126D\times F-0.32B\times E-0.185\times(A-0.808)^2-1.48\times(D-0.592)^2-0.000012C^2-0.927\times(B-0.576)^2-1.382\times(E-1.302)^2 \quad (1-38)$$

式(1-39)是水与 CO_2 交替非混相驱下 CO_2 封存系数经验计算模型：

$$R_{SCO_2}=0.177059-3.416598\times10^{-3}A-2.558191\times10^{-3}C-0.120763E\times B+1.146856\times10^{-3}A-6.577089\times10^{-4}A\times E-7.720097\times10^{-3}B\times C+5.715319\times10^{-3}C\times E-0.179546B\times F+0.399419B\times E-4.052411\times10^{-2}E\times F \quad (1-39)$$

式(1-40)是水与 CO_2 交替混相驱下 CO_2 封存系数经验计算模型：

$$R_{SCO_2}=1.41-0.266A\times D+3.0\times10^{-3}A\times C+0.196A\times B+0.206B\times D-0.329B\times F-0.45\times(B-0.788)^2-0.79\times(D-0.346)^2-0.762\times(B-0.542)^2-2.3\times10^{-5}C-0.662\times(E-1.004)^2 \quad (1-40)$$

式中 A——渗透率的纵横比，$A=K_{xy}/K_z$；

B——储层的非均质系数；

C——气油的流度比，$C=\dfrac{k_{rg}^{O}\mu_o}{k_{ro}^{O}\mu_g}$；

D——含水饱和度；

E——注入压力与最小混相压力差与最小混相压力之比；

F——生产压力与最小混相压力差与最小混相压力之比。

经验公式主要是针对现场，上述计算方法中的参数相较于其他理论公式容易获得。通过收集我国不同含油盆地 150 个典型油藏不同注入方式下混相驱与非混相驱的 CO_2 封存量，利用以上公式和中心组合设计方法，建立 CO_2 地质封存评价模型，获得了图 1-21～图 1-23 所示有效封存量与地质储量的关系图。

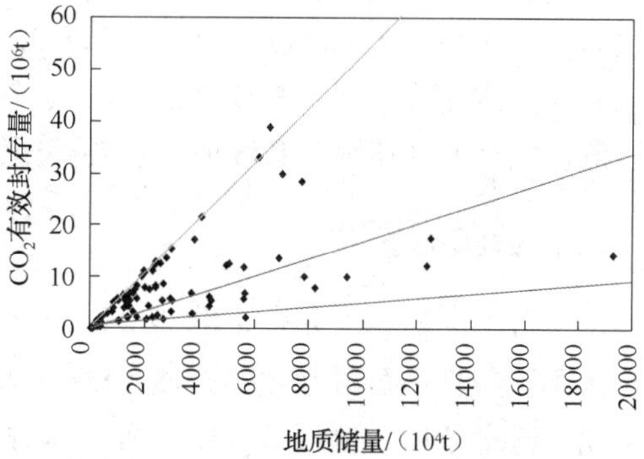

图 1-21 CO_2 有效封存量与地质储量关系

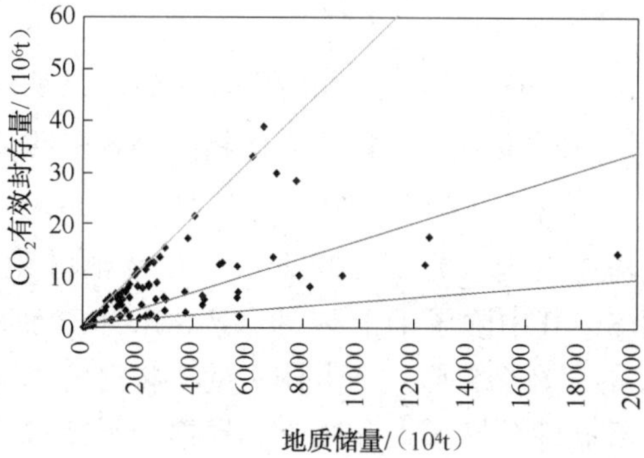

图 1-22 混相驱中 CO_2 有效封存量与地质储量关系

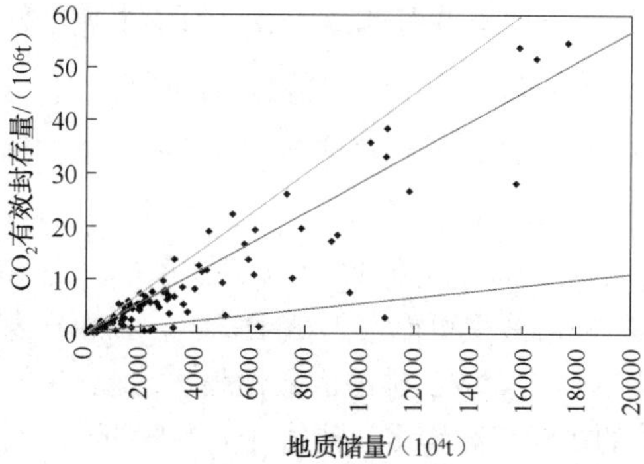

图 1-23 非混相驱中 CO_2 有效封存量与地质储量关系

第五节 非纯净 CO_2 地质封存

一、非纯净 CO_2 地质封存概述

在 CO_2 地质封存项目中，捕集 CO_2 后进行提纯和压缩的首要目的是安全有效地利用管道将 CO_2 从碳源地区运输到地质封存场地。但是去除 CO_2 中的杂质会极大增加项目成本和能量损耗，因此过于严格的 CO_2 质量标准对于优化 CCS 项目实际意义不大。如挪威的 Sleipner 工程注入的 CO_2 浓度为 93% ~96%，N_2、H_2 和 Ar 等不凝性气体占比达 3% ~5%；加拿大 Weyburn 在 CO_2 增强油气开采（CO_2-EOR）项目中使用的 CO_2 浓度为 96%，烃类杂质为 3%；美国 Kinder Morgan 公司在 CO_2-EOR 项目中注入的 CO_2 浓度为 95%，其他杂质主要为烃类和不凝性气体。

在 CO_2 地质封存中也需要考虑杂质在原位条件下对流体热力学性质的影响以及对储层孔隙通道的影响，前者不涉及化学反应，主要研究杂质对注入流体密度、黏滞度等性质的改变，后者则涉及注入流体、地层盐水及岩层矿物之间的地球化学反应，若在此基础上了解 CO_2 地质封存所允许的杂质种类和含量，即可为完整的 CCS 项目提供有效的 CO_2 质量标准。2010 年，在我国松辽盆地开展了非纯净 CO_2 地质封存的中试实验。实验项目以姚家组地层上部 64m 厚的砂岩作为目标储层，再以上覆嫩江组泥岩层作为盖层，1 年内共向储层内注入 200t CO_2 和 30t 空气（N_2 和 O_2）。实验在三口监测井处利用水地球化学分析技术在注入流体完成地层水驱替之前对注入流体的迁移行为和产生的地球化学反应进行了有效监测，包括井底压力、TDS 值、主要离子浓度和气流组分质量分数等。

二、杂质的影响

杂质有不同的分类原则，例如可以按照杂质的浓度大小分为三大类：N_2、Ar、O_2 和 H_2O 等不可凝性和可凝性主要杂质；SO_x、NO_x、CO 及颗粒物质等少量杂质；HCl、HF 和重金属等微量杂质。也可以按照杂质气体对 CO_2 地质封存的影响，将杂质分为两大类：造成地层水酸化的酸性气体和不凝性气体。

（一）酸性气体对 CO_2 地质封存的影响

CO_2 气流杂质中可能含有的酸性气体包括：H_2S、SO_2、NO_x、HCl 和 HF，CO_2 也是一种酸性气体，酸性气体会增强 CO_2 地质封存中地层水的酸化，促进围岩矿物的溶解。酸性气体在水、岩和气相互作用中反应生成了 $CaCO_3$、石膏等矿物，C 和 S 则以 CO_3^{2-}、SO_4^{2-}、S^{2-} 的形式被溶解捕集于地层盐水中。当 CO_2 气流中含有 SO_2 时，也造成地层水的酸化，SO_2 在溶液中可能会形成 H_2SO_3、H_2SO_4 甚至 H_2S，其中除了 H_2S 以外，H_2SO_3 和 H_2SO_4 都比 CO_2 生成的碳酸的酸性强。因此，杂质 SO_2 的存在会导致注入井附近的矿物溶解和下游的矿物沉淀增多，使得注入井附近和下游的岩石孔隙分别增大和减小。根据相平衡和扩散运输模型的计算，CO_2 气流中的 SO_2 可能会发生氧化或歧化反应，此时盐水的 pH 值将会接近 1；若 SO_2 发生水解那么 pH 值在 4.6 左右，并且 SO_2 杂质的存在特别是当 SO_2 会

被氧化为硫酸时，可能会增大盐水酸化区，不过少量的 SO_2 并不会形成酸性太强的盐水酸化区。

与纯净 CO_2 注入相比，SO_2 杂质将会导致范围更大酸性更强的区域形成，在酸性区中溶解的矿物也将大量增加，显著增加储层的孔隙度。由于酸性条件下矿物质的缓冲反应以及酸性气体有限的运移距离，导致它们不会对 CO_2 地质封存的可注入性产生明显影响。

NO_x 不会对石英的溶解产生影响，但会略微促进钾长石的溶解。另外，NO_x 对石灰岩的影响非常显著，当 NO_x 杂质的浓度为 1.5%时即可使石灰岩的溶解量增加 50%，NO_x 也可能转化为硝酸，从而导致碳酸盐和铝硅酸岩的溶解。不过 NO_x 杂质的浓度越低，对矿物溶解的影响越小。在很多实际情况下，NO_x 杂质的浓度在 200×10^{-6} 以下，此时它们对石灰岩溶解的促进作用几乎可以忽略不计。

H_2S 在地球化学反应中因其酸化作用而显示出强腐蚀性，但根据加拿大和美国对 CO_2-H_2S 酸性气体混合物处理的实例，H_2S 的存在不会对气体的地质储存产生显著影响。H_2S 在 CO_2 气流中存在会导致两相流，对于 H_2S-CO_2 混合流体，在特定温度条件下，H_2S 浓度的增加会减小 H_2S-CO_2 混合流体的泡点和露点压力，流体密度在低压时有所增加而在高压时有所降低。对于 H_2S-CO_2-H_2O-NaCl 系统，在特定温度压力和盐度条件下，气体混合物在液相中的溶解度随 H_2S 浓度的增加而增加，溶解度在达到最大值后又减小。同时溶解 H_2S-CO_2 混合流体的液相密度比未溶解气体要小。

当 CO_2 气流中含有 O_2 时，则需要考虑 O_2 与其他杂质发生反应，例如 O_2 可以氧化 SO_2 和 NO 生成 H_2SO_4 和 HNO_3。若地层中含铁元素的矿物质只有赤铁矿，一般情况下 O_2 不会发挥氧化作用，但如果地层水中含有溶解态的亚铁离子，那么即使 O_2 含量极少，也可以与之发生反应生成铁氧化物或者氢氧化铁沉淀，降低岩层的孔隙度和渗透率。当 O_2 足够多时，还会与地层中的硫化物反应生成硫酸盐。当硫酸盐溶解于地层水时会形成局部的酸性区域，溶解围岩矿物。当氧化区与大量的地层水相接触时将生成可溶水合物，其引起的机械应力可使岩石断裂。如果 CO_2 羽流中的 O_2 浓度很低或者岩层中硫化物的含量很低，此时 O_2 对 CO_2 地质封存的影响几乎可忽略不计。

杂质 CO 由于其高还原性很容易被氧化成 CO_2，杂质 H_2 也具有还原性但无毒性或腐蚀性，因此 CO 和 H_2 即使与围岩矿物等反应也不会导致矿物溶解或沉淀，其对 CO_2 地质封存的化学影响远不如 SO_x、NO_x 或 H_2S 等杂质重要。

在 CO_2 封存数值模拟过程中，对注入过程和地球化学反应作了相应的简化和假设。两种假设条件的运用是较为普遍的，一是假设酸性气体混合物作为溶液注入，二是假设注入区始终有水。然而 CO_2 气流会逐渐驱替地层盐水，使注入井附近形成无流动水的蒸干区。蒸干区和地层水之间有一个两相流区域。而杂质 SO_2 只在气相羽流前端的两相流动区才有机会与盐水接触溶解并发生反应，在没有液态水的情况下，SO_2 的化学反应能力极大降低，不会导致矿物的溶解和沉淀，而且 SO_2 的反应性即使在两相流动区也是受限制的。由于流动水对地球化学反应的重要性，岩层中矿物质溶解和沉淀一般发生在 CO_2 羽流前缘到来后，在区域蒸干时停止。因此上游的矿物溶解和下游的矿物沉淀均会减少，并导致下游孔隙度的减小程度会小很多。另外，CO_2 气流驱替地层盐水时会析出盐，从而减小岩层孔隙度和渗透率。虽然酸性气体杂质如 H_2S、SO_2 和 NO_x 等，只在存在流动水的情况下具有较好的反应性，但是在停止注入 CO_2 后，地层水回流，其中所含的酸性杂质对水泥有很强的腐蚀作用，例如具有较强酸性和腐蚀性的 HNO_3、HCl 等。

（二）不凝性气体对 CO_2 地质封存的影响

在不考虑化学反应的情况下，N_2、O_2 和 Ar 等不凝杂质可以归为一类，不凝性杂质气体可通过影响流体的热力学性质进而影响 CO_2 地质封存的注入性和封存容量。由于压缩系数较小，不凝杂质会使 CO_2 气流的密度降低。密度较小时，非纯净 CO_2 羽流的浮力较大，加快了在地层中的上升速度，不利于残余气封存，会使注入和封存有效性和安全性降低。而且 CO_2 气流密度降低后，将可能减小单位封存体积中的封存容量。

利用 COMSOL 软件模拟 CO_2-N_2 混合物在地层中的迁移。结果表明，由于 CO_2 的溶解度比 N_2 高，使其迁移滞后，导致气相驱替前缘中主要为 N_2。Ar 与 N_2 性质相似，极难溶于地层水，可以推断 Ar 也将集中在气相驱替前缘。在 CO_2 羽流迁移的监测技术中，Ar 曾被用作示踪剂。由于 Ar 会处于气相驱替前缘，认为 Ar 可能会比 CO_2 逃逸得更快。如果在地面监测到明显高于当地空气中 Ar 含量的数值，就表明 CO_2 即将泄漏到地面。此时就有更多的时间来采取应急措施。因此，CO_2 与不凝性气体之间的分离对于 CO_2 泄漏的监控具有重要作用。

思考题

1. 结合文献阅读，详细阐述国内外某一具体 CO_2 封存与利用项目情况。
2. 讨论不同因素对 CO_2 封存量的影响。
3. 揭示 CO_2 封存与利用作用机理的实验还有哪些？
4. 除理论封存量、有效封存量之外，还有哪些不同级别的封存量概念？

扫码获取更多学习资料

第二章　封存与利用中流体运移监测

CO_2 地质封存与利用需要合适的储层物性特征和良好的圈闭、封盖条件，同时需要及时掌握储层中流体(尤其是 CO_2)的运移方向及范围，评价地质封存的有效性并指导工程方案的调整。因此，围绕流体运移监测，本章重点阐述相关的储层精细表征、流体运移规律、监测技术与实例。

第一节　储层精细表征方法与技术

一、储层精细表征方法

储层表征的方法有很多，如地震储层表征、高分辨率层序地层学及储层建模等方法，在储层表征上各有特点。

(一) 地震储层表征方法

地震储层表征方法在预测储层宏观三维空间分布方面是其他方法无可替代的，随着地震资料分辨率的不断提高和预测技术的不断进步，地震储层预测精度有很大提高。

地震资料在储层精细表征中的应用体现在两个方面，其一是作为储层地层骨架构造趋势的约束条件，通常由于井位分布不均，难以有效控制构造趋势的分布，地震层位数据是有效的约束手段。其二是作为储层预测的约束条件，地震预测储层的分辨率不可能跨越地震分辨率的限制，尽管预测的结果是确定的，但往往是粗略的、累计储层的宏观变化，而非单个储层单元或砂体的横向变化的真实反映。通过分析其结果与储层变化的相关性，作为储层空间变化的软信息而不是确定性信息，用于储层随机模拟的约束条件。根据相关性的好坏选择约束的权重，充分利用地震所提供的空间信息的优势。

(二) 高分辨率层序地层方法

储层单元的划分和对比是储层精细表征的基础，高分辨率层序地层学不仅为高分辨率地层划分和对比提供了新的思路和方法，同时是预测储层宏观与微观发育规律的有效手段。高分辨率层序地层学利用地层基准面旋回导致的岩石记录的变化进行地层对比，具有时代地层与界面的对比特点，而不是岩石类型和旋回幅度的对比，不仅时间分辨率提高，地层预测的准确性也大大提高，能够准确地恢复地层的原始沉积单元。

运用高分辨率层序地层学建立储层成因单元，能够确保储层单元划分与对比的高分辨率和可靠性，是沉积微相研究的基础和确定储层在宏观展布和微观分布上的结构性特征，进行储层随机模拟的前提条件。建立的成因单元准确与否，直接影响随机模拟结果的可靠性。

（三）精细沉积微相分析

精细沉积微相分析研究是精细表征储层的重要手段，与常规沉积学的研究侧重点不同，储层精细表征需要通过沉积微相分析了解每一种储层沉积微相的分布规律，如展布方向、宽厚比和长宽比及储层非均质性等宏观和微观的定量和半定量特征，这些特征通常需要结合露头、地下或测井特征确定，特别是对相变特征的研究，对于陆相地层，储层横向相变快，弄清相变特征也就解决了储层分布的结构特征及其物源方向等，这对于了解储层的分布、形态和变化十分必要，对建立高分辨率层序格架、建立储层地质知识库非常重要。

（四）储层建模技术

储层建模技术是一种多学科综合的手段，包括地质、数学以及计算机等。储层建模主要包含两大方面，一是计算机图形显示，二是井间参数的预测。

目前在相关学术领域中，地震学法、储层沉积学法以及地质统计学克里金法为确定性建模的常用方法。地震学法主要就是依托于地震数据包括各种属性参数、波阻抗、振幅等与储层特征参数如岩性、孔隙度等的相关性，进行储层横向预测，进而建立储层岩性、物性模型。储层沉积学法，主要是在地层对比以及沉积模式研究的基础上，将井间砂体进行对比进而建立储层结构模型；地质统计学克里金法，是利用变差函数进行井间插值，从而完成储层参数模型的建立。

随机模拟法是一种预测空间变量分布的数学方法，它的理论依据是地质统计学理论。目前，常用的随机模拟方法有高斯模拟、指示模拟、序贯模拟、分形模拟等。

储层随机建模主要包括以下三个基本步骤：①建立储层原型模型。这是随机建模的基础。原型模型是指储层的实体地质模型，建立方法主要有物理模拟、野外露头精细描述、现代沉积研究、密井网精细对比与描述、地震资料的确定性建模。②建立储层的随机模型。通过对储层特征分析建立随机模型，可以把各种地质认识和观测数据有机结合起来，还可以反映由于信息缺乏引起的不确定性。③储层随机模拟。建立储层随机模型后，对于不同的储层属性，选取不同的随机模型，采用不同的模拟方法。

二、基于机器学习的储层精细表征

人工智能是一门研究、开发用于模拟、延伸和扩展人的智能的理论、方法、技术及应用系统的新技术科学，它由不同的领域组成，包括十分广泛的科学，如机器学习、计算机视觉等。

机器学习实际上已经存在了几个世纪，可以追溯到 17 世纪。贝叶斯、拉普拉斯关于最小二乘法的推导和马尔柯夫链构成了机器学习广泛使用的工具和基础。

机器学习从 20 世纪 50 年代开始研究以来，根据不同时期的研究途径和不同目标，可以划分为四个阶段。

第一阶段从 20 世纪 50 年代中叶到 60 年代中叶，主要研究“有无知识的学习”，称为早期阶段。这类方法主要是研究系统的执行能力。这个时期，改变系统的环境及其参数，来检测系统反馈的数据，就好比给系统一个程序，改变它们的自由空间作用，系统将会受到程序的影响而改变自身的组织，最后这个系统将会选择一个最优的环境生存。

第二阶段为20世纪60年代中叶到70年代中叶，主要将各个领域的知识植入系统里，在本阶段的目的是通过机器模拟人类学习的过程，称为发展阶段。同时还采用了图结构及其逻辑结构方面的知识进行系统描述，主要是用各种符号来表示机器语言。研究人员在进行实验时意识到学习是一个长期的过程，从这种系统环境中无法学到更加深入的知识，因此研究人员将各专家学者的知识加入系统里。实践证明，这种方法取得了一定的成效。

第三阶段为20世纪70年代中叶到80年代中叶，称为加速发展阶段。在此期间，人们从学习单个概念扩展到学习多个概念，探索不同的学习策略和学习方法，且在本阶段已开始把学习系统与各种应用结合起来，并取得很大的成功。同时，专家系统在知识获取方面的需求也极大地刺激了机器学习的研究和发展。在出现第一个专家学习系统之后，示例归纳学习系统成为研究的主流，自动知识获取成为机器学习应用的研究目标。此后，机器学习开始得到了大量的应用。这一阶段的代表性工作有Mostow的指导式学习、Lenat的数学概念发现程序、Langley的BACON程序及其改进程序。

第四阶段为20世纪80年代中叶至今，这是机器学习的最新阶段。这个时期的机器学习具有如下特点：①机器学习已成为新的学科，它综合应用了心理学、生物学、神经生理学、数学、自动化和计算机科学等形成了机器学习理论基础；②融合了各种学习方法，且形式多样的集成学习系统研究正在兴起；③机器学习与人工智能各种基础问题的统一性观点正在形成；④各种学习方法的应用范围不断扩大，部分应用研究成果已转化为产品；⑤与机器学习有关的学术活动空前活跃。

（一）机器学习基本原理

传统机器学习的研究方向主要包括决策树算法、支持向量机算法、贝叶斯算法、随机森林算法以及深度学习等方面。

1. 决策树算法

决策树算法是一种逼近离散函数值的方法。它是一种典型的分类方法，首先对数据进行处理，利用归纳算法生成可读的规则和决策树，然后使用决策对新数据进行分析。本质上决策树算法是通过一系列规则对数据进行分类的过程，主要优点是模型具有可读性，分类速度快。学习时，利用训练数据，根据损失函数最小化的原则建立决策树模型；预测时，对新的数据，利用决策树模型进行分类。

决策树方法最早产生于20世纪60年代到70年代末。决策树算法构造决策树来发现数据中蕴含的分类规则，如何构造精度高、规模小的决策树是决策树算法的核心内容。决策树构造可以分两步进行：第一步，决策树的生成：由训练样本集生成决策树的过程。一般情况下，训练样本数据集是根据实际需要有历史的、有一定综合程度的、用于数据分析处理的数据集。第二步，决策树的剪枝：是对上一阶段生成的决策树进行检验、校正和修下的过程，主要是用新的样本数据集(称为测试数据集)中的数据校验决策树生成过程中产生的初步规则，将那些影响预衡准确性的分枝剪除。

决策树主要有二元分支(二元分裂)树和多元分支(多元分裂)树，如图2-1所示。构

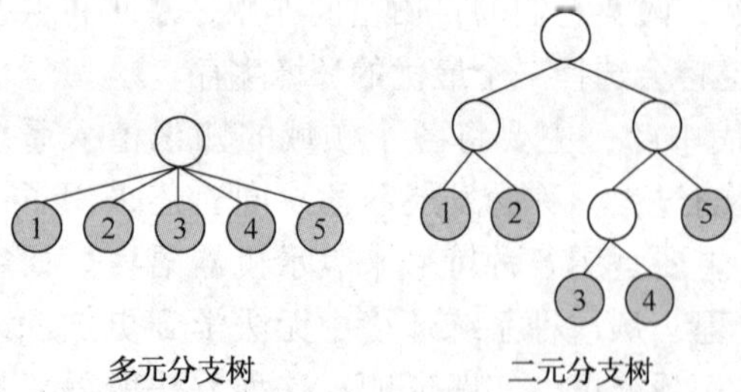

图 2-1　常见的决策树形式

造决策树的方法是自上而下递归分割，采用贪婪算法，从根节点开始，如果训练集中的所有观测是同类的，则将其作为叶子节点，节点内容即是该类别标记。否则，根据某种策略选择一个属性，按照属性的各个取值，把训练集划分为若干个子集合，使得每个子集上的所有例子在该属性上具有同样的属性值；然后再依次递归处理各个子集，直到符合某种停止条件。

决策树的建立从根节点开始进行分割(对于连续变量将其分段)，穷尽搜索各种可能的分割方式，通过分裂标准(通常用结果变量在子节点中变异减少的量来作为标准)来决定哪个原因变量作为候选分割变量。根节点分割后，子节点会像根节点一样重复分割过程，分割在该子节点下的观测值，一直到符合某种条件停止分割。分裂标准主要有以下几个指标，按照结果变量的分类如下：

(1) 结果变量是分类变量

当结果变量是分类变量时生成的树称为分类树。其分裂的标准主要有以下两个：

① 纯度的减少指标：

$$\Delta i = i(0) - \left[\frac{n_1}{n_0}i(1) + \frac{n_2}{n_0}i(2) + \frac{n_3}{n_0}i(3) + \frac{n_4}{n_0}i(4)\right] \tag{2-1}$$

式中　$i(.)$——节点纯度的计算值。Gini 系数变化和 Entropy 变化都基于纯度减少原理。

Gini 系数变化是用来测量节点纯度的指标，Gini 系数定义为：

$$1 - \sum_{j=1}^{r} p_j^2 = 2\sum_{j<k} p_j p_k \tag{2-2}$$

式中　p_1，p_2，…，p_r——第 r 类在某节点中的概率；

r——分类变量的类别。

一个完全纯的节点 Gini 系数为 0，随着节点内部种类增加，Gini 系数趋近于 1，Gini 系数越大说明节点越不纯。

熵值变化用来对分类资料变异性进行度量，其中熵值定义为：

$$H(p_1,\ p_2,\ \cdots,\ p_r) = -\sum_{i=1}^{r} p_i \log_2(p_i) \tag{2-3}$$

② χ^2 检验：

分类树的分裂能整理成列联表的形式，行代表子节点，列代表结果变量的类别，单元格是相应类别的频数。采用 Pearson χ^2 检验用来判断分裂的价值。

$$\chi_v^2 = \sum \frac{(O - E)^2}{E} \tag{2-4}$$

式中　$v = (r-1)(B-1)$，r——结果变量的水平数；

B——原因变量的分类数(即树的分支)；

O——观测值；

E——期望值。

由此可见，列联表越大，即分支越多，χ^2 值越大。χ^2 分割标准是用χ^2 检验的 P 值作为分裂的标准，P 代表偏差。为计算方便起见，一般把求得的 P 值进行对数变换，即 $\lg worth=-\lg_{10}(P)$，lg *worth* 随 P 值的减少而增大。

（2）结果变量是连续变量

当结果变量是连续变量时生成的树称之为回归树。其分裂标准主要有以下两个：

① 纯度的减少指标。与 Gini 系数和 Entropy 值不同，由于原因变量是连续的，所以纯度的衡量标准是样本的方差。

② F 检验：

$$F=\left(\frac{SS_{组间}}{SS_{组内}}\right)\left(\frac{n-B}{B-1}\right)\sim F_{B-1,n-B} \tag{2-5}$$

式中 B——分裂的分支数；

n——总观测例数。

通过 F 值计算 P 值。P 值用来作为分裂标准，作用等同于分类树中的χ^2 检验。

最大的决策树对训练集的准确率能达到 100%，但其结果往往会导致过拟合（对信号和噪声都适应）。因此建立的树模型不能很好地推广到总体中的其他样本中去。同样，太小的决策树仅含有很少的分支，会导致欠拟合。一个好的树模型有低的偏倚（适应信号）和低的方差（不适应噪声），模型的复杂性往往在偏倚和方差之间折中，因此要对树进行剪枝。

剪枝方法主要有前剪枝和后剪枝。

① 前剪枝（上-下停止规则）。类似于回归分析中向前选择法选择变量。

前剪枝的规则主要包括：限制树的深度、限制断裂的数量（每个节点中的观测例数）、依据假设检验的 P 值（如χ^2 检验或 F 检验的 P 值，若不满足统计学意义则停止生长）。

② 后剪枝（下-上停止规则）。类似于回归分析中向后剔除法选择变量。

通过长成一个大的树后，然后从下向上进行剪枝。后剪枝需要有两个条件：一个条件是要有一个分类或预测性能的评价方法，最简单的是将数据集分成训练集和测试集。测试集用来进行模型比较。但是存在一个问题是：当数据集小时，数据集拆分会降低拟合度。另一个条件是要有一个选择模型的标准，如准确度、利润、误差均方等。

2. 支持向量机算法

支持向量机是一类按监督学习方式对数据进行二元分类的广义线性分类器，其决策边界是对学习样本求解的最大边距超平面。

支持向量机算法于 1964 年提出，最初是一种线性分类器，1992 年，Boser 等人提出了嵌入核函数以实现非线性分类，使得支持向量机具有更大的应用性和灵活性，使其能够在高维特征空间中运行。它是一种有监督的学习模型，主要用于分类和回归分析，在非线性和高维问题上表现优秀，比决策树算法更稳定。

基本思想可概括如下：首先，要利用一种变换将空间高维化，当然这种变换是非线性的；其次，在新的复杂空间取最优线性分类表面。以此种方式获得的分类函数在形式上类似于神经网络算法。支持向量机是统计学习领域中的一个代表性算法，但它与传统方式的思维方法很不同，输入空间、提高维度从而将问题简化，使问题归结为线性可分的经典解问题。支持向量机应用于垃圾邮件识别、人脸识别等多种分类问题。

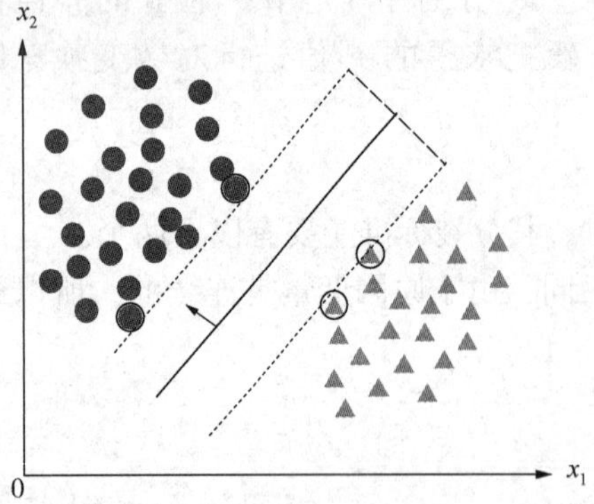

图 2-2 支持向量机示意图

支持向量机算法追求将两类数据最大程度地分开，即要求最靠近超平面的样本之间形成的间隔最大，这就是“最小间隔最大化”的思想，如图 2-2 所示。

将最靠近超平面的样本(图 2-2 圆圈内的样本点)到超平面的距离标准化，得到间隔宽度，从而建立支持向量机算法的优化目标函数。优化目标函数描绘了一种两堆数据可完全分开的理想情况，而现实中更为常见的是含噪声的二分类数据。对此，研究者们提出“软间隔支持向量机”，其思想是适当地放宽条件，不要求数据完全被分类正确，通过加入惩罚函数使得被分类错误的数据点尽可能少，从而使线性二分类支持向量机对于含噪声的数据仍然适用。与软间隔支持向量机相对应的，能够将数据完全线性分开的支持向量机，被称作“硬间隔支持向量机”。当数据变得线性不可分时，引入“核函数”的理论，通过核函数“隐式地”将原始空间中的线性不可分数据映射到高维特征空间中，使数据在该空间变得线性可分，从而巧妙地解决了线性不可分问题而又不显著增加计算成本，这也是支持向量机理论中最为出色的部分。

通过引入拉格朗日乘子，可将优化目标进一步转化为一个二次凸规划问题进行求解。

支持向量机理论基础坚实，泛化能力强，在很多领域都得到了应用，但也存在一些缺点。一方面，训练的核心是解决一个二次凸规划问题，存在着训练速度慢，对内存需求高等缺点，意味着不能直接将支持向量机算法用于大规模数据集的分类。另一方面，分类性能与核函数的选择和参数的设置密切相关，如果参数设置不合适，可能会对噪声数据非常敏感，从而很容易造成过拟合，影响分类性能。如何选择核函数和设置参数目前缺乏有效的理论指导，更多依赖经验。

3. 贝叶斯算法

贝叶斯算法是统计学的一种分类方法，它是一类利用概率统计知识进行分类的算法。在统计学中贝叶斯方程非常知名，它的主要思想是通过将已有的知识和新的观察结合形成新的知识。具体公式可以表达为：

$$p(\theta \mid q)=\frac{p(\theta)p(q \mid \theta)}{p(q)} \tag{2-6}$$

式中 q——观察值，可以对应油气生产中的历史产量；

θ——模型参数组；

$p(\theta \mid q)$——在参数 θ 得出观察值 y 后的后验概率密度；

$p(\theta)$——参数 θ 下的先验概率密度；

$p(q \mid \theta)$——似然估计方程；

$p(q)$——边缘概率密度，定义如下：

$$p(q) = \int p(\theta)p(q \mid \theta)\mathrm{d}\theta \tag{2-7}$$

式中，先验概率和似然估计相乘，用边缘似然估计对乘积进行归一化，得到新的概率分布，即为后验概率。

特定先验概率分布的建立要基于已知的所有参数。否则需要假设一个先验概率分布。最终的后验概率分布可以通过贝叶斯方程联合历史生产数据获得。对于似然方程，设 $\varepsilon_i=(q_i-\hat{q}_i)/\sqrt{t'}$，$i=1$，…，$t'$，其中 q_i 和 $\hat{q}_i$ 分别代表第 i 个月的实际生产数据和模型计算数据，t'是可用的生产月数。假设随机误差 ε_i 满足正态分布 $N(0, \sigma^2)$，那么似然估计方程可表示为：

$$p(q \mid \theta)=\frac{1}{\sigma\sqrt{2\pi}}\mathrm{e}^{-\sum_{i=1}^{i}\frac{[q_i-q_i(\theta)]^2}{t'}/2\sigma^2} \tag{2-8}$$

在获得后验概率分布后，可以用递减曲线的产量公式计算不同时间的最终采收率。同时最终采收率的分布范围可以通过概率分布区间(P_{10}，P_{50}和P_{90})进行量化。P_{10}表示实际最终采收率是10%的概率小于P_{10}分位数；P_{50}意味着有50%的可能实际最终采收率低于P_{50}分位数，P_{90}意味着有90%的可能实际最终采收率小于P_{90}分位数。在实际应用中对于边界似然估计方程的积分结果并不好获得，尤其是涉及多维方程时。

4. 随机森林算法

随机森林算法就是由多棵决策树组成的一种算法，同样既可以作为分类模型，也可以作为回归模型。在现实中更常用作分类模型，当然它也可以作为一种特征选择方法。而“随机”主要指两个方面：第一，随机选样本，即从原始数据集中进行有放回的抽样，得到子数据集，子数据集样本量保持与原始数据集一致，不同子数据集间的元素可以重复，同一个子数据集间的元素也可以重复。第二，随机选特征，与随机选样本过程类似，子数据集从所有原始待选择的特征中选取一定数量的特征子集，然后再从已选择的特征子集中选择最优特征的过程。通过每次选择的数据子集和特征子集来构成决策树，最终得到随机森林算法。

随机森林算法生成过程：

① 从原始数据集中每次随机有放回抽样选取与原始数据集相同数量的样本数据，构造数据子集；

② 每个数据子集从所有待选择的特征中随机选取一定数量的最优特征作为决策树的输入特征；

③ 根据每个数据子集分别得到每棵决策树，由多棵决策树共同组成随机森林；

④ 最后如果是分类问题，则按照投票的方式选取票数最多的一类作为结果返回，如果是回归问题，则按照平均法选取所有决策树预测的平均值作为结果返回。

随机森林优点：①由于是集成算法，模型精度往往比单棵决策树更高；②每次随机选样本和特征，提高了模型抗干扰能力，泛化能力更强；③对数据集适应能力强，可处理离散数据和缺失数据，数据规范化要求低；④在每次随机选样本时均有1/3的样本未被选上，这部分样本通常称为袋外数据，可以直接拿来作为验证集，不需占用训练数据。

随机森林缺点：①当决策树的数量较多时，训练所需要时间较长；②模型可解释性不强，属于黑盒模型。

5. 深度学习

深度学习是一类模式分析方法的统称，源于人工神经网络的研究，含多个隐含层的多层感知器就是一种深度学习结构。深度学习通过组合低层特征形成更加抽象的高层表示属性类别或特征，以发现数据的分布式特征表示。

区别于传统的浅层学习，深度学习的不同在于：①强调了模型结构的深度，通常有5层、6层，甚至10多层的隐层节点；②明确了特征学习的重要性。也就是说，通过逐层特征变换，将样本在原空间的特征表示变换到一个新特征空间，从而使分类或预测更容易。与人工规则构造特征的方法相比，利用大数据来学习特征，更能够刻画数据丰富的内在信息。

就具体研究内容而言，深度学习主要涉及三类方法：①基于卷积运算的神经网络系统，即卷积神经网络；②基于多层神经元的自编码神经网络，包括自编码以及稀疏编码两类；③以多层自编码神经网络的方式进行预训练，进而结合鉴别信息进一步优化神经网络权值的深度信任网络。

卷积神经网络受视觉系统的结构启发而产生，卷积神经网络基于神经元之间的局部连接和分层组织图像转换，将有相同参数的神经元应用于前一层神经网络的不同位置，得到一种平移不变神经网络结构形式。

（二）基于机器学习的地质构造预测

CO_2 的有效封存体要求储层地质构造简单且无逸出通道、储层压力、孔隙度和渗透率适中、覆盖层稳定等。地震资料包含了多维空间中的多种信息，包含了几何学、运动学、动力学及统计学特征，通常以地震属性进行描述。地震解释需要花费大量的时间，通常要将多种属性综合对比来辅助解释人员，而且需要解释人员具备丰富的解释经验。针对此问题，使用机器学习将多种敏感属性综合利用，实现地质构造的自动识别，有利于提高解释效率和解释精度。

1. 数据准备与属性优选

正演模拟是获得已知地质构造的地震反射信号的有效途径，可通过数据来分析目标地质构造地震属性的敏感性。地震属性种类众多，包括振幅、频率、衰减、几何等多种类型，不同的地震属性具有不同的地震含义，因此具有不同的应用领域，如岩性识别、构造预测、流体差异分析等。

理论上可反映构造不连续的地震属性为：3D曲率、构造倾角、一阶导数、二阶导数、方差、振幅反差、相位余弦、主频、瞬时频率、瞬时质量和平坦度属性，表2-1列出了不同属性体的定义及其表征的地质意义。

表2-1　地震属性体定义及表征意义表

地震属性体	定　义	表征的地质意义
3D曲率	曲线方向的变化率	构造连续性
构造倾角	根据地震数据估算局部倾角	构造连续性
一阶导数	输入地震数据体的一阶导数	构造连续性
二阶导数	输入地震数据体的二阶导数	构造连续性
方差	信号中估计的局部方差	构造连续性、岩性

续表

地震属性体	定　义	表征的地质意义
振幅反差	提取和突出地震数据的结构	构造连续性、地层厚度、岩性、流体差异
相位余弦	瞬时相位的余弦	构造连续性
主频	瞬时频率和瞬时带宽的几何平均值	构造连续性、地层厚度、岩性、流体差异
瞬时频率	根据瞬时相位的时间变化率计算	构造连续性、地层厚度、岩性、流体差异
瞬时质量	瞬时频率与两倍瞬时带宽的比值	构造连续性、地层厚度、岩性、流体差异
平坦度	方向场的变异	构造连续性、岩性

在地震属性基础上，分析每种属性在已知地质构造处的响应特征，依据属性的影响程度和属性之间的关联程度，进一步优选敏感性强的地震属性。对于进一步优选出的敏感性强的地震属性，可以初步应用灰色关联法或聚类分析法对属性的关联重要性进行排序。

2. 机器学习算法优选

为了生成可使用的预测网络，采用随机的方式生成若干个地质模型，随机因素包括地层的起伏形态、地层厚度、岩性及断层位置、尺寸和个数。当然，这些因素的随机是在一定范围内的随机(符合实际地质情况)。对生成的若干个地质模型采用自激自收的方式正演得到地震数据，加入不同强度的随机噪声后提取敏感地震属性。

利用训练好的网络，对模拟数据(不包含在训练数据中)进行预测，比较不同机器学习算法的预测结果。

综合比较每种机器学习方法的优缺点、预测精度及计算效率，针对不同的地质任务、研究区和地质构造选择合适的算法，实现高效、高精度的地震解释。

3. 数据预测

采用模拟数据下精度较高的机器学习算法实现构造预测，为了平衡每个属性在模型训练中的权重，需要对所有属性进行归一化处理。将已有的属性点数据输入优选出的算法网络，进行数据训练，并对预测结果进行精度分析，而后完成不同地震属性的数据体预测。

基于机器学习的地质构造解释方法，越丰富的训练样本数据可以得到越精细的预测结果。二维平面预测具有以下优点：受其他地层的不连续干扰较小，计算效率高。三维数据预测有利于掌握构造发育的形状、尺度及延伸方向，但是当数据量较大时，计算效率较低，不适合较大数据量情况下的预测。

第二节　流体运移规律

不同封存方式在 CO_2 地质封存过程中具有不同的作用时间尺度。一些封存方式在 CO_2 注入开始就产生作用，如构造封存、游离封存和在煤层中的吸附封存；溶解封存和矿物封存这两种方式产生的作用比较缓慢。在 CO_2 地质封存与利用过程中，超临界 CO_2 流体的物理性质及其地下运移规律较 CO_2 气体要复杂得多。一般而言，CO_2 封存地层的深度通常要超过 800m，因为要确保 CO_2 处于超临界或液态条件，以满足高效封存。液态条件下的密度较超临界条件下高，但不管 CO_2 的状态如何，它总是比地层中水密度小，因此在储层中受浮力作用而上升。

注入的 CO_2 在浮力、平流、扩散的作用下在储层运移，其中由于浮力作用，CO_2 有在储层顶部积聚的趋势。由于盖层的封堵作用，CO_2 无法突破盖层，将沿着盖层底部水平运移，扩大羽流面积。CO_2 相态对羽流具有一定的影响，液态 CO_2 黏度高于超临界态条件下的黏度，因而 CO_2 在相同的运移时间内，超临界 CO_2 在储层中扩散更快，延伸更远。

一、物理模拟实验

（一）常规驱替实验

以老油田 CO_2 地质封存为例，常规驱替实验步骤如下：

① 岩心经过前处理后，将岩心烘干，测定孔隙度渗透率等基础数据。

② 将岩心装填入特制的长岩心夹持器中，接通仪器流程，加围压，测定装置密封性。

③ 将夹持器升温至实验温度，饱和地层水，并计算有效孔隙体积。

④ 打开注入泵，对充分饱和水的长岩心注入模拟油，直至不出水，老化 12h 以上，计算含油饱和度。

⑤将回压调至原始地层压力，打开注入泵，以 0.05mL/min 的速度缓慢注水至含水 90%。

⑥以同样速度对长岩心注 CO_2，分别记录不同时刻采出的水量、油量和气量。每隔 10mim 利用声发射装置检测岩心中的油气饱和度情况，直至产出物无油，结束实验。

随着 CO_2 注入量的增加，自由气的含量越来越多，溶解于油中的 CO_2 含量越来越少。自由气占比上升，主要是由于注气过程中岩心中液相的量越来越少，CO_2 占据的气体空间越来越多，自由气就越来越多；而溶解于原油中的气量降低，主要是由于注气驱替过程中原油量一直在减少，混相驱的驱油效率很高，最后残余油数量很少，所以溶解气量也越来越少。

束缚气的量随 CO_2 注入量的增加而略有增加，在后期又略微降低，但整体变化降幅很小，溶解于水中的气体量稳中有增，但增幅很小。束缚气的存在形式主要有两种：固化沉积物和不可动微气泡(包括被岩石吸附部分)。随着驱替过程的进行，微气泡的变化量很小，固相沉积物占据主要地位；而溶解于水中的气体随着注气量增加略有增加，这主要是由于注入的 CO_2 能够置换孔喉中的水，使水量略有增加，溶解量增加。

在整个驱替过程中，自由气和束缚气占据比例较大，溶解于油和水中的气体的占比总体相对较小。注气初期，注气前缘的气体，首先溶解于水中，之后气体有三种不同的去向，一是穿透水膜与原油作用，二是与岩石发生溶蚀与沉积作用，三是与孔道摩擦形成微气泡。后续注入的气体则多以自由气的形式存在。随着注气量增加，岩心中液体占据空间越来越小，自由气越来越多，溶蚀作用形成的溶蚀液被驱替带出，只残余固相沉积的部分，所以束缚气也越来越少。同时，动用了原来水驱不能动用的原油部分，而这部分原油与穿透水膜来的 CO_2 混相已经达到平衡，气体溶解量已达最大，而动用水的量在相对增加，因此水中溶解量增多；直到最后驱替到岩石中可动的油和水为残余状态时，储层中自由气占比达到最大，束缚气占比不再变化，溶解于油中的气和水中的气体达到稳定值。

（二）封存平台物理模拟

以深部盐水层封存 CO_2 为例，在室内搭建 CO_2 封存的模拟平台，可以根据具体研究区内的地质条件选择实验材料。例如，含水砂岩层作为 CO_2 的储存地层；石膏板代替相对较厚的泥岩作为盖层；选择粒径不同的白色石英砂和石膏的混合材料模拟砂岩。在模拟平台内填充地层模拟材料，采用被动式加压；在模拟材料内的指定测点埋入传感器，并与数据采集和分析器相连接；外部箱体前侧为有机玻璃，以便对 CO_2 气体在地层模拟材料中的运移情况进行直观观测；为增加密封性，可在有机玻璃和填入的材料中间置入透明 PVC 软板。

实验目的为模拟 CO_2 在深部盐水层地质封存中的运移特性，研究注入压力与注入量的关系；分析在深部盐水层 CO_2 的注入过程对盖岩层应力-应变的影响规律。

实验原理为水平向约束产生地层加压，从而模拟地下深部岩层的受力状况；用氯化钠溶液来模拟地层中的盐度。为了更直观地观察 CO_2 的运移规律，在实验中加入氢氧化钙和酚酞（CO_2 注入后，会与氢氧化钙反应生成碳酸钙与水，碱性消失，使储层红色褪去，从而较明显地观察到 CO_2 的运移规律），可直接将模拟 CO_2 储层的白色石英砂染色（选择白色砂的一个原因），通入 CO_2 后，通过砂岩变色情况观察 CO_2 在深部地层的运移规律；在模拟的膏岩层上放置应变片，在砂岩层中埋置对应的压力盒和渗压计，用来测量模拟膏岩层受力情况和砂岩层的压力变化及渗流情况。

模拟超临界 CO_2 从注入管注入模拟储层含盐水砂岩中，由于受到浮力作用，模拟超临界状态 CO_2 向上运移，直至到达模拟膏岩层产生向上的应力。与此同时，由于实验中模拟含盐水砂岩的岩性存在各向同性，水平方向与竖直方向渗透率相同，因此在向上运移的同时向水平方向扩散，并由此推挤盐水层中的盐水产生水平向应力。两个方向的应力可以分别通过应变片和压力盒测得。通过数据采集仪得到数据变化情况，加上观测表面红色酚酞石英砂变回白色的顺序变化，可以比较明显地得出模拟超临界状态 CO_2 在 3 种不同压力下的大致运移途径。

气体在注入地层以后，受浮力作用向上运移，但 CO_2 从注入口进入地层时是带有一定压力的，因此 CO_2 注入后不会竖直向上运移，而是与注入井成一定角度向斜上方运移。随着注入压力增大，CO_2 最先到达盖层的地点距注入点的水平距离变远，也就是 CO_2 向上迁移的路线与垂直井角度变大，但这种变化并不与 CO_2 注入压力成正比。在其他条件不变的前提下，随着注入压力不断增加，CO_2 运移的路线变化越小，最终趋于稳定。

随着注入压力增大，模拟砂岩层表面褪色速度越快，说明随着注入压力的提高，CO_2 注入速度也提高。CO_2注入压力和注入速度是相互促进的，注入压力增大，注入速度也随之增大。

根据对比不同注入压力下的酚酞显色观测图，CO_2 在盐水层中的注入过程受外力影响，向阻力较小方向运移，注入结束后，主要在浮力作用下向上运移，在储层中形成倒锥状分布，具体分布形态与储层的非均质性有关。浅部盐水层的气态 CO_2 浮力更大，侧向运移较深部稍弱。注入的 CO_2 在沿着水平方向扩散的同时还在浮力的作用下向上扩散，并通过储层上部的低渗透性盖层进入上层含水层。

（三）基于X射线CT扫描的多相流实验

X射线CT扫描技术可以在变化的温度、压力、盐度和润湿条件下刻画孔隙空间内岩石和流体的三维空间分布，该技术是一种非破坏性技术，可用于研究待测样品内的组织结构分布特性。在选定扫描位置后，可以观测样品中的孔隙和流体随时间变化的空间分布。与传统测试方法相比，CT扫描可以提供精度更高的实验数据，同时大大减少了样品分析过程所消耗的时间，节省精力。作为分析储层岩石和流体的有效工具，X射线CT扫描已广泛运用在地质分析和石油工业中，进行了多尺度分析实验，以测定岩心样品的物理密度、孔隙度和孔径分布。

1. 实验材料及实验系统

将不同尺寸的玻璃砂填充到反应釜中作为多孔介质填砂砂芯。填充玻璃砂时采用多次填充与摇匀相结合的方式，既避免填充过程中混合砂出现分层，也确保了砂芯处于压实状态；实验中使用的材料还包括CO_2气体、盐水、造影剂。

多相流实验主要利用CO_2-盐水驱替装置完成，驱替实验的反应釜以对X射线衰减较小的纯铝制成，适合在高温高压实验条件下使用。实验开始前，在CT内部的载物台上垂直放置反应釜后，用石墨电加热带对其加热以达到实验温度，并在其外部包裹隔热棉以保温。通过恒温加热控制器对温度进行调节，控温精度为±1℃，反应釜外部使用绝缘电工胶带包裹以防止漏电。为了最大程度减少反应釜两端玻璃砂的堆积影响，X射线CT拍摄时的聚焦视场选在反应釜中部偏上位置。由于毛细管末端效应和浮力可能会显著地干扰垂直注入过程中的饱和度分布，因此选择此位置作为成像区域，可以有效防止砂芯两端饱和度扰动对实验结果的干扰。

使用高压精密柱塞泵进行实验流体注入，实验过程设定为恒定流速模式。由于环境温度的波动可能会对注入气体的体积和流速造成较大影响，柱塞泵和实验管路全部用隔热棉包裹，使得注入过程中流体物性和注入流速保持恒定。

2. CT图像处理

X射线CT内部的预设软件将CT扫描获得的投影图像重建为灰度图像，其中灰白色的部分体素为多孔介质，灰黑色的部分体素为CO_2。

为了比较储层样品中的各相变化，在实验过程中利用连续的CT扫描图像，通过从后续扫描的图像中减去第一次扫描的图像，可以获得差分图像。当图像的空间分辨率足以分辨多孔介质和孔隙内的物质时，可以通过阈值分割将CT图像中的各相彼此分离，即将不同的相设定为0和1值，生成二值化图像。对于CT扫描干燥状态下的砂芯（干扫描）与实验过程中的砂芯（湿扫描），基于每个图像进行视觉检查，通过反复试验和针对原始图像进行视觉上的人为比对来确定合适的二值化阈值。尽管存在许多自动阈值技术，但通常手动执行阈值分割。原因在于自动化方法对于降低用户依赖性至关重要，但是由于CT图像内各种物质的多样性和可能存在的图像伪影，通过自动化的阈值分割很难在特定的实验场景中保持通用性和易用性。为了确认阈值分割的结果，在进行各种阈值分割方法试验后，通常需要进行手动检查以确认各相分割结果是否合适。

将多孔介质、CO_2和盐水所对应的二值化图像相加，获得气液固三相的二维分布图像。随后通过检测CO_2与盐水两相的相接像素点，提取CO_2-盐水相边界作为相间界面。

通过测量二维片层图像中的 CO_2 盐水边界长度，计算片层内的总界面面积，并将其除以整个片层内的多孔介质面积来获得该片层图像所对应的边界面面积。

3. 基于 CT 图像的参数计算

CO_2 体积含有率表示整个多孔介质内 CO_2 所占空间比例，计算方法类似于孔隙度的计算，如式(2-9)所示。

$$\varphi_{CO_2}=\frac{V_{CO_2}}{V} \tag{2-9}$$

式中 φ_{CO_2}——CO_2 体积含有率；

V_{CO_2}——CO_2 体积，cm^3；

V——岩心样品体积，cm^3。

为了计算 CO_2 占据多孔介质内孔隙空间比例，将 CO_2 体积含有率除以孔隙度，得到 CO_2 饱和度。

$$S_{CO_2}=\frac{\varphi_{CO_2}}{\varphi} \tag{2-10}$$

式中 S_{CO_2}——CO_2 饱和度；

φ——岩心样品孔隙度。

由于 CT 扫描图像的空间分辨率可能无法满足孔隙尺度的观测，可以采用 Perrin 等方法来计算孔隙度和 CO_2 饱和度。该方法首先需要进行多次实验，比较不同 X 射线 CT 的参数所拍摄到的 CT 图像，并最终选取最优化参数进行每组实验。向反应釜内分别填充盐水和 CO_2，并设定系统温度压力为该组实验温度压力条件，进行两次 CT 扫描，分别获得充满盐水的反应釜图像 CT_{brine} 和充满 CO_2 的反应釜图像 CT_{CO_2}。随后清空反应釜，向反应釜内填充干燥玻璃砂并压实。在实验温度压力条件下将砂芯饱和盐水和 CO_2，通过 CT 扫描分别获得饱和盐水的砂芯图像 CT_{brine}^{sat} 以及饱和 CO_2 的砂芯图像 $CT_{CO_2}^{sat}$。通过式(2-11)进行图像运算，获得孔隙度 φ。

$$\varphi=\frac{CT_{brine}^{sat}-CT_{CO_2}^{sat}}{CT_{brine}-CT_{CO_2}} \tag{2-11}$$

用 ImageJ 软件通过对图像进行计算，可以直接获得 CT 片层图像所对应的孔隙度空间分布。同理，在实验过程中向饱和盐水的填砂砂芯内注入 CO_2，达到稳态后进行 CT 扫描，获得实验图像 CT，然后使用式(2-12)计算 CO_2 饱和度。

$$S_{CO_2}=\frac{CT-CT_{brine}^{sat}}{CT_{CO_2}^{sat}-CT_{brine}^{sat}} \tag{2-12}$$

二、CO_2 运移数值模拟

（一）多孔介质中流体渗流差异

经典地下水动力学理论认为，大多数多孔介质中地下水渗流满足达西定律，达西定律又称为层流定律。然而，并不是所有地下水渗流都满足达西定律。例如，地下水渗流速度快超过一定界限值时，有可能出现紊流而不满足达西定律的使用条件。在裂隙介质中，由于地下水和裂隙边壁接触面积相较于多孔介质变小，流体在裂隙中运移的摩擦阻力得到极大减小，最终导致地下水在裂隙中会更容易发生紊流运动。对紊流的精确描述需要突破达西定律中雷诺数的限制。目前，多使用纳维斯托克斯方程对裂隙中的流体高速流动进行描述，该方程是经典牛顿第二定律对流体动力学的解释，见式(2-13)。

$$\begin{aligned} &\nabla \cdot v_l=0 \\ &0=-\nabla p_l+\rho_l g+\mu_l \nabla^2 v_l \end{aligned} \tag{2-13}$$

式中 v_l——流体 l 在孔隙或裂隙介质中的实际流速；

p_l——流体压力；

ρ_l——流体密度；

μ_l——流体黏度。

式(2-13)中第一个方程为流体质量平衡方程，说明流体不可压缩，并且满足稳定流；第二个方程即为纳维斯托克斯方程，右边三项分别反映出流体压力，重力和流体黏滞力对流体流动的贡献。由于式(2-13)来自牛顿第二定律，具有普适性；理论上可以转化为达西定律，并用于描述层流运动。将式中流体压力和速度在有效孔隙中进行平均求解，可以得到式(2-14)。

$$0=-\nabla \bar{p}_l+\rho_l g+\mu_l \nabla^2 \bar{v}_l-\mu_l K^{-1} \bar{v}_l \tag{2-14}$$

式中 $\bar{p}_l$——孔隙介质中流体平均压力；

$\bar{v}_l$——平均渗流速度；

K——渗透率。

式(2-14)称为达西-布林克曼方程，式(2-14)比式(2-13)多了一项 $\mu_l K^{-1} \bar{v}_l$，该项反映了流体流动时受到介质边壁的影响，即摩擦力。在多孔介质中，这种流体和介质间的摩擦阻力较流体黏滞力要大得多。忽略式(2-14)右边的第三项，可以得到达西定律表达式。达西定律是一种特殊的纳维斯托克斯方程。当介质中流体渗流速度不断变快，流体间黏滞力逐渐增大；由于达西定律忽略了黏滞力，理论上将变得不再适用，使用达西定律预测裂隙中的流体运移可能出现问题。纳维斯托克斯方程要比达西定律复杂得多，非稳定流体的纳维斯托克斯方程将会更加复杂，目前能够处理的问题一般在二维非稳定流动以内，并且需要借助数值方法。

在 CO_2 地质封存领域，CO_2 流体在裂隙中渗流更容易产生紊流。这是因为①高压注入地下的 CO_2 增强了压力梯度，加快了流体流速；这种情况在断层中更加明显；②CO_2 流体本身具有更小的黏滞性和密度，在砂岩储层和断层中的运移较地下水更加快速；③CO_2 和盐水存在多相流动问题，它们的渗流对压力响应更加敏感。

（二）地质封存数值模拟基础理论

1. 相组成

在 H_2O-CO_2 两组分体系中，当处于水凝点以上且不考虑水合物相时，则该体系中存在水相(aqueous phase)、液相(liquid CO_2-rich phase)与气相(gaseous CO_2-rich phase)三种。其中在水相中，以水为主，溶解了一定量的 CO_2；在液相中，以 CO_2 流体为主，也包含一定量的水；气相中以 CO_2 气体为主，包含一定量的气态水。如果 NaCl 组分加入 H_2O-

CO_2 二元体系中，相的组合可能要增加一倍。目前，CO_2-H_2O 二元体系的相图已有大量的研究基础及成果，图 2-3 为二元体系 P-T 相图。

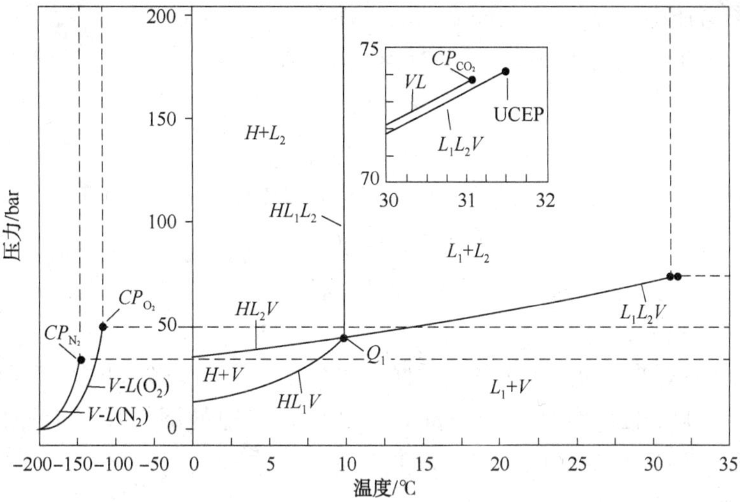

图 2-3　CO_2-H_2O 二元体系 P-T 相图

如图 2-3 所示，V-$L(N_2)$ 和 V-$L(O_2)$ 为 N_2 和 O_2 的气相-液相饱和曲线，CP_{N_2} 和 CP_{O_2} 分别是 N_2 和 O_2 的临界点，由于 N_2 和 O_2 的饱和曲线和临界点都处于 0℃以下，因此不存在液态 N_2、O_2 与 H_2O 或 CO_2 共存的情况，当温度为 0~35℃时只考虑 CO_2-H_2O 二元体系的相态共存曲线。

2. 相中各组分的计算

在两相共存时，气相与水相中的 CO_2 与 H_2O 平衡方程可以描述为：

$$
\begin{aligned}
&H_2O_{(l)} \rightleftharpoons H_2O_{(g)}\\
&K_{H_2O} = f_{H_2O_{(g)}} / \alpha_{H_2O_{(l)}}\\
&CO_{2(aq)} \rightleftharpoons CO_{2(g)}\\
&K_{CO_{2(g)}} = f_{CO_{2(g)}} / \alpha_{CO_{2(aq)}}
\end{aligned}
\tag{2-15}
$$

式中　K——平衡常数；

f——逸度，针对气态水和 CO_2；

α——活度，针对液态 CO_2 和液态水。

下标 g——富 CO_2 相，对于 CO_2，可以是气态、液态或超临界状态；为简单起见，称为气体。

平衡常数是温度和压力的函数，可用式(2-16)描述。

$$K_{(T,P)} = K^0_{(T,P_{ref})} \exp\left[\frac{(P-P_{ref})\bar{V}}{RT_k}\right] \tag{2-16}$$

式中　P——体系总压力，bar；

T——温度，℃；

T_k——开尔文温度，K；

R——气体常数；

$\bar{V}$——平均偏摩尔体积；

P_{ref}——参考压力，bar。

在水相中，CO_2 的摩尔分数可以用式(2-17)计算。

$$x_{CO_2}=\frac{\Phi_{CO_2}(1-y_{H_2O})P}{55.508\gamma_{CO_2}K_{CO_2}} \tag{2-17}$$

在富含 CO_2 的气相中，H_2O 的摩尔分数可以用式(2-18)计算。

$$y_{H_2O}=\frac{K_{H_2O}\gamma_{H_2O}(1-x_{CO_2})}{\Phi_{H_2O}P} \tag{2-18}$$

式中 Φ——逸度系数；

γ——活性系数，CO_2 和 H_2O 的活性系数均是在摩尔分数尺度上定义的，当温度小于100℃且压力高达600bar时，CO_2 在水中的溶解度是有限的，可以假定 CO_2 和 H_2O 的活性系数均为1。

3. 相的密度及黏度

CO_2 溶解使得水相密度增大，水相总密度可以用式(2-19)计算。

$$\frac{1}{\rho_{aq}}=\frac{1-X_{CO_2}}{\rho_{brine}}+\frac{X_{CO_2}}{\rho_{CO_2}} \tag{2-19}$$

式中 X_{CO_2}——水相中的 CO_2 摩尔质量分数；

ρ_{aq}——水相的总密度，g/cm³；

ρ_{brine}——水盐体系的分密度，g/cm³；

ρ_{CO_2}——溶解 CO_2 的分密度，g/cm³。

溶解 CO_2 的分密度可以由式(2-20)得到。

$$\rho_{CO_2}=\frac{44}{V_\varphi}\times10^3$$

$$V_\varphi=37.51-9.585\times10^{-2}T+8.74\times10^{-4}T^2-5.044\times10^{-7}T^3 \tag{2-20}$$

式中 V_φ——单位摩尔质量 CO_2 的摩尔体积；

T——温度，℃。

水盐体系黏度计算可以由式(2-21)计算得到。

$$\frac{\mu}{\mu_w}=1+am+bm^2+cm^3+dT(1-e^{km}) \tag{2-21}$$

式中 μ——水盐体系黏度，Pa·s；

μ_w——纯水的黏度，Pa·s；

m——摩尔浓度；$a=0.0816$；$b=0.0122$；$c=0.000128$；$d=0.000629$；$k=-0.7$。

4. 控制方程和约束方程

假设各相态满足局部平衡，在多孔介质中，等温条件下的 CO_2 和盐水多相流满足质量守恒方程、能量守恒方程，表达见式(2-22)。

$$\frac{\mathrm{d}}{\mathrm{d}t}\int_{V_n} M^k \mathrm{d}V = \int_{\Gamma_n} F^k \cdot n\mathrm{d}\Gamma + \int_{V_n} q^k \mathrm{d}V \tag{2-22}$$

式中 n——单位法向量；

V_n——单元体的体积，m^3；

Γ_n——单元体的表面积，m^2；

k——各项组分，包括质量组分和能量组分；

M^k——单位体积内的质量累积量或者能量累积量，kg/m^3 或 J/m^3；

F^k——质量流量或者热量流量，$kg/(m^2 \cdot s)$ 或 $J/(m^2 \cdot s)$；

q^k——单位体积内的质量源汇项或者能量源汇项，$kg/(m^3 \cdot s)$ 或 $J/(m^3 \cdot s)$；

t——时间，s。

质量累积量的计算可以由式(2-23)获得。

$$M^k = \varphi \sum_{\beta} S_\beta \rho_\beta X_\beta^k \tag{2-23}$$

式中 β——相态，液相或气相；

φ——孔隙度，小数；

ρ_β——β 相的组分密度，kg/m^3；

S_β——β 相的饱和度；

X_β^k——β 相内组分 k 的质量分数。

能量累积项可以由岩石基质能量、流体能量和固态能量累积而成，一般形式见式(2-24)。

$$M^k = (1-\varphi)\rho_R C_R T + \varphi \sum_{\beta} S_\beta \rho_\beta u_\beta \tag{2-24}$$

式中 ρ_R——岩石基质的密度，kg/m^3；

C_R——岩石基质的比热容，$J/(kg \cdot K)$；

u_β——β 相的比内能，J/kg。

质量流量可以由各相流量累积而成，表达形式见式(2-25)。对于单独相态，质量流量可利用多相达西定律进行求解。

$$F^k = \sum_{\beta} X_\beta^k F_\beta \tag{2-25}$$

热量流量由三部分组成，分别是热传导流量、热对流流量和热辐射流量，计算式见式(2-26)。

$$F^k = -\left[(1-\varphi)K_R + \varphi \sum_{\beta} S_\beta K_\beta\right] \nabla T + f_\sigma \sigma_0 \nabla T^4 + \sum_{\beta} h_\beta F_\beta \tag{2-26}$$

式中 K_R——岩石基质的热导率，$W/(m \cdot K)$；

K_β——β 相的热导率，$W/(m \cdot K)$；

h_β——β 相的比焓，J/kg；

σ_0——Stefan-Boltzmann 常数，$5.6687\times10^{-8} J \cdot m^{-2} \cdot K^{-4}$；

f_σ——辐射率因子。

需考虑相应的本构关系及约束条件，来满足上述控制方程在数值求解中的闭合条件。假定各相流体饱和度之和等于 1，各相流体质量分数之和等于 1，液相压力等于气相压力与毛细管力之和。

5. 离散计算求解

对空间离散计算，运用积分有限差分方法(IFDM)；对时间离散计算，则采用一阶向后差分全隐式格式。进行空间离散计算时，IFDM方法具有极高的离散灵活性，可以将模拟空间离散为指定任意形状的多面体，可以对复杂的地形结构进行模拟。对于第一类狄利克雷边界条件，可以将模型的边界单元构造为一种特殊单元，该单元的体积被设置为无穷大，而其中心点到边界的距离又被设置为很小。对于第二类诺依曼边界条件，根据IFDM方法，设置其单元边界的任意流量连接恒为零。空间进行离散化后，以随时间变化的主要热动力变量为未知量，可以得到一系列耦合的非线性方程，然后通过牛顿迭代法对这些方程进行迭代计算。

引入适当的体积平均量，可得到累积项的空间离散方程，表示为式(2-27)。

$$\int_{V_n} M\mathrm{d}V = V_n M_n \tag{2-27}$$

式中 M_n——单元体体积内M的平均值。

流量项的空间离散方程可由式(2-28)表示。

$$\int_{\Gamma_n} F^k \cdot n\mathrm{d}\Gamma = \sum_m A_{nm} F_{nm} \tag{2-28}$$

式中 n，m——相邻的控制单元体；

A_{nm}——控制单元n与m之间的接触面积，m^2；

F_{nm}——接触面积A_{nm}上F的平均值。

对达西流动项进行空间离散，可以得到表达式(2-29)。

$$F_{\beta,nm} = -k\left(\frac{k_{r\beta}\rho_\beta}{\mu_\beta}\right)_{nm}\left(\frac{P_{\beta,n}-P_{\beta,m}}{D_{nm}} - \rho_{\beta,nm} g_{nm}\right) \tag{2-29}$$

式中 nm——n和m两个控制单元体接触面上的平均值；

D_{nm}——控制单元体n和m各自中心点之间的距离，m；

g_{nm}——重力加速度在n到m方向上的分量，m/s^2；

$k_{r\beta}$——β相的相对渗透率，m^2。

将累积项和流量项的空间离散表达式(2-27)和(2-28)代入控制方程式(2-29)中，可得到关于时间的一阶常微分方程，其表达式见式(2-30)。

$$\frac{\mathrm{d}M_n^k}{\mathrm{d}t} = \frac{1}{V_n}\sum_m A_{nm}F_{nm}^k + q_n^k \tag{2-30}$$

利用一阶有限差分法，对式(2-30)进行时间离散处理，其表达式见式(2-31)。

$$R_n^{k,\ k+1} = M_n^{k,\ k+1} - R_n^{k,\ k} + \frac{\Delta t}{V_n}\left(\sum_m A_{nm}F_{nm}^{k,\ k+1} + V_n q_n^{k,\ k+1}\right) \tag{2-31}$$

式中 k和$k+1$——相邻的时间步；

Δt——时间步长；

$R_n^{k,k+1}$——残余项。

为了对非线性方程组进行求解，可以采用Newton-Raphson迭代方法，结合Talor公式对残余项进一步计算求解。求解过程中涉及的雅克比矩阵可利用数值微分法进行求解；迭代计算可以利用稀疏条件下的高斯消元法或预共轭梯度法，直至残余项满足收敛条件。

(三) 分子动力学模拟

分子动力学方法是一种结合物理、化学和数学等相关知识的综合技术，其基本思想是依据分子的力场参数及牛顿运动力学基本原理，计算体系内的分子运动。通过该方法不仅可以得到分子的运动轨迹，还能直接观测到分子运动过程中的各种微观细节，是对理论计算和实验研究的有力补充。分子动力学模拟的主要步骤是：①建立目标系统，即构建体系分子的初始坐标，并对分子速度初始化(通常为麦克斯韦初速度分布)；②选取势能函数及分子力场模型，计算分子间或分子内作用力；③选取算法求解牛顿运动方程，更新体系中分子的坐标及速度；④依据相关的统计公式，获得体系各宏观参数及输运性质。

1. *系统及初始速度*

建立 CO_2-H_2O-岩石渗流系统，系统由 CO_2、H_2O 和岩石三部分组成。根据 CO_2 封存条件下相关组分的密度等参数，设置分子个数，完成系统构建。

温度耦合可以采用基于 Berendsen 耦合器的 velocity rescaling 方法，优点是耦合的强度可根据需求而定，即平衡模拟可以设置所需的时间常数，在这种情况下不会影响其动力学特性。Berendsen 耦合过程可以用式(2-32)表示。

$$\frac{\mathrm{d}T}{\mathrm{d}t}=\frac{T_0-T}{\tau} \tag{2-32}$$

式中 T_0——初始温度，K；

T——任意温度，K；

t——时间；

τ——时间常数。

Velocity rescaling 方法是在 Berendsen 耦合方法的基础上增加了随机变量 $\mathrm{d}K$，用于保证动能的正确分布，如式(2-33)所示。

$$\mathrm{d}K=(K_0-K)\frac{\mathrm{d}t}{\tau T}+2\sqrt{\frac{K_0K}{N_\mathrm{f}}}\cdot\frac{\mathrm{d}W}{\sqrt{\tau T}} \tag{2-33}$$

式中 K——动能，J；

$\mathrm{d}W$——维纳随机过程；

N_f——自由度。

压力耦合也采用 Berendsen 方法，与温度耦合方法相似，对系统压力 P 经过一段时间 t 的连续变化修正得到目标压力 P_0，计算中系统压力 P 向目标压力 P_0 的趋近过程如式(2-34)所示。

$$\frac{\mathrm{d}P}{\mathrm{d}t}=\frac{P_0-P}{\tau} \tag{2-34}$$

分子动力学计算初始条件之一，便是对系统粒子赋予随机的初速度。通常初速度的产生方法为选取-1~1之间的符合高斯分布的随机数，将此随机数乘以粒子的平均速率，得到符合麦克斯韦-玻尔兹曼分布的粒子平均速度，即：

$$p(v_i)=\sqrt{\frac{m_i}{2\pi kT}}\exp\left(-\frac{m_iv_i^2}{2kT}\right) \tag{2-35}$$

式中　$i=x, y, z$——三个方向；

p——概率；

m——原子的质量，amu；

k——玻尔兹曼常数。

计算之前需检查粒子的速度分布，使得系统的总动量为零，从而确保计算过程的稳定。

2. 势能函数及力场模型

分子势能函数(也称力场)是描述体系作用力的参数化经验函数。体系内的作用力由分子间的非键结作用力及分子内的键结作用力组成。CO_2 封存计算中的非键结作用力可以包括范德华作用力和库仑静电力；键结作用力包括键伸缩(双体)、键角(三体)和二面角(四体)等相互作用力。

原子 i 和 j 之间的范德华作用力用兰纳-琼斯(Lennard-Johns，简称 L-J)势能函数描述，两个共价键合原子 i 和 j 之间的键伸缩可以采用简谐振动的谐波势描述，三个原子 i、j、k 之间键角弯曲项的一般形式为键角的简谐振动。

分子的力场参数与势能函数形式相匹配，用于体系作用力的计算。这些参数可经由量子力学计算或实验方法得到，为了控制力场参数，同类原子具有相同的力场参数。针对 CO_2-H_2O-岩石系统，CO_2 分子可采用 Nieto-Draghi 等开发的柔性 EPM2 模型进行模拟，H_2O 分子可采用常用的 SPC/E 水模型，岩石可采用 CLAYFF 力场。

3. 边界条件及算法

分子模拟的尺度范围一般在纳米级及以下，尺度越小，边界效应越明显。对于有限的体系，应用周期性边界条件是减小边界效应的常用方法。在计算系统分子间作用力时，可考虑采用最近镜像方法。在计算非键结作用的长程作用力时，需采用截断半径的方法计算。例如对于范德华力而言，距离越远，两点间的作用力越小。截断半径 r_c 定义了范德华力的计算范围，当 $r<r_c$ 时，范德华力用兰纳-琼斯势能函数计算；当 $r \geqslant r_c$ 时，范德华力视为零。

模拟过程核心是求解牛顿运动方程，最常用的方法为基于 Verlet 算法发展出的数值解法，得到体系内粒子的速度和位置信息。经典算法之一是蛙跳法(图 2-4)，蛙跳式积分方法使用了 t 时刻的粒子位置 r 和 $t-\frac{1}{2}\Delta t$ 时刻的速度 v，根据 t 时刻的位置计算出力 $F(t)$，并用式(2-36)更新位置和速度，如图 2-4 所示。

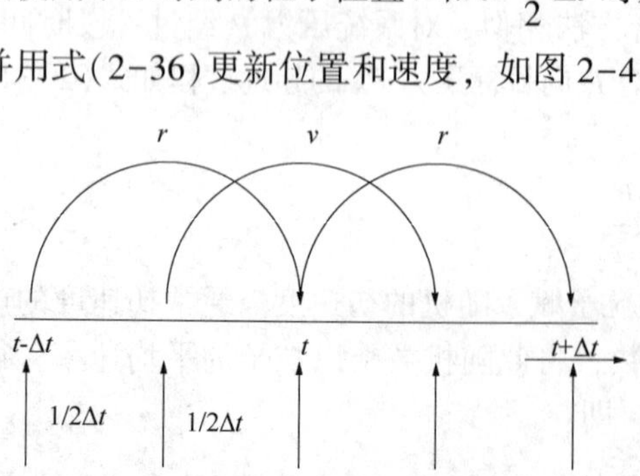

图 2-4　蛙跳式积分方法示意图

$$v\left(t+\frac{1}{2}\Delta t\right)=v\left(t-\frac{1}{2}\Delta t\right)+\frac{\Delta t}{m}F(t)$$
$$r(t+\Delta t)=e(t)+\Delta t v\left(t+\frac{1}{2}\Delta t\right) \tag{2-36}$$

4. 数据分析及处理方法

对计算结果可从径向分布函数、氢键、分子取向参数、分子速度、黏度等方面进行分析。

在统计力学中，径向分布函数 $g(r)$ 是描述体系粒子数密度与参考粒子距离关系的函数，定义为系统区域密度与平均密度的比。

在经典的分子模拟中，由于电子密度信息的缺失，氢键的定义在某种程度上是任意的。实际上，氢键的判定有多种标准，如能量准则、电子结构准则、几何准则等。前两种准则计算量大，不易实现，因此大多数分析程序使用的都是几何准则。几何准则采用供体与受体之间的距离 r 及氢原子与供体、受体之间的夹角 α 作为标准定义氢键，当两者数值均小于规定标准值时，三者之间形成氢键。

分子取向参数计算：将系统沿 z 轴切割成多个区域，计算每一区域中所有分子取向角度 0 余弦的平均值，用以表征分子在此区间内的取向分布规律。将与 xy 界面垂直的正方向($+z$)视为界面法向，水分子取向角度 θ 定义为水分子偶极矩($\vec{n}$)与法向间的夹角，非极性分子 CO_2 与 $+z$ 的夹角定义为其取向角度。分子取向角度概率分布 $p(\theta)$ 是对取向角度分布的补充，表征在某区域内分子在一段时间内的取向角度在 0~180°范围内的分布概率，亦是一种统计规律。在计算 $p(\theta)$ 时，采用 $1/\sin\theta$ 的加权因子消除立体角度引起的偏差。

流动模型黏度验证：假设岩石缝隙中的流动为纳米通道中分子的泊肃叶流动，运动方程可以由式(2-37)表示。

$$\frac{\mathrm{d}}{\mathrm{d}x}\left(\mu\frac{\mathrm{d}v_x}{\mathrm{d}z}\right)=-\rho f_x$$
$$\mu=\frac{-\rho f_x}{\mathrm{d}^2 v_x/\mathrm{d}z^2} \tag{2-37}$$

式中 v_x——渗流通道 x 方向的速度；

ρ——流体密度；

μ——黏度；

f_x——对流体沿着 x 方向施加的质量力，可通过驱动压力计算得到。

根据系统中流体分子速度 v_x 沿 z 方向分布规律曲线，进行二次拟合，得到：

$$v_x=v_0+a\ (z-z_0)^2 \tag{2-38}$$

v_0、z_0 和 a 可通过拟合关系得到，综合式(2-37)和式(2-38)得到黏度计算式(2-39)。

$$\mu=-\frac{\rho f_x}{2a} \tag{2-39}$$

通过与已知的水的黏度对比，验证计算结果的准确性及模拟的可行性。

三、CO_2 运移影响因素

(一) 盐水盐度对 CO_2 运移的影响

气相和溶解相 CO_2 受盐水盐度大小的影响。盐度越大越不利于 CO_2 的溶解，更多的 CO_2 以气态的形式存在，压力消散得就越慢，以至注入井附近的压力梯度越小，压力越大。较小的盐水盐度，更有利于气相 CO_2 的空间运移。

盐水盐度对溶解相 CO_2 质量分数的影响明显，盐水盐度较大导致 CO_2 的溶解相质量分数较小。饱和盐水盐度地层中，CO_2 溶解相的质量分数最小。说明盐水盐度越大，越不利

于 CO_2 的溶解，封存 CO_2 的安全性越差。

（二）注入温度对 CO_2 运移的影响

注入 CO_2 的温度直接影响地层温度的分布，温度的高低影响 CO_2 的运移转化与溶解情况。注入温度较高使得 CO_2 的黏度较小，CO_2 的流动性较好；注入井附近气相 CO_2 饱和度略高，CO_2 消散的速度快，气相 CO_2 向外扩散的速度快，运移距离略远。

CO_2 注入阶段，不同注入温度对温度场的影响主要是在注入井附近。较高的注入温度使得注入井附近的温度较高。停止注入 CO_2 后，在无外界条件的影响下，注入井附近的地层温度逐渐趋于稳定；高注入温度有利于地层温度的对流与传导。

较高的注入温度使得注入井附近的地层压力较大，因为温度直接影响 CO_2 的体积，从而影响地层压力变化。停注后，在无外界压力的影响下，原本受到束缚的注入井附近的地层压力逐渐消散，直至 CO_2 运移若干年后，不同注入温度地层压力趋于稳定。

（三）断层对 CO_2 运移的影响

断层的存在为 CO_2 的泄漏提供通道，影响 CO_2 地质封存的安全。CO_2 注入过程中，受到外界压力的作用，压力的增加值主要发生于井周围。含有断层的地层，由于地质构造异常（断层的存在），断层面成为压力扩散的优先运移通道。断层的存在直接影响着压力场的分布。地层压力是 CO_2 运移的主要推动力，直接影响 CO_2 的气相饱和度与溶解相的质量分数。

CO_2 注入过程一直受外界压力的作用，近注入井位置的地层压力隆起。在含有断层的地层中，断层处的压力呈不均匀分布。停注后地层中已有的 CO_2 可自由运移，地层压力缓慢消散。注入 CO_2 阶段，地层压差的影响范围大于停注后的运移阶段。CO_2 运移若干年，由于压力消散，也是流体向四周运动的过程，而气相和溶解相 CO_2 随着流体在储盖层内向四周扩散运移，气相 CO_2 运移最远的距离略远于不含有断层的地层。

（四）注入速度对 CO_2 运移的影响

在极低的注入流速与气水比下，由注入的盐水和原位盐水引起的浮力主导运移，因此沿着运移方向的 CO_2 饱和度分布急剧降低。随着注入流速的升高，CO_2 在注入方向上的饱和度分布愈发均匀。

随着气水比增加，CO_2 饱和度分布与孔隙度分布的关联逐渐减弱。对于大多数注入速度，CO_2 饱和度随气水比减小而降低，多孔介质中的 CO_2 毛细管封存受到注入速度和气水比的共同影响。对于较大的气水比，驱替过程较为稳定，饱和度分布更为平滑，从而提升了较低孔隙度区域中的 CO_2 饱和度。

当注入速度较高时，与单纯注入 CO_2 相比，气水混注导致 CO_2 饱和度普遍降低，CO_2 毛细管封存受到显著影响，尤其是在低孔隙度区域，并且饱和度分布的波动幅度较大。随着注入速度的降低，CO_2 饱和度升高，并且不同注入速度下的 CO_2 饱和度差异越来越小。这说明在较低注入速度下的流体运移同时受到孔隙结构和注入速度的影响。当 CO_2 运移的优先路径形成后，随后注入的流体倾向于沿着此类路径继续运移，而在交叉区域，注入速度的升高对于优先路径的发展影响有限。此时随着气水比减小，侵入优先路径周围孔隙内的 CO_2 减少，导致 CO_2 饱和度较低。在气水混注过程中，CO_2-盐水两相均同时在孔隙空间内运移，出现相互孤立的 CO_2 气泡，在较低注入速度下，毛细管力更容易将其束缚在小孔隙当中，提升了 CO_2 饱和度。

第三节　流体运移监测技术

一、储层物性测试

储层物性是影响储层流体渗流的根本原因，详细准确的储层物性信息有助于流体和驱替前缘的运移，也可以与流体运移和驱替前缘的检测结果进行对比验证。

1. 试井

CO_2 通过大孔道、自然和压裂裂缝、高渗带的气窜对于流体运移和驱替前缘的影响很大，在试验区井距较小的情况下影响更为显著，但是地面地震等方法难以监测较小的裂缝，而试井方法可以获取近井地带裂缝发育对渗流的影响。此外，通过试井方法还可以获取储层渗透率的信息。

2. 压裂裂缝监测

压裂裂缝可能会对流体运移产生明显影响，可以使用的方法有：

（1）井下微地震

实施压裂过程中，通过在临井放置的井下传感器来接收压裂过程中产生的微地震事件，并通过微地震事件的空间分布来确定压裂裂缝的延伸方向与距离等信息。

（2）大地电位压裂裂缝监测

在压裂之前进行正常地层电场测试，在压裂过程中测试受到低矿化度的压裂液注入影响的异常场，通过二者之间的差异来确定压裂裂缝的延伸方向与距离。

3. 气相示踪剂监测

分析注采井的连通性和受效对应性，并推测井间非均质性、流体渗流速度、CO_2 驱替效率等信息。目前气相示踪剂包括：放射性气体示踪剂、稳定同位素类气体、无机类气体（六氟化硫）、氟氯代烃以及氟代烷烃类气体等。

在注入选择的气体示踪剂前，首先对监测井的产出气进行取样，测定各监测井示踪剂背景浓度，目的是对比注入示踪剂是否在周围油井中突破。根据示踪剂产出浓度随时间变化曲线分析示踪剂在油井中的突破时间，进而结合油气井井距计算前缘气驱推进速度。

二、CO_2 分布监测

CO_2 分布监测可以直接了解不同时刻 CO_2 的运移及分布状态，进而有效跟踪 CO_2 的运移和波及状况，了解其埋存机理，预测未来的生产动态和埋存状况。

1. 地面微地震前缘监测

CO_2 的注入引起了注入波及部位地层压力的增加，进而引发微地震，通过对微地震事件的监测，可以掌握 CO_2 驱替前缘位置、波及范围、不同部位的波及程度等信息。

2. 大地电位监测

CO_2 在驱替过程中溶解于地层水并与地层发生反应，引起地层水电阻率下降。通过测量这种变化，可以监测 CO_2 的运移。

三、生产井监测

储层流体和驱替前缘运移最终会反映在生产动态上，而其变化规律是可以根据运移状况进行预测的。因此，生产井监测可以实现两方面的作用：①根据当前的生产特征，分析下一步的生产动态变化；②修正运移状况预测方法，为其他井的生产动态预测提供经验。

1. 原油组分和性质分析

CO_2-原油之间的混相作用会改变油藏流体的组分分布，因此可以通过生产井原油组分和性质分析来反推油藏流体和驱替前缘的运移状况。

2. 生产气油比、CO_2 含量、原油产量监测

生产气油比、CO_2 含量直接反映了气体突破情况，原油产量则与驱替前缘有密切关系，因此可以通过生产井来反映油藏内状况。

第四节　流体运移监测实例

一、吉林油田 CCUS 流体运移监测

吉林油田 CO_2 驱替与埋存示范工程是中国第一个在衰竭油气藏中实施的 CCS 项目，该项目将 CO_2 注入经过水驱的油藏，研究 CO_2 的运移以及在油藏中发生的物理、化学反应，以加深对于 CO_2 驱替提高采收率的认识，并获得在油藏中埋存 CO_2 的实践经验。

吉林油田位于中国东北部的松辽盆地，示范工程第一阶段实施于 H59 区块，该区块位于大情字井油田中央断裂带西侧次一级北西向断裂带的断垒带上，区块受控于首尾相接的两条近南北向的反向正断层，裂缝较发育，天然裂缝以东西向为主。在项目实施过程中监测流体运移和驱替前缘，可评价提高采收和埋存的效果，校准和验证 CO_2 运移模型的模拟结果以及地质模型的精确性，更加准确地预测长期 CO_2 埋存的效果。

自 2008 年 9 月到 2009 年 1 月，选取了五种气相化学示踪剂，分别注入 H59 试验区的五口注入井中，同时在对应的 22 口生产井中进行取样，取样频率为 1 次/d，持续取样 7 个月(见图 2-5)。根据监测结果，可以定量解释示踪结果，得到示踪剂在不同注采井之间的运移速度。各注入井的示踪剂运移速度都表现出了各方向的不一致性：H59-6-6、H59-10-8井主运移方向为南、南偏西，H59-8-4、H58-12-6 井主运移方向为南偏东，H59-4-2 井主运移方向为东、西方向。

2008 年 5 月到 2009 年 3 月，对 H59 试验区的 H59-4-1、H59-4-4、H59-8-2 井进行了试井测试，根据试井测试得到井周围的储层渗透率。结果显示，渗透率较高的 H59-4-1、H59-4-4 井在示踪剂主运移方向上(前者对应于 H59-6-6、H59-4-2 井，后者对应于 H59-6-6、H59-4-2 井)，解释渗透率较低的 H59-8-2 井不在示踪剂的主运移方向上。

图 2-6 为 H59 试验区各注入井大地电位监测结果，该图包括了 5 个七点井组，每个井

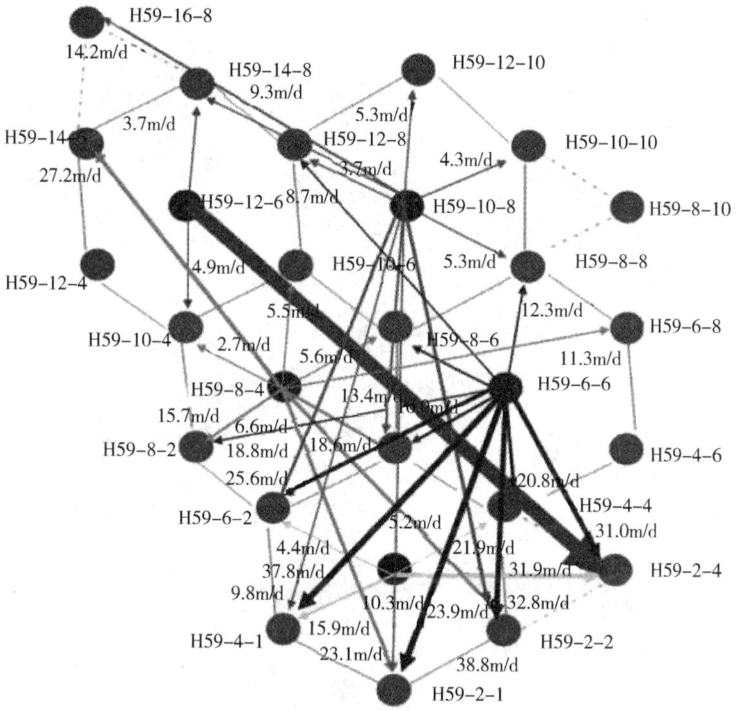

图 2-5 气相示踪剂运移速度与方向

组中心的环形图为该井组注入井的 CO_2 推进距离环形图，即通过该注入井向周围注入 CO_2 的运移距离。以 H59-8-4 井组为例进行分析，H59-8-4 井组位于试验区中部，可将其井组生产井分为三类：①在所有相关注入井的 CO_2 主要运移方向上，CO_2 前缘向该井运移速度快。②在部分相关注入井的 CO_2 主要运移方向上，CO_2 前缘向该类井运移速度中等，其中 H59-10-4、H59-6-2 对应于 H59-8-4 注入井，H59-10-6 对应于 H59-12-6 注入井，H59-6-4 部分地对应于 H59-4-2 和 H59-6-6 注入井。③H59-8-2 井不在相关注入井的 CO_2 主要运移方向上，CO_2 前缘向该井运移速度慢。

CO_2 快速运移的井，产出气体 CO_2 含量也表现为高值。不同的监测技术得到的结果可以互为参考和验证，以提高监测结果的可信度。

二、复杂断块油田 CO_2 驱油监测

CS 油田位于苏北盆地溱潼凹陷断阶带，油藏有上、中、下 3 个含油层段，油藏埋深为 2900~3184m，储层为块状正韵律细砂岩，平均孔隙度为 13.21%，平均渗透率为 24.77×10^{-3} μm^2。1990 年 8 月投入注水开发，至 2005 年 7 月实施 CO_2 驱油试验前，水油井数比 1∶2.4，平均井距 260m，累计产油 27.6×10^4t，采出程度 19.4%，油藏日产油 50t，含水率 54.4%，累计注采比 0.98。

为满足 CO_2 驱油试验动态监测目的及要求，确定了多项监测技术组合："井间示踪"+"不稳定试井"监测，明确注采井间的连通状况及渗流能力；"原油簇组分"+"气相色谱"+"原油分子量"+"原油 *PVT*"分析，监测流体物性及组分变化。

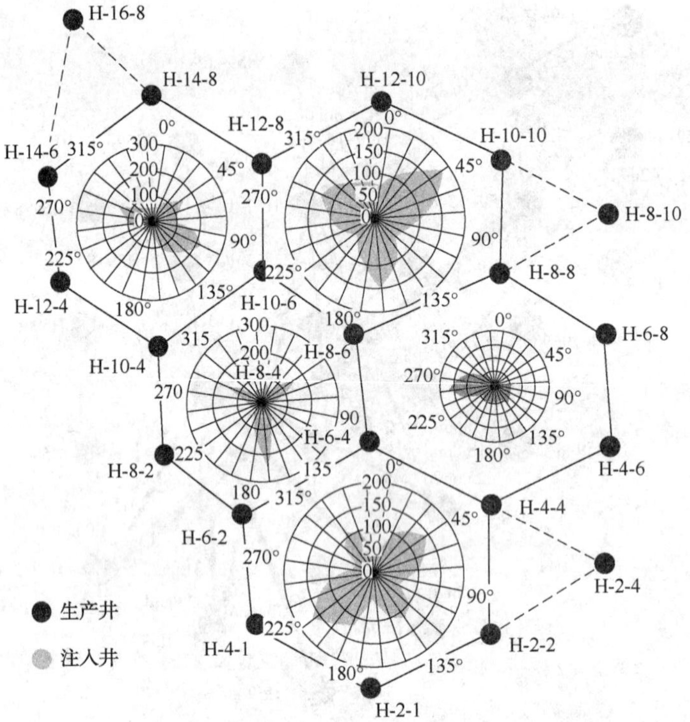

图 2-6　H59 区块 CO_2 推进距离环形图

2005 年 4~7 月在 QK24 井组进行注示踪剂试验，如图 2-7 所示。注入井为 QK24 井，示踪剂为 NH_4SCN 溶液 $40m^3$，浓度为 10%；在周围 6 口生产井进行了监测，监测采用分光光度计比色法。监测 35d 后，C18 井首先监测到示踪剂，初始浓度为 4.89mg/L，55d 后升至 39.5mg/L，88d 后最高浓度达到 56.88mg/L。采用示踪剂解释软件进行拟合解释，C18 井示踪剂浓度出现 3 个峰值，认为 QK24 与 C18 井之间储层纵向上存在 3 个高渗层，这与油藏地质特征及注气前开采特征基本吻合。

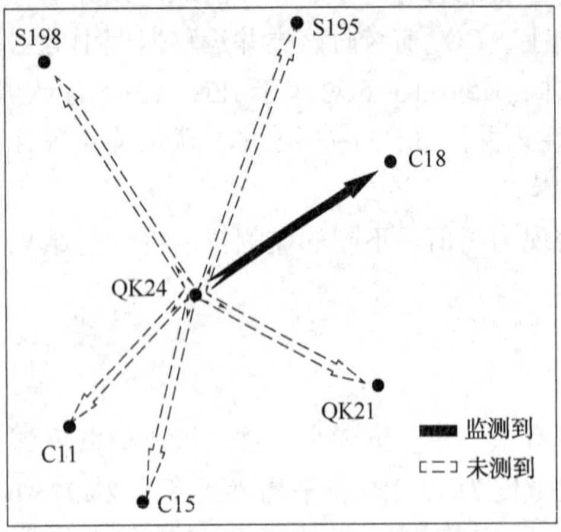

图 2-7　QK24 井组示踪剂监测相应示意图

通过井间示踪剂及不稳定试井组合监测结果表明：①C23-QK24-C18 井方向为油藏主渗带，其余方向为低渗带，储层非均质性严重。②纵向上储层存在 3 个高渗层，且对应于油藏中、上油组。③主渗带地层压力高，渗流能力强，驱替和扩散速度快。

为研究注 CO_2 后生产井产出流体的物性变化，对生产井产出流体进行连续测定。从原油气相色谱分析结果可以得到，原油组分百分含量峰值向重质组分方向推移，轻质组分含量逐渐减少。以生产井 QK26 井原油组分测定结果为例，2006 年 11 月测定原油组分百分

含量的峰值是 C_{17} 和 C_{19} 分别为 7.7%和 7.49%；2007 年 2 月，其峰值是 C_{22} 和 C_{23}，分别为 6.7%和 6.3%，且轻质组分 C_2~C_7 已全部消失。另外，监测到生产井 C15 井原油沥青质含量由 10.4%上升至 21.07%，2007 年 5 月对应注气井转注水，沥青质含量又开始逐渐下降至注气前的水平。说明注 CO_2 后，越来越多的重质组分原油被动用，而轻质组分已被抽提，以气态形式释放。

三、延长油田 CCUS 流体运移监测

靖边油田乔家洼长 6 油藏埋深为 1400~1600m，原始地层压力为 12.9MPa，压力系数 0.8，渗透率 0.75mD，属于典型的特低渗透低压油藏。2014 年 6 月开始对 45543-09 井组注 CO_2，周围采油井共有 11 口。为了掌握 CO_2 在地下的运移情况，2016 年 9 月开展了注气井气体示踪监测，对 11 口采油井进行了井口取样监测，目的是掌握注气井与采油井的连通关系、气窜突破时间和突破速度。

45543-09 井组注完示踪剂后取样进行分析，油井 11 口(45543-01、乔 46-01、乔 46-02、45544-07、45542-04、45542-05、45547-08、45545、45545-01、45545-05、45545-06)，隔 3d 取样一次。样品分析在实验室使用 SP3402 气相色谱仪分析测定，45543-01、45545、乔 46-01、乔 46-02 井有明显的示踪剂产出浓度峰。井组气驱推进速度为 2.9~11.8m/d，平均气驱推进速度为 7.4m/d，气驱推进速度最快的乔 46-02 井为 11.8m/d，其次是 45545 井，气驱推进速度 9.6m/d，乔 46-01 是气驱推进速度最慢的井，为 2.9m/d。从整体来看井组气驱推进速度差值较大，对应单元内部注气突进明显。45543-09 井组中，乔 46-02 井突破时间最快为 22d，乔 46-01 井突破时间为 58d。

思考题

1. 储层精细表征与流体运移研究的关系是什么？
2. 驱替实验与核磁共振测试结合是否可以监测流体运移？
3. CO_2 运移影响因素还有哪些？分别是如何影响的？
4. 通过文献阅读，详细阐述其他 CO_2 封存利用实例中流体运移监测实例。

扫码获取更多学习资料

第三章　二氧化碳泄漏风险及评价方法

CO_2 在注入地下储层后会随着时间的推移逐渐运移至盖层、地下水层、土壤层、大气环境，该运移现象产生的后果称为 CO_2 泄漏(少量的泄漏对人类生存环境的影响可以忽略)。如果没有发生意外如地质运动、人类破坏性生产生活活动影响等，这个过程需要极其漫长的时间，至少是几百年。本章重点阐述 CO_2 泄漏途径、危害及风险评价相关的方法与原理。

第一节　CO_2 泄漏的途径

当 CO_2 注入地下储层之后，会在物理圈闭和化学圈闭等圈闭作用下实现永久封存，但如果长期受到自然地质构造运动影响，封存体原本的圈闭作用遭到削弱或破坏，另外 CO_2 驱油过程中存在大量的人为操作环节，在两者的共同影响下，可能产生 CO_2 逃逸通道，发生 CO_2 泄漏的现象(见图 3-1)。

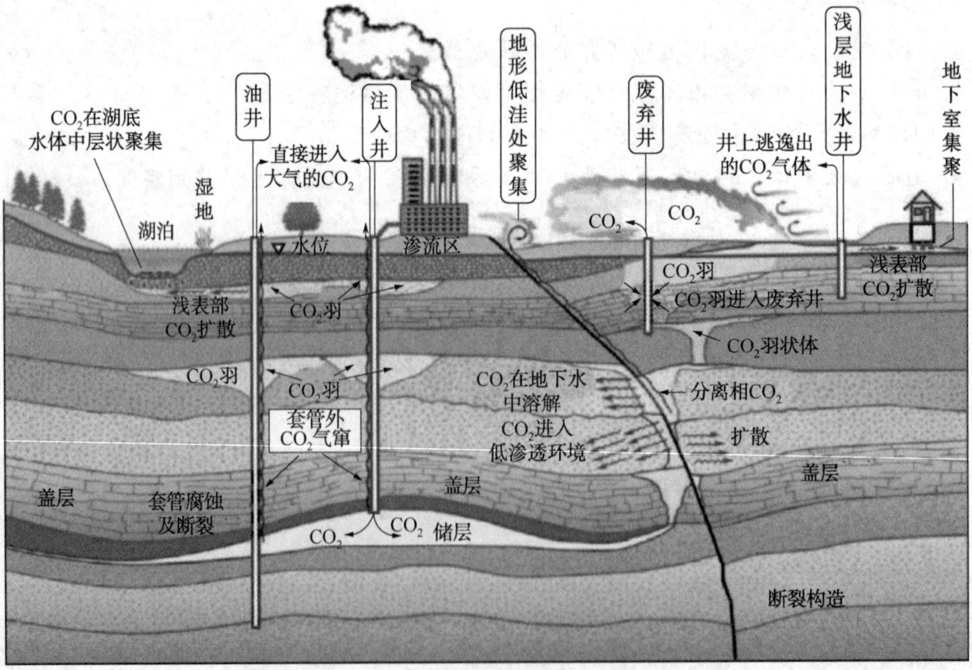

图 3-1　CO_2 泄漏途径示意图

发生泄漏途径主要有以下几种：通过低渗透盖层发生泄漏，通过不整合面发生横向移动，通过盖层的裂隙、断裂或地质断层发生泄漏，通过未完整密封的钻井或废弃油气井发生泄漏等。

一、沿断层泄漏

CO_2 被注入储层后，由于 CO_2 比水轻，在浮力作用下，上升至盖层之下，并逐渐扩散形成 CO_2 储层，主要集中于盐水层上部井筒周围。随着不断注入，CO_2 向侧向运移并向上运聚，呈倒锥形分布，形成羽流。CO_2 羽流到达活化断层后，在浮力作用下，CO_2 将会沿断层向上泄漏。

（一）断层结构与断层活化

断层区结构和渗透率会随着断层演化阶段的不同而发生变化，图 3-2 展示了断层结构的演化[图 3-2(a)~(c)]和包含成熟断层核的断层结构[图 3-2(d)]。如图 3-2(a)~(c)所示，断层演化经历三个阶段。

第一阶段，由于地层活动，沿损伤区中先前存在的裂缝，断层发生断裂[图 3-2(a)]。

第二阶段，随着断裂持续发展，这一断裂演化，变形集中在损伤带的优先地段，形成了一个萌芽的断裂核[图 3-2(b)]。

第三阶段，随着变形继续增加，断层核持续发展为成熟断层核[图 3-2(c)]。

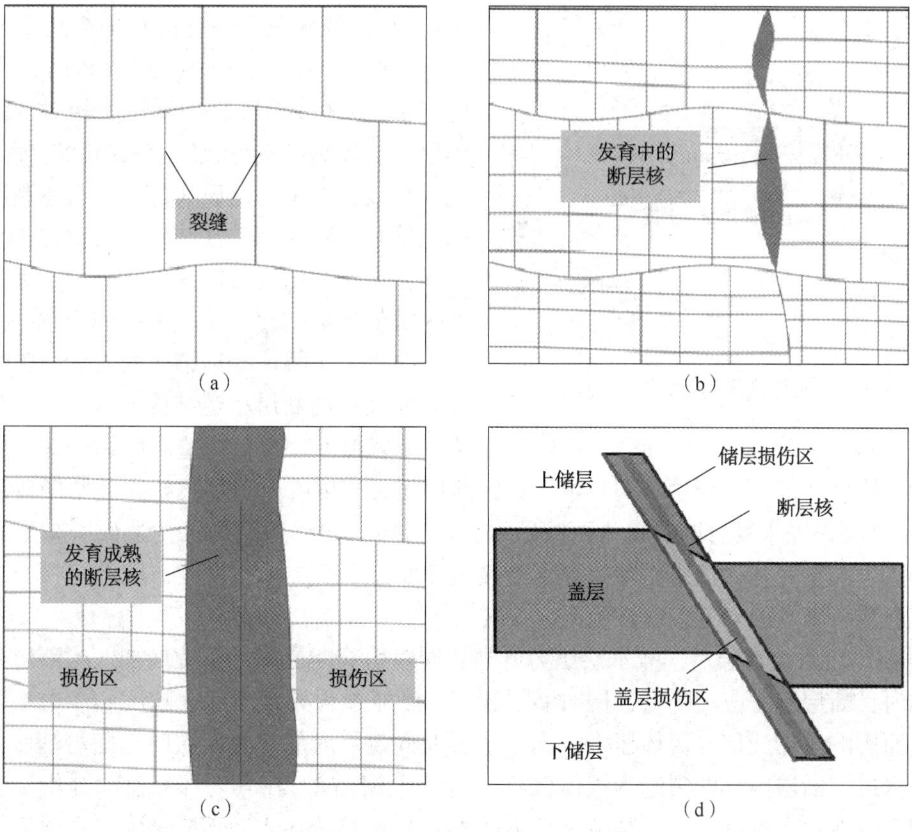

图 3-2　断层演化和断层结构

如图 3-2(d)所示，断层区一般由损伤区和断层核两部分组成。断层核包括断层滑动面以及断层泥、糜棱岩、碎粉岩等断层岩的充填部分。断层带的非均质性，在不同的背景和规模下，与初始岩层的岩性和破坏历史有关。岩层初始的矿物成分和其孔隙结构对断层区结构的复杂性及其力学和水力特征有控制作用。在高孔隙度的碳酸盐和砂岩地层中，断层核通常表现为导水性，而损伤区通常表现为隔水性。与之相反，在低孔隙度的碳酸盐和砂岩地层，由于损伤区渗透率增加，其表现出导水性增强的趋势，而断层核则表现出隔水性特点。对于由低渗透率岩层裂缝发育而来的断层核，粒度的减小和矿物的沉淀造成断层核的孔隙度和渗透率低于相邻的围岩。断层沿倾向和走向的厚度变化及内部的结构和组成，在控制断层核的渗流特性方面发挥了重要作用。盖层中的断层核通常具有低渗透性，但不是一直作为渗流的隔水障碍，特别是在变形期间。

破裂带是断层核的边界结构。破裂带的从属构造包括导致断层带的渗透性和弹性特性的非均质性和各向异性的次级断层、节理、裂缝等。微构造数量随着与断层核距离的增加而逐渐减小。当破裂带密度与区域裂缝或变形带密度一致时，标志着破裂带结束。断层带变形过程和结构单元对断层发展过程和断层渗透率的理解尤为重要。盖层中断层核裂隙密度通常明显小于破裂带。因此，断层核的渗透率可能由断层岩石介质粒度的渗透率主导，而破裂带渗透率则由裂隙网络的水力特性支配。

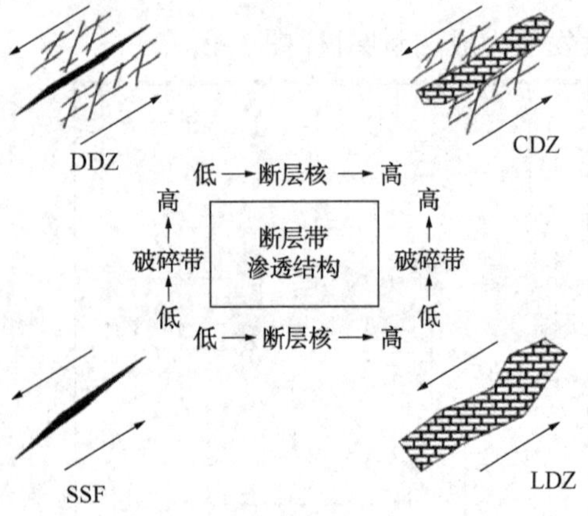

图 3-3　断层区渗透性结构示意图

图 3-3 是一种低孔隙岩石断层渗透结构的概念模型。该模型给出了 4 种典型渗透结构：导水-隔水复合断层带(CDZ)、导水断层带(DDZ)、局部隔水带(LDZ)和局部导水带(SFF)。这 4 个特征结构受控于相对低渗透率断层核与较高渗透率破裂带占断层厚度的百分比。在该模型中，用破裂带宽度与总断层厚度的比值来对断层渗透性结构进行量化描述，并且断层渗透性结构可以是以 4 个特征渗透结构作为端值组成的连续性模型中的任意一点。

以上 4 个特征渗透结构既表示一类特定水文地质性质的断层渗透结构，也可以视为断层演化过程的一个阶段。一般而言，局部隔水带中破裂带不发育，构造岩胶结完好，断盘岩为延性岩体。局部导水带中破裂带不发育，断层面无充填或充填物疏松，通常断盘岩为脆性岩体。导水-隔水复合断层带为两侧导水、中间隔水的渗透结构，构造破裂带发育，断层核构造岩胶结完好，透水性差。导水带破裂带发育中断层核宽度大，胶结疏松，主要为张性正断层，断盘的岩性以脆性为主。

当 CO_2 注入盐水层后，盐水层压力升高，同时引起断层附近压力增加。当断层附近压力增加时，断层有效应力降低，同时断层膨胀。膨胀过程导致断层孔隙度和渗透率发生改变，进而影响流体迁移和流体压力。当盐水层上方盖层内部存在断层时，随着超临界 CO_2 注入盐水层，断层内部的裂缝为流体(CO_2、盐水、清洁水)在其内部的流动提供了高渗透性的通道。在这个过程中，孔隙流体压力随着 CO_2 的持续注入而不断增大。孔隙流体压力的变化成为引起断层活化的关键。

(二)沿断层泄漏的流体交换

通常，盐水层上方盖层的渗透率很小，是阻止 CO_2 从盐水层向上逃逸的天然屏障。然而，在实际盖层中，可能存在开放或活化的断层。当超临界 CO_2 注入地层后，引起地层压力迅速升高，并由此引发流体沿断层泄漏。泄漏过程中可能出现特殊的流体交换现象(清洁水层流体和盐水层流体发生交换)。

CO_2 注入地下储层后，储层压力发生变化。储层压力是驱动地下水(盐水和清洁水)运移的主要动力。在第二章中提到，储层压力的变化意味原本相对静止的地下水将发生明显的运移。图 3-4 是流体交换机理的物理模型示意图，考虑盖层中存在两个活化断层(断层 A 和断层 B)，基于数值模拟结果阐明流体交换规律。

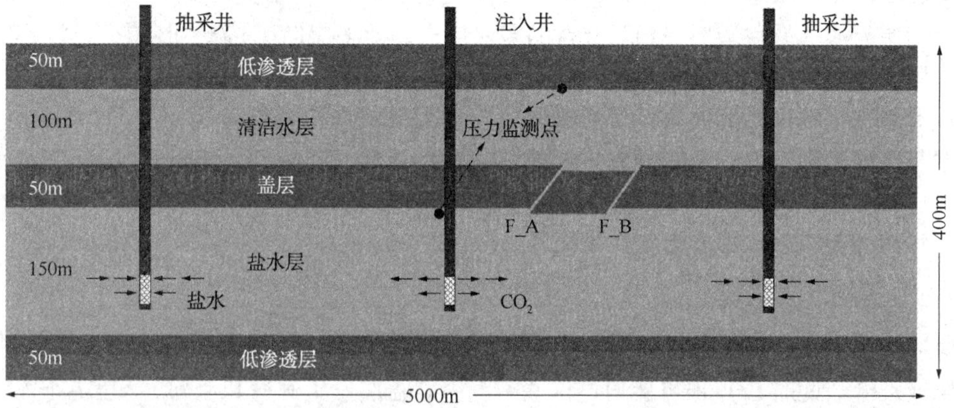

图 3-4 沿断层泄漏流体交换物理模型示意图

在注入区和抽采区，由于 CO_2 注入和盐水抽采，分别形成相对高压区和相对低压区。在断层 A 和断层 B 附近的断层区可以看到明显的压力波动，表明沿断层 A 和断层 B 发生流体运移。

在 CO_2 注入初期(0~2 年)，盐水层压力随时间快速增加，但是清洁水层压力随时间减小。这是因为，盐水层的压力监测点设置在注入井的正上方，CO_2 注入后，CO_2 快速向上迁移，并进一步导致注入井上方的压力迅速增加。而清洁水层的压力监测点设置在断层 A 正上方，而断层 A 右侧设置了抽采井。在抽采井的作用下，清洁水层内的部分清洁水沿断层向下漏失，进而导致清洁水层监测压力减小。

随着 CO_2 的持续注入，注入点的 CO_2 气态饱和度最高，而羽流边缘的 CO_2 气态饱和度最低。盖层很好地阻止了 CO_2 羽流的向上运移，CO_2 羽流到达盖层后被迫沿水平方向运移。CO_2 羽流到达断层后，部分 CO_2 沿断层向上泄漏，进入清洁水层。在清洁水层内，CO_2 一直沿断层向清洁水层泄漏，清洁水层内的 CO_2 羽流向上运移到渗透层后，开始沿水平方向运移。

在清洁水层内，流体交换可以分为三个阶段：第一阶段，CO_2 羽流到达断层 A 后，在较大的盐水层压力和浮力作用的共同驱使下，开始沿断层 A 泄漏，CO_2 的泄漏导致清洁水层的压力增加。第二阶段随着清洁水层压力不断增加，清洁水开始沿断层 B 向下泄漏，这在一定程度上减缓了清洁水层的压力增加速度，同时增大了盐水层的压力。第三阶段，在清洁水的快速漏失作用下，更多的 CO_2 沿断层 A 向上泄漏。

二、盖层泄漏

盖层能够控制在浮力和其他驱动力作用下 CO_2 的垂向运移，确保 CO_2 不会泄漏到上覆地层。盖层密封能力的影响，主要和其密封性能、构造形状和完整性有关。密封性能是指盖层通过毛细管作用封堵 CO_2 的能力；构造形状是指盖层相对于储层的位置、厚度和面积范围；完整性是指盖层保证安全封堵 CO_2 的构造完整程度。当盖层面积范围等于或大于储层面积范围时，即盖层覆盖整个储层，盖层密封性质始终有效，同时，随着盖层厚度增加，出现贯穿盖层的断层或裂缝的可能性也会降低，因此盖层的厚度越大，则其完整性越高。盖层可以是厚的单一岩层形式，即单一储层-盖层形式，在整个封存地层上延伸；也可以是储层与薄的低渗透性层相互交替的多层形式，即多层储层-盖层形式。

不同储层-盖层形式，对于多层盖层-储层形式而言，不易发现的小断层和裂缝相互连通形成泄漏路径的可能性更大，因而泄漏风险加大。然而，多层盖层-储层体系中由于多个盖层与储层相隔，可以减轻浮力与水动力对 CO_2 运移的影响，从而降低泄漏风险。对于单一盖层-储层形式而言，单一盖层一旦被 CO_2 突破，封存系统将完全失效，然而单一盖层厚度往往较大，突破难度很大。

（一）盖层泄漏机理

CO_2 通过盖层发生泄漏的机理主要有以下两种情况：①盖层渗透率较高，容易发育出小裂隙或裂缝。此时 CO_2 很可能通过这些裂缝突破盖层发生逃逸和泄漏。②盖层比较完整且渗透率低，但储层压力高且下降速度慢。在这种情况下，储层持续处于高压状态，一旦大于盖层阻力，封存在储层中的 CO_2 就会在驱动力作用下突破上覆盖层发生泄漏，随着泄漏过程的进行，驱动力逐渐减小，当储层压力小于盖层阻力时，泄漏就会停止。以上两种机理，CO_2 都是以非常缓慢的速度突破盖层进行泄漏，因此严格意义上称为“渗漏”，尽管短期内泄漏量微不足道，但 CO_2 地质封存项目通常具有很长的周期和宽广的空间范围，因此从长远来看，通过这一渠道导致的 CO_2 泄漏量和危害性依然巨大。

（二）盖层泄漏动态过程

CO_2 注入初期，打破了盐水层中原有的液体平衡，由于浮力作用，CO_2 迅速向上逃逸扩散，并排开盐水持续上升，一条相对狭窄的 CO_2 羽流首先到达储层顶部，盖层下方；此时 CO_2 上升速度大于水平运移速度。

持续注入 CO_2，CO_2 遇到渗透率相对较低的盖层，盖层具有相对明显的封闭阻挡作用，垂直运移与水平运移共存。CO_2 会在盖层下方聚集，并横向运移向四周呈扇形扩散，且随着注入量的增加羽流的幅围加宽，原因是随着注入量的增加，CO_2 水平方向的运移大于浮力作用所引起的纵向运移。同时，在垂直方向上，由于浮力作用，CO_2 缓慢地渗透盖层内部，由于超临界 CO_2 与盐水之间存在密度差和黏度差，CO_2 会在盖层内部形成大的指进，指进在盖层上边界处开始扩散，形成泄漏羽流，泄漏羽流具有随机性和不可控性，羽流上升的过程中逐步发展形成随机的泄漏通道，随时间的推进，泄漏液滴不断地发展变化，直至形成稳定的泄漏模式。从盖层内部指进的末端形成泄漏液滴，进入渗透率相对较高的盖层上半部分区域，CO_2 不断地从指进末端聚集成泄漏液滴。当形成稳定的泄漏状态时，超临界 CO_2 在盖层下方形成的聚集范围基本保持平稳，注入的超临界 CO_2 会逐渐穿越这种渗透率相对较高的盖层形成泄漏，不断地沿着可能发生泄漏的通道一直向上，以不连续的液滴形式或者羽状液流泄漏。并且在 CO_2 逐渐泄漏上升的过程中，在超临界 CO_2 与地层中盐水有接触的地方，CO_2 会缓慢溶于地层中的盐水，但由于 CO_2 在盐水中的溶解饱和度较低，绝大部分 CO_2 仍沿发展出的泄漏通道上升，但在指进和上升羽流的边界处，CO_2 一直与盐水保持接触，并持续不断地缓慢溶解，在分子扩散的作用下实现长期的溶解封闭。

Mischa Werner 等人模拟描述了 CO_2 地质封存过程中羽流形成及动态发展过程，也直观展示了盖层的封堵作用。图 3-5 为物理模拟装置示意图，利用堆积的 2mm 直径的玻璃珠模拟多孔介质，用铝板封闭容器上下左右面，玻璃板来封闭前后面，便于观察多孔介质中两相流的流动过程，容器下方装有注入孔，连接注入泵，以实现稳定的注入速度和注入量。乙酸乙酯无毒，廉价，难溶于水并且密度和黏度都小于水，符合超临界 CO_2 与水之间的特性差异，因此利用乙酸乙酯来替代超临界 CO_2 注入充满水的玻璃珠多孔介质中。

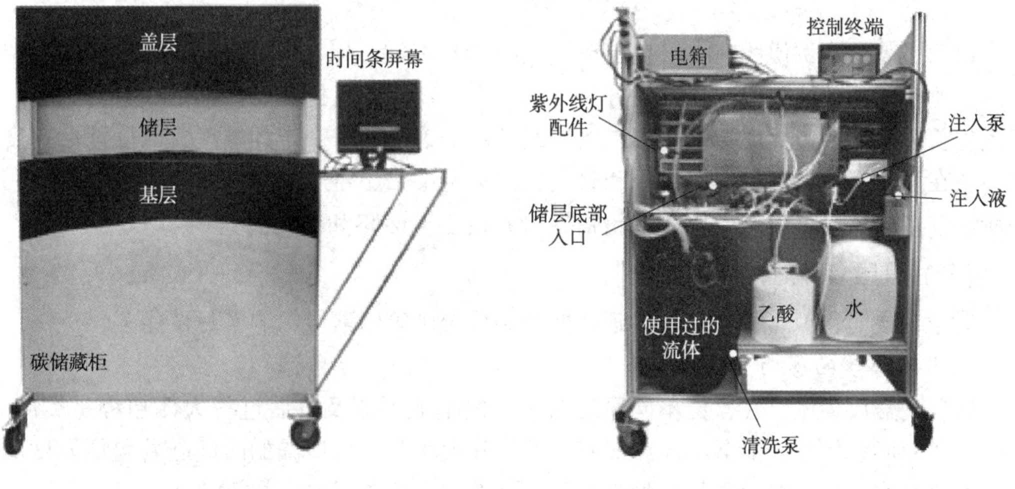

(a) 实验设备正面视图　　(b) 实验设备背面视图

图 3-5　盖层封堵 CO_2 物理模拟装置示意图

从乙酸乙酯注入开始，对整个过程进行录像，并截取不同时刻下的储层影像见图 3-6。对比 CO_2 的注入，超临界 CO_2 的聚集形态初期垂直运移为主，随着注入的进行，CO_2 向盖层方向运移，受到盖层限制，羽流不再向上运移，逐渐以水平运移为主，后来处于平衡状态。

盖层可以有单层，也存在多层。在单一盖层形式下，持续注入 CO_2，CO_2 聚集于盖层下方并缓慢向上上升，挤压盐水逐渐占据盖层内部，CO_2 在盖层内部，由于盖层渗透率较低，上升速度较慢，因此出现密集且水平宽度较大的指进。此后，指进边界接触到盖层上边界时，进入渗漏率较高的区域，受到渗透率的约束减小，以较细的羽流迅速向上泄漏逃逸。在指进顶端形成稳定的泄漏通道后，不断有 CO_2 从盖层内指进顶端溢出，发展形成稳定的泄漏。

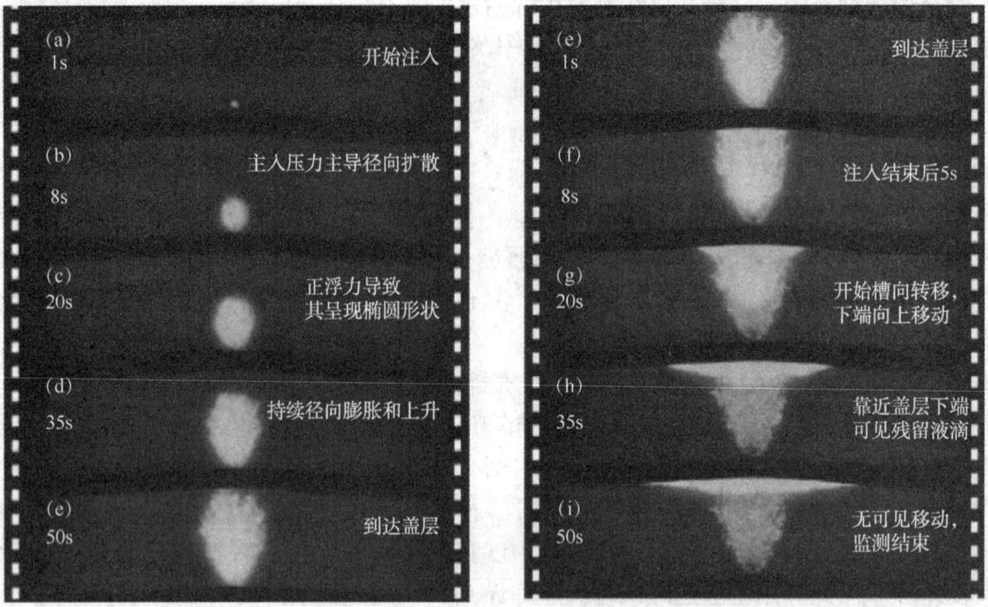

图 3-6　物理模拟结果影像图

以两层盖层为例说明在多层盖层形式下的 CO_2 泄漏，以相似的动态过程通过第一层盖层。当泄漏液滴到达第二层盖层下方时，同样由于盖层的阻挡会在内部形成聚集指进，当指进生长至盖层上边界就会发生第二次泄漏；由于盖层具有一定的厚度，因此泄漏速度较慢，会在第二层盖层下方形成堆积和聚集，且穿越第二层盖层的液滴数量、面积都有明显地减小。多层盖层可以有效地防范超临界 CO_2 的上升运移和泄漏。

（三）盖层参数对泄漏的影响

对于盖层而言，岩性、厚度、延展性和裂缝密度等因素会影响密封性能。

1. *盖层厚度的影响*

以单一盖层为例，在盖层不同厚度时，泄漏羽流形成及发展过程大体趋势是类似的。但是，泄漏形态尺寸、泄漏不连续液滴的数量和大小及开始泄漏的时间随着盖层厚度的变化有着明显的区别。在盖层较薄的工况下，低渗透率盖层对 CO_2 的约束力十分薄弱。泄漏羽流十分紊乱，表现出没有规律性且泄漏量大，当厚度超越一定数值时，泄漏变得缓慢，几乎看不见泄漏液滴的出现，说明当盖层厚度达到一定程度时，封存安全性增加，此时地层具备理想封存 CO_2 的能力。

2. *盖层渗透率的影响*

基于数值模拟技术，设置四个数量级的盖层渗透率，分别为 $2\times10^{-16}m^2$、$2\times10^{-17}m^2$、$2\times10^{-18}m^2$ 和$2\times10^{-19}m^2$。模拟地层采用非等温设置，地层下部储层温度为 48.2℃，地层上部温度为 38℃，地层下部压力为 16.7MPa，地层上部压力为 7.4MPa。模拟地层初始情况无 CO_2 泄漏，下部储层饱和 CO_2。

当盖层渗透率为 $2\times10^{-16}m^2$ 时，CO_2 在 500 年内向上渗漏了近百米，在随后的 500 年又向上渗漏了几十米，渗漏情况严重。当盖层渗透率为 $2\times10^{-17}m^2$ 时，渗漏情况稍好，但在

1000年内CO_2仍然向上渗漏了几十米。当盖层渗透率为$2\times10^{-18}m^2$时，在1000年范围内只有极少量的CO_2向上渗漏。当盖层渗透率为$2\times10^{-19}m^2$时，渗漏量更少，几乎可忽略不计。

三、井筒泄漏

注入储层中的CO_2会改变地层中的压力分布，同时CO_2具有良好的传质性能，易溶于水形成碳酸，在两者的共同作用下，对井筒产生腐蚀作用，破坏井筒密封性和完整性，从而可能产生CO_2逃逸通道。随着各类地下勘探活动的进行，井筒的数量越来越多，同时废弃井的数量也会逐渐增多，且很多都没有进行封堵处理，这也是导致井筒泄漏的主要途径之一。因此，在CO_2地质封存与利用项目实施前，应对区域内存在的废弃井进行详细调查，并采取相应措施，如灌注水泥、封堵套管附近的渗透性盖层等方式避免废弃井发生CO_2泄漏的情况。

（一）井筒泄漏形成原因

1. 井筒温度和地层孔隙压力变化

CO_2注入过程中，储层温度高，而注入的超临界或液态CO_2的温度较低，与井筒体系存在较大温差，因此套管-水泥环-地层组合体受到热载荷不容忽视。此外，还存在由于注入CO_2导致孔隙压力变化对井筒体产生的外挤力。温压变化对井筒体系的共同作用要分两个过程考虑，即注入过程和停注过程。在注入阶段，井筒及近井地带温度降低，孔隙压力上升，在停注阶段，井筒及近井地带温度孔隙压力逐渐增大，停注后储层温度开始回升，压力也逐渐恢复，直到恢复到接近最初的地层温度及孔隙压力。

在注入和停注阶段，套管-水泥环-地层组合体始终处于热载荷的作用下，由于三者的热膨胀系数不同，所受的热载荷也不同，最终导致它们收缩的程度不同，即

热位移不同。当温差较小时，不足以使套管-水泥环和水泥环-地层界面发生脱黏，但当温差达到一定程度时将发生脱黏，形成微环隙。

在注入和停注阶段，井筒及其附近区域孔隙压力不断变化，地层有效应力也随之变化，导致岩石先膨胀后收缩。整体考虑套管-水泥环-地层，地层发生轴向膨胀会对水泥环产生一个轴向拉力，第一胶界面和第二胶界面处也会受到剪应力的作用。当孔隙压力变化时，套管-水泥环-地层会一起被拉长，当孔隙压力超过某一数值时，在两胶结界面处由于剪应力的作用会发生脱黏，产生微环隙。

2. 水泥腐蚀

在潮湿环境下，无论温度高低，CO_2均会腐蚀水泥环，但表现为不同的腐蚀过程，具体可分为高温井腐蚀（>110℃）和低温井腐蚀（<110℃）两种情况。低温井环境下，水泥水化产物主要是水化硅酸钙（CSH）、氢氧化钙（CH）等物质，CO_2腐蚀水泥环需经过一系列复杂的物理化学过程。

淋滤作用：首先CO_2遇水电离出H^+和HCO_3^-，然后与水泥环中CH在其表面反应生成$CaCO_3$和H_2O。由于$CaCO_3$的存在，水泥孔隙率降低，强度增大，但在CO_2的持续作用下，水泥环表面$CaCO_3$转化生成$Ca(CO_3)_2$并与水泥环内部的CH继续反应，最终不断向水泥环内部侵蚀。

溶蚀作用：当 CH 被消耗完，CO_2 与 CSH 反应生成无定形 SiO_2，结果表现为水泥胶结性被破坏，从而影响水泥环封堵和保护套管的作用。

碳化收缩作用：在低于 80℃的环境下，水泥水化产生膨胀性的钙矾石(AFt)，CO_2 的存在可以消耗 CH，从而抑制了 AFt 的生成，造成水泥体积收缩，在胶结面形成微环隙，使地层 CO_2 泄漏，加剧油气井的腐蚀。

高矿化度地层水作用：地层水中离子浓度高，$CaCO_3$ 溶解度就高，淋滤作用就强。此外，CO_2 协同其他腐蚀性离子具有更强的腐蚀性，加剧水泥的化学腐蚀。

CO_2 对水泥环的腐蚀是一个漫长且又复杂的过程，其腐蚀速率与多种因素密切相关，例如温度、CO_2 分压，各因素的具体影响及其强度如表 3-1 所示。

表 3-1　CO_2 腐蚀水泥环影响及强度分析表

影响因素	影 响 表 现	影响强度
温度	温度越高，CO_2 和 H^+ 的扩散速率越大，腐蚀反应速率系数越大	很强
CO_2 分压	分压越高，其溶解度越大，H^+ 浓度就越高，腐蚀速率增高	强
地层水矿化度	地下水矿化度越高，腐蚀速度越快	一般
水泥特性	水泥中 $Ca(OH)_2$ 等碱性物质多，则腐蚀越快	强
固井质量	固井质量差，水泥渗透率大，腐蚀速度高	一般

CO_2 溶解于地层水具有腐蚀性，使水泥环的强度及渗透性能等向坏的趋势发展，不利于封堵。在封存过程中，无论是注入阶段还是封存阶段，CO_2 对井筒水泥的腐蚀都将破坏井筒密封性能。

3. 套管腐蚀

CO_2 遇水生成碳酸并电离出 H^+、HCO_3^- 和 CO_3^{2-}，由于碳酸是弱酸，只能部分电离，因而会存在电离平衡。油气井套管在酸性条件下被 H^+ 夺去两个电子变成游离态的亚铁离子，而得到电子的 H^+ 则形成 H_2；由于 H^+ 的消耗打破了原有的电离平衡，因而碳酸将继续电离出更多 H^+ 以达到平衡状态。在 H^+ 不断消耗和生成的过程中，套管被腐蚀。

水泥环腐蚀对套管腐蚀也有影响，CO_2 会引起水泥环先行腐蚀，水泥环腐蚀又会引起和加快套管的腐蚀和破坏，原因在于水泥环腐蚀后增加了 Cl^- 的通过速度。水泥环腐蚀可能会造成套管在安全期限内发生腐蚀，严重威胁封存井的完整性。

4. 井筒完整性破坏

造成泄漏通道产生井筒完整性破坏的主要因素包括外在因素和内在因素，其中外在因素就是 CO_2 注入后引起的化学腐蚀、温度变化和压力变化等；内在因素则是井筒本身，包括井筒管柱、固井液体和复杂地层等。井筒完整性损失的原因包括：①注入 CO_2 引起的力学作用；②注入 CO_2 引起的化学腐蚀作用；③套管-水泥环-地层组合体自身的结构缺陷。

在套管-水泥环-地层井筒体系中，水泥环的破坏是导致井筒封堵不完整的最主要原因。在 CO_2 地质封存过程中，低温 CO_2 的注入和停注阶段使地层和井筒处于循环的温度和压力的变化下，井筒-储层-盖层体系受热胀冷缩的作用使得水泥环-套管或水泥环-地层处形成微环隙；此外，由于水泥有碱性，溶有 CO_2 的地层水有酸性，发生化学腐蚀使得水泥中的微裂缝和微孔道打开。在力-化耦合的作用下，水泥环发生不同形式的破坏。最终形成的微环隙、微裂缝和微孔道都可能导致井筒泄漏，因而力-化耦合作用下引起的井筒水泥环和水泥塞的破坏将大幅增加 CO_2 沿井筒泄漏的风险。

（二）潜在风险参数的动态变化

1. 水泥环性能变化

（1）水泥环周围孔隙溶液性质变化

在 CO_2 地质封存过程中，CO_2 的溶解使水泥环周围的 pH 值由起始较高值降低，且前期由于水泥环区域溶液中的 CO_2 浓度低，溶解速率高，后期区域饱和溶解速率逐渐降低，溶液的 pH 值也趋于稳定。而水泥环区域的 Ca^{2+} 浓度从封存开始也逐渐升高，后趋于稳定。主要是由于水泥环中的氢氧化钙在酸性的地层水中不能稳定存在，发生溶解并释放 Ca^{2+} 到溶液中，且在该阶段氢氧化钙矿物的含量较高，在反应初始阶段氢氧化钙的溶解速率大于碳酸钙沉淀的形成速率，但随着反应的进行，氢氧化碳被消耗，溶液中钙离子浓度加大，使得两种反应趋于平衡，且溶液中的 Ca^{2+} 也趋于饱和，则此时溶液中的 Ca^{2+} 增加速率较慢。而随着埋存时间的推移水泥环附近溶液中 Si 离子浓度增加，表面含 Si 的硅酸凝胶等矿物也发生溶解。随着 CO_2 埋存的推移水泥环中的 Cl^- 浓度变少，分析原因主要为当水泥环中 CO_2 注入时，发生了溶质的运移过程，部分 Cl^- 被驱离水泥环区域，因此，造成近井区域 Cl^- 浓度的下降。

（2）水泥环矿物组成变化

封存过程中，水泥环矿物中碱性矿物氢氧化钙、水化硅酸钙等依次溶解。矿物溶解后在水泥环内部以及水泥环和储盖胶结面处生成新的次生长石、石英等矿物。最终使水泥环的孔、渗参数变大主要原因为：随着富集 CO_2 的盐水前缘从储层和盖层逐渐扩散运移并进入水泥环中时，水泥环中原始水的 pH 值随封存时间而降低。水泥环孔隙中流体 pH 值的降低，引起水泥中的碱性矿物发生溶解，并随着溶质运移溶解的矿物带离水泥表面，且生成的长石类矿物晶粒规则且较大，造成水泥环的孔、渗参数变大。

2. 储层渗透性变化

由于封存储层中的碳酸岩矿物溶解，且发生溶质运移作用，导致在 CO_2 羽流区域储层渗透率增加。表明 CO_2 在低渗透油藏封存驱油过程中，可以有效地改善低渗透油藏的渗流特性，降低低渗透油藏的渗流阻力，有效提高驱油剂的渗流和驱油能力。部分 CO_2 发生矿物转化，使得 CO_2 能够长期封存于地下，实现 CO_2 在低渗透油藏地永久封存。

第二节　CO_2 泄漏的危害

地质封存的 CO_2 一旦通过潜在的泄漏通道发生泄漏，对生态环境所造成的危害是不容忽视的。CO_2 泄漏会给包括地壳、地下水、土壤、大气在内的人类生存环境带来威胁，主要表现为过量 CO_2 泄漏到大气使得空气成分占比改变从而使人类呼吸健康受到伤害；CO_2 泄漏到地下水使其被污染；CCUS 环境 CO_2 膨胀导致地壳活动发生；泄漏到生态系统的

CO_2 破坏正常生态循环等。

一、CO_2 泄漏对地下水的危害

(一) 对地下水化学指标的影响

CO_2 泄漏至浅层地下水时，可能与地层水和含水层矿物发生复杂的水文地球化学作用，改变地下水中主要化学指标和化学组分浓度的变化规律。

CO_2 泄漏后与地下水接触形成碳酸，碳酸是不稳定的，分离出 H^+ 和 HCO_3^-，使 H^+ 浓度增加，pH 值降低，甚至可能降低至标准饮用水范围以下。

CO_2 的泄漏可促使方解石和奥长石溶解，导致 Ca^{2+} 浓度增加；而伊利石、蒙脱石和绿泥石的溶解则使 Mg^{2+} 浓度增加，最终导致地下水的暂时硬度显著增加，而当硬度超过一定的范围后，地下水将不适宜饮用，并会对生产生活产生影响。

当大量 CO_2 被注入地层时，CO_2 将地层原有孔隙流体挤出，含盐量较高的卤水通过裂缝或钻井运移至浅部地层，从而改变地下水的盐度，对浅部含水层造成一定污染。

(二) 对地下水化学组分的影响

CO_2 泄漏进入浅部含水层后，造成地下水 pH 值减小，促使矿物溶解或沉淀。方解石、钾长石、绿泥石、钠蒙脱石、奥长石发生溶解，石英发生沉淀；绿泥石、方解石、长石类的溶解为蒙脱石、菱镁矿、铁白云石和片钠铝石的化学沉淀提供了所需离子。

CO_2 泄漏后，HCO_3^- 与重金属离子发生的络合作用会促进富含重金属矿物的溶解，同时会使高岭石、伊利石等黏土矿物表面已吸附的重金属离子解吸出来，从而提高了水中液态重金属组分的浓度，大多重金属是有毒的，如果浓度过量将使地下水不再适宜饮用。

二、CO_2 泄漏对土壤生态系统的危害

土壤生态系统是陆地生态系统十分敏感的重要组成部分。泄漏的 CO_2 进入土壤后引起土壤中气体、水分、pH 值、微生物群落组成与活性等的变化，进一步导致土壤理化性质和土壤环境变化，这对土壤动植物的生长发育十分不利，且会影响土壤固碳能力。另外，土壤水化学性质的变化也会影响饮用水的安全和农田生态系统的良性循环。

从生态系统稳定性角度研究发现，泄漏致使地质封存点的地层存在下陷的危险性，可能引发微地震，破坏整个土壤生态系统的稳定性。从土壤化学角度分析，CO_2 泄漏引起地下水酸化，与土壤水的循环会引起土壤 pH 值降低，造成土壤酸化，进而影响土壤理化性质和理化过程。

CO_2 泄漏后土壤中 CO_2 通量不断上升并很快达到最大值，大量的 CO_2 存在导致 O_2 含量减少，对土壤氧化还原反应产生很大的影响，土壤中氧化矿物减少，还原矿物增加，高 CO_2 区土壤水分有减少的趋势，对土壤理化性质产生重大影响。土壤 pH 值和 O_2 浓度的降低营造了缺氧的酸性土壤环境，抑制了土壤中微生物活性和酶活性，对土壤根际微生物群落组成和活性产生很大影响，主要体现在微生物呼吸作用减弱和微生物总量减少。

三、CO_2 泄漏对植被/农作物的危害

高土壤 CO_2 浓度区域的植被均显示出一定的生存压力征兆，表现为叶片枯黄、株高下

降、光合作用减弱、生物量减少、提前衰老等。美国Long Valley地区树木的大量死亡被证实与断层处的CO_2排放存在空间一致性。斯洛文尼亚和冰岛CO_2泉区域猫尾草和甘茂松受CO_2高浓度影响濒临死亡，生长减缓，株高降低。意大利和德国两处CO_2排气口区域土壤CO_2浓度达到100%，几乎没有植被生长。植被承受CO_2泄漏引起的生存压力的大小与地下CO_2排放通量及土壤CO_2浓度有关。

泄漏的CO_2主要有两种扩散结果，一部分CO_2运移扩散后直接进入大气，造成局部地区大气CO_2浓度升高。短期暴露于高浓度大气CO_2下，对植被生长具有肥效作用；长期暴露于高浓度大气CO_2情境下，植被生理、形态特征、基因均会发生适应性变化。另一部分CO_2滞留于地下，进行复杂的运移扩散，扰乱土壤生态系统循环，对植被生长发育和物种多样性产生负面影响。

第三节　泄漏风险评价方法

CO_2地质封存泄漏风险的影响因素众多，且各因素之间对于泄漏风险影响也存在一定的不确定性。从理论上来说，泄漏风险评价就是要建立CO_2泄漏多种因素和泄漏风险指标之间的关系。

一、模糊综合评价方法

（一）基本原理

模糊综合评价就是应用模糊变换原理和层次分析法，考虑与评价指标相关较大的影响因素，对评价指标所作的综合评价。该方法是建立在模糊数学基础上的一种模糊线性变换，它的优点是将整个评判过程中有关的影响因素参数以及权重参数用模糊集合表示，以模糊概念的形式进行评判运算过程，通过模糊变换得出一个模糊综合评价结果。模糊综合评价方法是模糊数学中最主要的方法之一，以其严密的科学性和良好的适应性而被广泛应用于各个领域，解决了许多用常规方法难以处理的实际问题，尤其是在受多因素影响的目标评判方面具有广泛的应用。常用于实际工程技术问题的模糊综合评价分为单级和多级模糊综合评价两类。

单独对一个评价指标进行评价，评价指标和评价因素之间只有一个层次。确定影响因素对评价指标的隶属程度，形成隶属度矩阵和通过构造因素比较矩阵求矩阵特征向量方法或专家打分法得到权重矩阵，并进行模糊计算得出单级的评价值，称为单级模糊评价。将被评价的事物称作评价指标，例如某项工程，某件产品等。评价的结果为模糊计算得到的模糊评价值，其中单级评价中的因素隶属度矩阵，见式(3-1)。

$$V=[v_1, v_2, \cdots, v_m] \tag{3-1}$$

在确定影响因素矩阵以后，通过合适的方法获得各个影响因素对于想要评价的指标的权重大小，称之为权重矩阵，见式(3-2)。目前对于权重矩阵构成的方法主要有专家打分法，构造比较矩阵法等方法。

$$B=[b_1, b_2, \cdots, b_m] \tag{3-2}$$

当构造了关于评价指标的各个影响因素的模糊变换因素矩阵以及各因素的权重矩阵

后，便可以进行模糊关系计算，见式(3-3)。

$$U=V\times B=[v_1b_1, v_2b_2, \cdots, v_mb_m] \tag{3-3}$$

如何根据 U 做出一个综合评价呢？根据前期对大量实际工程项目的施工参数和评价指标的关系进行调研，同时咨询相关专家意见整理，形成相应的评价指标区间；根据模糊综合评价指标值与在区间中值的大小比较进而得出评价结果。

多级模糊评价主要适用于影响因素和评价指标之间存在多个层次的情况，其计算过程与单级模糊评价方法相近。

（二）CO_2 泄漏风险评价

造成 CO_2 泄漏风险的指标因素可以分为两类，一类是影响 CO_2 封存的井筒完整性因素，如注入速度、水泥环渗透率变化值、封存井筒环空带压值、水泥环的强度损失率以及水泥环的腐蚀率。另一类是影响 CO_2 封存层泄漏风险的因素，如封存地层压力增加状况、CO_2 在封存层的压力扩散速度、注入速度以及盖层裂缝的开启程度的影响。

注入速度越高，越容易引发井筒水泥环局部应力过于集中或产生交变应力，一旦集中地应力超过水泥环某个截面的应力极限，将引发水泥环破坏产生裂纹，形成泄漏通道。而水泥环的封存阶段的渗透率值也表征了水泥环可能遭受的腐蚀变化状况，渗透率变化越大，CO_2-盐水多相流在水泥环运移速度越快，酸性 CO_2-盐水与水泥环发生接触越多，且发生溶质运移现象越明显，水泥腐蚀后的渗透率越大，造成泄漏风险的可能性越大。封存井的环空压力值也是封存井泄漏风险的明显信号，且封存井环空压力值增加速度越快，表明泄漏通道越大，井筒泄漏风险越高。而水泥环的强度损失率也反映了水泥环的抗压和抗挤能力，且强度损失率越高，水泥环的抗压挤能力越差，越容易形成水泥环的裂缝泄漏通道。对于水泥环的腐蚀率，其腐蚀率越高，水泥环的抗挤压能力越弱，孔渗参数越大，也越容易引发泄漏风险。对盖层泄漏风险的分析可知，封存层压力增加、CO_2 扩散速度越低、天然裂缝开启程度越大、注入速率高都会加剧泄漏风险。

明确了各因素对泄漏的影响机理后，需要确定各因素对泄漏风险的权重值。常规的专家评分法确定权重的方法尽管简单，但是缺乏实际理论依据支撑，且受个人主观判断影响较大；可以应用较为成熟的层次分析法。

首先，确定各因素之间的两两强度关系，例如因素 i 与因素 j，影响强度标记为 i/j。根据影响强度的数值大小，可以分为稍强、强、非常强、极强；同样的，根据影响强度的倒数值大小，可以分为稍弱、弱、非常弱、极弱。

在因素两两强度关系基础上构建因素的比较矩阵为正互反矩阵，各矩阵的特征根 n 所对应的归一化特征向量即为 CO_2 泄漏影响因素相对于泄漏风险目标的权重向量矩阵。由于各泄漏风险因素的量纲不统一，因此，在确定了 CO_2 泄漏风险影响因素的权重矩阵后，仍要确定各泄漏因素与评价指标的强度，将各因素归为统一单位后，才能进行模糊综合计算。

可以利用隶属函数计算各因素对泄漏风险的隶属度矩阵，确定各个泄漏因素对于泄漏风险指标的隶属度，进而构造出 CO_2 泄漏风险的因素隶属度矩阵。

通过 CO_2 泄漏风险影响因素的隶属度矩阵与各个泄漏风险因素的权重矩阵进行模糊计算，最终得到模糊综合评价指数。模糊评价指数越大，则封存系统泄漏风险越大，反之，泄漏风险则越小。

二、神经网络算法

人工神经网络的基本组成是人工神经元，它从结构和功能的角度模拟和抽象生物神经元。人工神经元是通过模拟人脑中神经元的结构和相互联系而建立的数学模型。不同的人工神经元模型由不同的作用函数组成，常见的作用函数有阶跃函数、线性函数、高斯函数、S 型(Sigmoid)函数等。

线性函数：$y=f(x)=x$

阶跃函数：$f(x)=\begin{cases}1, & x\geqslant 0\\ -1, & x\end{cases}$

高斯函数：$f(x)=e^{-(x^2/\sigma^2)}$

Sigmoid 函数：$f(x)=\dfrac{1}{1+e^{-x}}$

目前，人工神经网络有很多种，如 BP 神经网络、小波神经网络、Hopfield 神经网络、模糊神经网络、ELMAN 神经网络、卷积神经网络等。根据输入信号在网络中的流向，人工神经网络也可分为前馈型网络和有反馈型网络。

前馈型神经网络首先从输入层获取输入信息，然后将其传输到中间层，接着通过每个中间层的加权过程将其传递到输出层，并被激励函数激活，最后从输出层输出。各层神经元之间没有信息反馈，常用的前馈神经网络包括 BP 神经网络、径向基函数神经网络等。

有反馈型神经网络允许信息从输出层反向传播到隐藏层，或从隐藏层反向传播到输入层。每层神经元的输出都可能受到神经元先前输出反馈信息或当前输入信息的影响，这使得有反馈型神经网络具有类似于人脑的“短期记忆”特性。常见的有反馈型神经网络有 Hopfield 神经网络、ELMAN 神经网络等。

（一）BP 神经网络

BP 神经网络是一种按照误差反向传播算法训练的多层前馈神经网络，是应用最广泛的神经网络模型之一。它的基本思想是梯度下降法，利用梯度更新技术，以期使网络的实际输出值和期望输出值的误差均方差为最小。基本 BP 算法包括信号的前向传播和误差的反向传播两个过程。即计算误差输出时按从输入到输出的方向进行，而调整权值和阈值则从输出到输入的方向进行。前向传播时，输入信号通过隐含层作用于输出节点，经过非线性变换，产生输出信号，若实际输出与期望输出不相符，则转入误差的反向传播过程。误差反传是将输出误差通过隐含层向输入层逐层反传，并将误差分摊给各层所有单元，以从各层获得的误差信号作为调整各单元权值的依据。通过调整输入节点与隐含层节点的联接强度和隐含层节点与输出节点的联接强度以及阈值，使误差沿梯度方向下降，经过反复学习训练，确定与最小误差相对应的网络参数(权值和阈值)，训练即告停止。此时经过训练的神经网络可以对类似样本的输入信息，自行处理输出误差最小的经过非线性变换的信息。图 3-7 为单隐含层的 BP 神经网络拓扑结构示意图。

(1) 输入层

输入层其实就是输入的训练数据，它的格式也由输入数据决定。

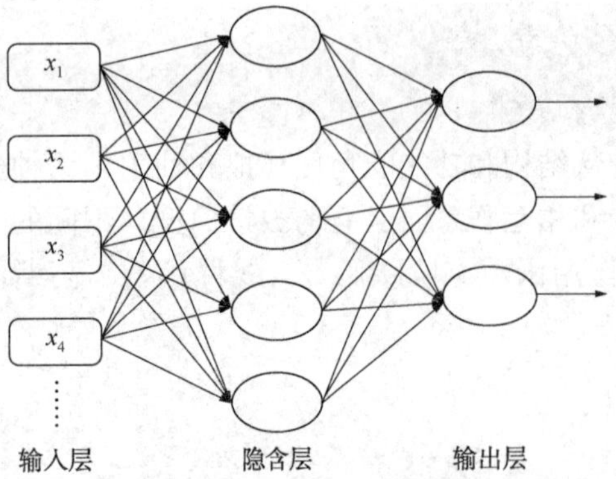

图 3-7　单隐含层的 BP 神经网络拓扑结构图

(2) 隐含层

神经网络的参数，也叫权重矩阵。负责增加计算能力，解决困难问题。

(3) 输出层

又称为决策层，负责进行决策。

(4) 算法

误差反向传播法是对初始的权值和阈值进行设定，将向量传入输入层，在传递函数的传导下经过隐含层和输出层，将得到的输出值与期望值进行比较，若二者误差小于模型设定的允许范围，则结束模型训练，若二者误差值大于模型设定的允许范围，则将误差值由后往前进行逐层的反向传递，并逐步调整各层和各神经元的权值与阈值，实现误差的不断降低，以上步骤将不断循环，直到误差达到期望水平。算法步骤具体可分为：

① 定义变量和参数并进行模型初始化。定义输入值为：

$$x(m)=[x_1(m), x_2(m), \cdots, x_n(m)]^T \tag{3-4}$$

期望输出值为：

$$y(m)=[y_1(m), y_2(m), \cdots, y_n(m)]^T \tag{3-5}$$

实际输出值为：

$$O(m)=[O_1(m), O_2(m), \cdots, O_n(m)]^T \tag{3-6}$$

式中　$n=1, 2, \cdots m$——输入样本的个数。

定义连接权值 w 为随机或全为 0 的权值；b 为偏置。

② 传递，即将每个学习样本 $x(m)$ 输入传递函数中，指定其对应的期望输出值 $y(m)$。常用的传递函数包括单极性函数、线性传递函数和正切函数，所使用的函数需依据输入数据和输出数据的取值范围来确定。其中单极性函数的公式为：

$$f(x)=\frac{1}{1+e^{-ax}}\quad [0<f(x)<1] \tag{3-7}$$

线性传递函数为：

$$f(x)=ax+b\quad [-\infty<f(x)<\infty] \tag{3-8}$$

正切函数为：

$$f(x)=\frac{1-e^{-ax}}{1+e^{-ax}}[-1<f(x)<1] \tag{3-9}$$

③ 计算输出值，公式为：

$$O(m)=\mathrm{sgn}[x(m)w(m)] \tag{3-10}$$

式中，$x(m)=[x_1(m), x_2(m), \cdots, x_n(m)]^T$，$w(m)=[w_1(m), w_2(m), \cdots, w_n(m)]^T$。

④ 更新权值向量 w，如式(3-11)所示。

$$w(m+1)=w(m)+x(m)\eta[e(m)] \tag{3-11}$$

式中　$e(m)$——误差项；

η——学习率，取常数，例如0.5。

⑤ 计算全局误差E，判断是否达到收敛条件。若满足条件则运算结束，若不满足则返回第二步重新进行训练。运算收敛条件包括：误差水平已小于模型设定的期望值；权值在两次迭代间的变化已下降到较低水平；达到设定的最大迭代次数。全局误差的公式如式(3-12)所示。

$$E = \frac{1}{2n} \sum_{j=1}^{p} \sum_{k=1}^{q} [y_j(m) - O_k(m)]^2 \tag{3-12}$$

式中 n——样本数；

p——输入层的神经元个数；

q——输出层的神经元个数。

（二）Hopfield 神经网络

属于反馈式网络，主要采用 Hebb 规则进行学习，一般情况下计算的收敛速度较快。Hopfield 神经网络状态的演变过程是一个非线性动力学系统，可以用一组非线性差分方程来描述。系统的稳定性可用所谓的“能量函数”进行分析，在满足一定条件下，某种“能量函数”的能量在网络运行过程中不断地减少，最后趋于稳定的平衡状态。Hopfield 的模型不仅对人工神经网络信息存储和提取功能进行了非线性数学概括，提出了动力方程和学习方程，还对网络算法提供了重要公式和参数。

三、卡尔曼滤波算法

卡尔曼滤波的本质是数据融合，在CO_2泄漏监测中，采用两个不同型号的便携式CO_2浓度检测设备同时测量CO_2泄漏空间中同一个点位，可以获得两个测量值，假设其值为$z_1=300\mu g/g$、$z_2=320\mu g/g$。与此同时，这两个不同型号的便携式CO_2浓度检测仪都存在固有的测量误差，通常称之为标准差。标准差特性是符合高斯分布或者说是符合正态分布的，运用卡尔曼滤波算法可以对该检测点位上CO_2浓度的真实值进行预测估计。

（一）卡尔曼滤波算法原理

卡尔曼滤波算法的广泛应用是因为现实世界中存在着大量的不确定性。当需要去描述一个系统的时候，这种不确定性主要体现在三个方面：①不存在完美的数学模型；②系统的扰动往往是不可控的，也很难建模；③测量的传感器本身会存在着固有的误差。

使用多个同型的便携式CO_2检测设备同时测量CO_2泄漏空间中同一个点位的CO_2浓度，用z_k表示CO_2浓度测量的结果，其中k代表着第k个的设备测量结果。因为每个设备测量结果会出现不一样的情况，并且该型号的CO_2浓度检测设备本身也有误差，所以说，同一时间内各设备测量的结果也不尽相同。此时，若需要估计真实数据，运用算术平均值是一个很好的选择。

用x_k表示k次测量后的估计值，将k次的测量结果用取算术平均值的理论去估计x_k的数学表达式表达如式(3-13)所示。

$$x_k = \frac{1}{k}(z_1 + \cdots + z_k) \tag{3-13}$$

将式(3-13)进行一定的变换得到式(3-14)。

$$\begin{aligned} x_k &= \frac{1}{k}(z_1+\cdots+z_k) \\ &= \frac{1}{k}(z_1+\cdots+z_{k-1})+\frac{1}{k}z_k \\ &= \frac{1}{k}\cdot\frac{k-1}{k-1}\cdot(z_1+\cdots+z_{k-1})+\frac{1}{k}z_k \\ &= \frac{k-1}{k}\cdot\frac{1}{k-1}\cdot(z_1+\cdots+z_{k-1})+\frac{1}{k}z_k \end{aligned} \tag{3-14}$$

记$\frac{1}{k-1}(z_1+\cdots+z_{k-1})=x_{k-1}$，即第 $k-1$ 次测量时的平均值。那么，就可以将式(3-13)写成式(3-15)。

$$x_k=\frac{k-1}{k}\cdot x_{k-1}+\frac{1}{k}z_k \tag{3-15}$$

重新调整可以得到式(3-16)。

$$x_k=x_{k-1}-\frac{1}{k}\cdot x_{k-1}+\frac{1}{k}z_k \tag{3-16}$$

综上可得式(3-17)。

$$x_k=x_{k-1}+\frac{1}{k}(z_k-x_{k-1}) \tag{3-17}$$

分析式(3-17)可以发现：①随着测量次数 k 的增加，其$\frac{1}{k}\rightarrow 0$，此时，$x_k \rightarrow x_{k-1}$。换言之，随着 k 的增加，测量结果显得不再那么重要，这个可以理解为：当有了大量的测量数据后，对估计的结果会更加有信心，可以将估计值的可信度提升。②相反，当 k 值比较小的时候，$\frac{1}{k}$比较大，此时的测量结果 z_k 就会起到很大的作用，也就是估计误差比较大的时候，估计结果不是那么可信。由此可以看出，k 值在这里起到了关键作用。

将上面的公式进行简单提炼，令 $K_k=\frac{1}{k}$，则有式(3-18)。

$$x_k=x_{k-1}+K_k(z_k-x_{k-1}) \tag{3-18}$$

式(3-18)表达的意思是：当前估计值=上一次估计值+系数×(当前测量值-上一次估计值)。在卡尔曼滤波算法中，系数 K_k 称为卡尔曼增益，或称卡尔曼系数，或称卡尔曼因数。

观察式(3-18)还可以发现：新的估计值 x_k 与上一次的估计值 x_{k-1} 有关，然后，上一次的估计值 x_{k-1} 又会与再上一次的估计值 x_{k-2} 有关，这就是一种递归的思想，即卡尔曼滤波不需要去追溯很久以前的数据，只需要上一次的数据就可以完成当前数据的预估。

关于卡尔曼增益 K_k 在此处将作初步的阐述。

首先，引入两个参数：①估计误差 e_{EST}：估计值和真实值的差距；②测量误差 e_{MEA}：测量值和真实值的差距。此时这个卡尔曼增益 K_k 就可以用式(3-19)表示。

$$K_k = \frac{e_{EST_{k-1}}}{e_{EST_{k-1}} + e_{MEA_k}} \tag{3-19}$$

式(3-19)的意思为卡尔曼增益等于第 $k-1$ 次的估计误差除于第 $k-1$ 次的估计误差与第 k 次的测量误差之和，这是卡尔曼滤波的核心计算。

对式(3-19)进行讨论分析：

① 在 k 时刻，当 $e_{EST_{k-1}}$ 远大于 e_{MEA_k} 时，即 $k-1$ 时刻的估计误差远大于 k 时刻的测量误差时，$K_k \to 1$，此时有 $x_k = x_{k-1} + 1 \cdot (z_k - x_{k-1}) = z_k$，这表示第 k 次的估计值 x_k 就很趋近于测量值 z_k，因为估计的误差大，测量得更加准确，所以就需要更加信任这个测量值。

② 在 k 时刻，当 $e_{EST_{k-1}}$ 远小于 e_{MEA_k} 时，即 $k-1$ 时刻的估计误差远小于 k 时刻的测量误差时，$K_k \to 0$，此时有 $x_k = x_{k-1} + 0 \cdot (z_k - x_{k-1}) = x_{k-1}$，这表示第 k 次的估计值 x_k 就很趋近于上一次的估计值 x_{k-1}，因为测量的误差大，估计的更加准确，所以就需要更加信任这个估计值。

运用卡尔曼滤波的思想解决问题可以分为如下三步：

第一步，用式(3-19)计算卡尔曼增益 K_k；

第二步，用式(3-18)计算估计值 x_k；

第三步，更新估计误差 e_{EST_k}。

$$e_{EST_k} = (1 - K_k) e_{EST_{k-1}} \tag{3-20}$$

（二）数据融合

有了以上数据，可以运用卡尔曼滤波算法对该检测点位上 CO_2 浓度的真实值 $\hat{z}$ 进行预测估计。

$$\hat{z} = z_1 + K(z_2 - z_1) \tag{3-21}$$

式(3-21)中的 K 即为卡尔曼增益，$K \in [0, 1]$，可以看出当 $K=0$ 时，$\hat{z}=z_1$；当 $K=1$ 时，$\hat{z}=z_2$。

此时解决问题的目标即为：求解获得一个合适的 K 使得 $\hat{z}$ 的标准差 $\sigma_{\hat{z}}$ 最小，即方差 $\mathrm{Var}(\hat{z})$ 最小。

$$\begin{aligned} \sigma_{\hat{z}}^2 &= \mathrm{Var}[z_1 + k(z_2 - z_1)] \\ &= \mathrm{Var}(z_1 + kz_1 + z_2) \\ &= \mathrm{Var}[(1-k)z_1 + kz_2] \end{aligned} \tag{3-22}$$

单独将式(3-22)中的 $(1-k)z_1$ 和 kz_2 两项进行分析，可以发现它们是相互独立的，这是由于两个传感器检测得到的结果是不存在互相影响的。它们相互独立，根据方差的性质有式(3-23)。

$$\begin{aligned} \sigma_{\hat{z}}^2 &= \mathrm{Var}[(1-k)z_1] + \mathrm{Var}(kz_2) \\ &= (1-k)^2 \mathrm{Var}(z_1) + k^2 \mathrm{Var}(z_2) \\ &= (1-k)^2 \sigma_1^2 + k^2 \sigma_2^2 \end{aligned} \tag{3-23}$$

因为 $\mathrm{Var}(z_1) = \sigma_1^2$，$\mathrm{Var}(z_2) = \sigma_2^2$，此时，去求方差 $\mathrm{Var}(\hat{z})$ 的最小值，只需要令 $\frac{\mathrm{d}\sigma_{\hat{z}}^2}{\mathrm{d}k} = 0$，求出式(3-23)方程的极值点即可。

$$-2(1-k)\sigma_1^2 + 2k\sigma_2^2 = 0 \tag{3-24}$$

$$k=\frac{\sigma_1^2}{\sigma_1^2+\sigma_2^2} \tag{3-25}$$

也就是说，根据两个不同型号的便携式CO_2浓度检测仪在同一时间内去测量CO_2泄漏空间中同一个点位，并对测量结果作了预测，并且通过数学证明了该预测值为最优解。预测结果比单独两个测量的结果都要好，这个过程就叫作数据融合。

数据融合涉及一个重要的数学概念即协方差矩阵。协方差矩阵就是把方差和协方差在一个矩阵中表现出来，从而体现了变量间联动关系的一种形式。

假设在CO_2泄漏监测的过程中，对某个小范围监测空间内的不同监测点位进行监测(例如1、2、3共3个点位)，在监测点位上对x、y、z共3个不同的指标进行监测。计算指标x、y、z的方差、指标x与y之间的协方差、指标x与z之间和指标y与z之间的协方差。

将指标x、y、z的方差和指标x与y之间、x与z之间、y与z之间的协方差用矩阵P表示。

$$P=\begin{bmatrix}\sigma_x^2 & \sigma_x\sigma_y & \sigma_x\sigma_z\\ \sigma_y\sigma_x & \sigma_y^2 & \sigma_y\sigma_z\\ \sigma_z\sigma_x & \sigma_z\sigma_y & \sigma_z^2\end{bmatrix} \tag{3-26}$$

一般情况下，计算CO_2泄漏简单监测数据的协方差矩阵计算需要引入一个过渡矩阵A。

$$A=\begin{bmatrix}x_1 & y_1 & z_1\\ x_2 & y_2 & z_2\\ x_3 & y_3 & z_3\end{bmatrix}-\frac{1}{3}\begin{bmatrix}1 & 1 & 1\\ 1 & 1 & 1\\ 1 & 1 & 1\end{bmatrix}\begin{bmatrix}x_1 & y_1 & z_1\\ x_2 & y_2 & z_2\\ x_3 & y_3 & z_3\end{bmatrix} \tag{3-27}$$

那么，协方差矩阵P就是式(3-28)。

$$P=\frac{1}{3}A^TA \tag{3-28}$$

(三) 卡尔曼增益

理想情况与现实情况相比是有差异的，用X_k^-表示先验估计值，一个新的估计值X_k代表后验估计值，H为观测状态矩阵，引入一个参数G后得到后验估计值。

$$X_k=X_k^-+G(H^-Z_k-X_k^-) \tag{3-29}$$

观察式(3-29)就会发现：当$G=0$时，$X_k=X_k^-$；当$G=1$时，$X_k=H^-Z_k$。也就是说，当$G=0$时，选择更加相信X_k^-(计算出来的结果)；当$G=1$时，选择更加相信X_{kMEA}(测量出来的结果)。

令$G=K_kH$代入式(3-29)后表达式如式(3-30)所示。

$$X_k=X_k^-+K_k(Z_k-HX_k^-) \tag{3-30}$$

式(3-30)便是卡尔曼滤波器，其中$K_k\in[0, H^-]$，当$K_k=0$时，$X_k=X_k^-$；当$K_k=H^-$时，$X_k=H^-Z_k$。接下来需要寻找一个K_k，使得$X_k\to X_k$。K_k肯定和噪声(过程噪声和系统噪声)有关系，比如说测量噪声较大，那么选择去更加信任计算出来的结果；而如果系统噪声较大(计算出来的结果误差较大)，那么选择更加信任测量出来的结果；所以 K_k 的取值和误差(噪声)息息相关。

1. 量化误差

引入真实值与估计值的误差记为 $e_k=X_k-X_k$，假设 e_k 符合 $P(e_k)\sim(0, P)$，其中 $P=E[ee^T]=\begin{bmatrix}\sigma_{e_1}^2 & \sigma_{e_1}\sigma_{e_2}\\ \sigma_{e_2}\sigma_{e_1} & \sigma_{e_2}^2\end{bmatrix}$。

如果想估计的这个结果 X_k 距离实际值 X_k 越小，就说明它整个的误差方差最小，方差越小说明其越接近于期望值 0。此时的目标就是选取合适的 K_k 使得 P 矩阵的迹 $tr(P)$ 最小，$tr(P)$ 表达式为 $tr(P)=\sigma_{e_1}^2+\sigma_{e_2}^2$。

因为 P 矩阵的迹 $tr(P)$ 最小即为 e_k 的方差最小

$$\begin{aligned}P&=E[ee^T]\\&=E[(X_k-X_k)(X_k-X_k)^T]\end{aligned}\tag{3-31}$$

将式(3-30)代入 $e_k=X_k-X_k$ 得式(3-32)。

$$\begin{aligned}X_k-X_k&=X_k-[X_k^-+K_k(Z_k-HX_k^-)]\\&=X_k-X_k^--K_kZ_k+K_kHX_k^-\end{aligned}\tag{3-32}$$

Z_k 变换后得到式(3-33)。

$$\begin{aligned}X_k-X_k&=(X_k-X_k^-)-K_kH(X_k-X_k^-)-K_kv_k\\&=(I-K_kH)(X_k-X_k^-)-K_kv_k\end{aligned}\tag{3-33}$$

将式(3-33)代入式(3-31)中，并且用 $e_k^-=X_k-X_k^-$ 替换式中的 $X_k-X_k^-$ 项得到式(3-34)。

$$\begin{aligned}P&=E[ee^T]\\&=E[(X_k-X_k)(X_k-X_k)^T]\\&=E\{[(I-K_kH)e_k^--K_kv_k][(I-K_kH)e_k^--K_kv_k]^T\}\end{aligned}\tag{3-34}$$

将式(3-34)展开，得到式(3-35)。

$$\begin{aligned}P_k&=E[e_ke_k^T]\\&=E[(I-K_kH)e_k^-e_k^{-T}(I-K_kH)^T]+E(K_kv_kv_k^TK_k^T)\\&=(I-K_kH)E(e_k^-e_k^{-T})(I-K_kH)^T+K_kE(v_kv_k^T)K_k^T\end{aligned}\tag{3-35}$$

式(3-35)中的 $P_k^-=E[e_k^-e_k^{-T}]$，并且和 $R=E(vv^T)$ 一起代入式(3-35)后得到式(3-36)。

$$\begin{aligned}P_k&=(P_k^--K_kHP_k^-)(I^T-H^TK_k^T)+K_kRK_k^T\\&=P_k^--K_kHP_k^--P_k^-H^TK_k^T+K_kHP_k^-H^TK_k^T+K_kRK_k^T\end{aligned}\tag{3-36}$$

所以，P 矩阵的迹 $tr(P)$ 为式(3-37)。

$$\begin{aligned}tr(P_k)&=tr(P_k^--K_kHP_k^--P_k^-H^TK_k^T+K_kHP_k^-H^TK_k^T+K_kRK_k^T)\\&=tr(P_k^-)-2tr(K_kHP_k^-)+tr(K_kHP_k^-H^TK_k^T)+tr(K_kRK_k^T)\end{aligned}\tag{3-37}$$

求出 $\frac{\mathrm{d}tr(P_k)}{\mathrm{d}K_k}=0$，便可以得到式(3-37) $tr(P_k)$ 的极值点，从而即可找出 $tr(P_k)$ 最小值。

$$0-2(HP_k^-)^T+2K_kHP_k^-H^T+2K_kR=0\tag{3-38}$$

2. 卡尔曼增益

式(3-38)中的 K_k 用式(3-39)表示。

$$K_k = \frac{P_k^- H^T}{HP_k^- H^T + R} \tag{3-39}$$

式(3-39)便是卡尔曼滤波的核心公式，K_k 为卡尔曼增益。

R(噪声矩阵协方差)特别大的时候，R 特别大说明噪声矩阵特别大。也就是说，当 $R \to \infty$ 时 $K_k \to 0$，即 $\lim\limits_{R\to\infty} K_k = \lim\limits_{R\to\infty} \frac{P_k^- H^T}{HP_k^- H^T + R} = 0$，$X_k = X_k^-$；而当 $R \to 0$ 时，$K_k \to H^{-1}$，即 $\lim\limits_{R\to 0} K_k = \lim\limits_{R\to 0} \frac{P_k^- H^T}{HP_k^- H^T + R} = H^{-1}$，$X_k = Z_k$。

(四) 卡尔曼滤波与协方差矩阵

1. 先验误差协方差矩阵

因为 $P_k^- = E(e_k^- e_k^{-T})$，$e_k^- = X_k - X_k^-$，得到式(3-40)。

$$e_k^- = X_k - X_k^- = A(X_{k-1} - X_{k-1}^-) + w_{k-1} \tag{3-40}$$

记 $e_{k-1} = X_{k-1} - X_{k-1}^-$，则式(3-40)转换为式(3-41)。

$$e_k^- = X_k - X_k^- = Ae_{k-1} + w_{k-1} \tag{3-41}$$

将式(3-41)代入 $P_k^- = E(e_k^- e_k^{-T})$ 得到式(3-42)。

$$\begin{aligned} P_k^- &= E(e_k^- e_k^{-T}) \\ &= E[(Ae_{k-1} + w_{k-1})(Ae_{k-1} + w_{k-1})^T] \\ &= E[(Ae_{k-1} + w_{k-1})(e_{k-1}^T A^T + w_{k-1}^T)] \\ &= E[Ae_{k-1}e_{k-1}^T A^T + Ae_{k-1}w_{k-1}^T + w_{k-1}e_{k-1}^T A^T + w_{k-1}w_{k-1}^T] \end{aligned} \tag{3-42}$$

继续对式(3-42)求解得到式(3-43)。

$$\begin{aligned} P_k^- &= E(e_k^- e_k^{-T}) \\ &= E(Ae_{k-1}e_{k-1}^T A^T) + E(w_{k-1}w_{k-1}^T) \\ &= AE(e_{k-1}e_{k-1}^T)A^T + E(w_{k-1}w_{k-1}^T) \end{aligned} \tag{3-43}$$

因为 $E(e_{k-1}e_{k-1}^T) = P_{k-1}^-$，$E(w_{k-1}w_{k-1}^T) = Q$，所以式(3-44)成立。

$$P_k^- = AP_{k-1}^- A^T + Q \tag{3-44}$$

2. 后验误差协方差矩阵

由于在计算先验误差协方差时需要用到上一次的误差协方差 P_{k-1}，而且已经得到 P_k 的计算式，将卡尔曼增益 K_k 计算式(3-39)代入 P_k 计算式，得式(3-45)。

$$\begin{aligned} P_k &= P_k^- - K_k HP_k^- - P_k^- H^T K_k^T + K_k HP_k^- H^T K_k^T + K_k R K_k^T \\ &= P_k^- - K_k HP_k^- - P_k^- H^T K_k^T + K_k(HP_k^- H^T + R)K_k^T \\ &= P_k^- - K_k HP_k^- - P_k^- H^T K_k^T + \frac{P_k^- H^T}{HP_k^- H^T + R}(HP_k^- H^T + R)K_k^T \\ &= P_k^- - K_k HP_k^- - P_k^- H^T K_k^T + P_k^- H^T K_k^T \\ &= P_k^- - K_k HP_k^- \end{aligned} \tag{3-45}$$

将式(3-45)的 P_k^- 提出来后验误差协方差 P_k 的表达式。

$$P_k = (I - K_k H) P_k^- \tag{3-46}$$

3. 卡尔曼滤波器

通过先验误差协方差表达式(3-44)即可以用卡尔曼滤波器来估计状态变量的值。卡尔曼滤波过程主要分为两个步骤，一个是预测，另一个是校正。具体来说有如下几个工作步骤：①赋初值，对第0次的后验估计值 X_0 和后验估计误差 P_0 赋上一个初值；②预测，预测出先验误差值 X_k^-，用先验误差协方差表达式(3-44)预测先验误差协方差值 P_k^-；③校正，用卡尔曼增益表达式(3-39)校正卡尔曼增益值 K_k，校正后验估计值 X_k；④更新，后验误差协方差表达式(3-46)更新后验误差协方差值 P_k。

（五）泄漏监测应用

对 CO_2 泄漏的某小范围密闭空间某个点位上的 CO_2 浓度和温度进行监测，在这个监测的系统中，有两个变量：x_1 为 CO_2 浓度，x_2 为温度。假设：① CO_2 匀速泄漏，整个空间处于稳态，泄漏的 CO_2 只呈现正常自主扩散流动，则可以将 CO_2 的浓度变化速度看作匀速，记作 u；②设采样时间间隔为 ΔT，即 k 时刻与 $k-1$ 时刻的间隔；③在一定的采样时间范围内，温度的变化可以忽略不计。

CO_2 泄漏监测环境系统的离散状态空间方程为：

$$x_{1,k} = x_{1,k-1} + \Delta T u_{k-1} \tag{3-47}$$

$$x_{2,k} = x_{2,k-1} \tag{3-48}$$

进一步假设采样时间 ΔT 为单位1。

$$x_{1,k} = x_{1,k-1} + u_{k-1} \tag{3-49}$$

$$x_{2,k} = x_{2,k-1} \tag{3-50}$$

在现实中有气流扰动，很难保证泄漏的 CO_2 扩散速度是匀速的；另外，日夜交替，四季更迭，在长时间段内温度也不会保持不变，因此，整个数学模型就需要加入一些不确定性。

$$x_{1,k} = x_{1,k-1} + u_k + w_{1,k-1} \tag{3-51}$$

$$x_{2,k} = x_{2,k-1} + w_{2,k-1} \tag{3-52}$$

式(3-49)和式(3-52)中的 w_1、w_2 为过程噪声，假设自然界中的过程噪声都是符合正态分布的，即 $p(w) \sim N(0,\ Q)$。在这种情况下就无法准确地通过这两个方程得到 k 时刻的状态变量 x_1 和 x_2，但是可以根据误差噪声情况进行估计。

与此同时，采用传感器时刻监测该点位上的 CO_2 浓度和温度，那么就可以得到一个测量方程。

$$z_{1,k} = x_{1,k} \tag{3-53}$$

$$z_{2,k} = x_{2,k} \tag{3-54}$$

如果这两个监测的传感器准确，就可以精确无误地获得该点位的 CO_2 浓度和温度，也就不需要滤波器了。但是在现实生活中都是存在不确定性的，在测量的过程中，可能会被不同的扰动干扰；另外，整个传感器本身也存在固有的误差。因此在整个测量方程中也要加入不确定性。

$$z_{1,k} = x_{1,k} + v_{1,k} \tag{3-55}$$

$$z_{2,k}=x_{2,k}+v_{2,k} \tag{3-56}$$

式(3-57)、式(3-58)为用矩阵的形式将 CO_2 泄漏监测系统离散状态空间方程和测量方程。

$$\begin{bmatrix} x_{1,k} \\ x_{2,k} \end{bmatrix}=\begin{bmatrix} 1 & 0 \\ 0 & 1 \end{bmatrix}\begin{bmatrix} x_{1,k-1} \\ x_{2,k-1} \end{bmatrix}+\begin{bmatrix} 1 & 0 \\ 0 & 1 \end{bmatrix}\begin{bmatrix} u_k \\ 0 \end{bmatrix}+\begin{bmatrix} w_{1,k-1} \\ w_{2,k-1} \end{bmatrix} \tag{3-57}$$

$$\begin{bmatrix} z_{1,k} \\ z_{2,k} \end{bmatrix}=\begin{bmatrix} 1 & 0 \\ 0 & 1 \end{bmatrix}\begin{bmatrix} x_{1,k} \\ x_{2,k} \end{bmatrix}+\begin{bmatrix} v_{1.k} \\ v_{2,k} \end{bmatrix} \tag{3-58}$$

将式(3-57)和式(3-58)归纳，如果估算 k 时刻时 $x_{1,k}$ 和 $x_{2,k}$ 的值，并且是一个相对准确的值，这就需要通过一个不太准确的系统数模模型和一个不太准确的测量结果去估计最优值 X_k，这个最优值估计的算法就是卡尔曼滤波器，被称为最优算法是因为它在数学上得到了证明。

假设：CO_2 泄漏空间某点位 CO_2 浓度值为 $x=500\mu g/g$；检测之前对该点位 CO_2 浓度的估计称为第一次的估计值，为 $x_0=400\mu g/g$；第一次的估计误差为 $e_{EST_0}=50\mu g/g$；测量值为 $z_1=510\mu g/g$、$z_2=480\mu g/g$、$z_3=470\mu g/g$、……由于是使用同一型号的 CO_2 浓度传感器进行测量，每一次产生的测量误差都是一样的，并且其测量误差为 $e_{MEA_k}=30\mu g/g$。

运用卡尔曼滤波算法的“三步走”将上述测量数据的融合处理进行递归计算。

① $k=1$ 时，计算卡尔曼增益 K_k：

$$K_1=\frac{e_{EST_{k-1}}}{e_{EST_{k-1}}+e_{MEA_k}}=\frac{50}{50+30}=0.625$$

计算估计值 x_k：

$$x_1=x_{k-1}+K_k(z_k-x_{k-1})=400+0.625\times(510-400)=468.75$$

更新估计误差 e_{EST_k}：

$$e_{EST_1}=(1-K_k)e_{EST_{k-1}}=(1-0.625)\times 50=18.75$$

② $k=2$ 时，计算卡尔曼增益 K_k：

$$K_2=\frac{e_{EST_{k-1}}}{e_{EST_{k-1}}+e_{MEA_k}}=\frac{18.75}{30+18.75}=0.3846$$

计算估计值 x_k：

$$x_2=x_{k-1}+K_k(z_k-x_{k-1})=468.75+0.3846\times(480-468.75)=473.08$$

更新估计误差 e_{EST_k}

$$e_{EST_2}=(1-K_k)e_{EST_{k-1}}=(1-0.3846)\times 18.75=11.54$$

③ $k=3$ 时，同理。

将上述数据汇总放入可以得到表 3-2。观察表 3-2 中的数据，虽然一开始的估计值是 $400\mu g/g$，与实际值 $500\mu g/g$ 差距较大，但是随着观测值即 CO_2 传感器检测到的数据带来新信息的修正，预测值开始慢慢靠近真实值。在整个修正过程中，前几次的修正幅度较大，到了后面几次修正幅度较小，等到第 10 次往后，其预测值已经非常接近真实值。继续重复这个过程，在可以预见的未来，其预测值就会无限接近真实值。

表 3-2 卡尔曼滤波的初步应用数据

k	z_k	$e_{MEA_k}(R)$	K_k	x_k	$e_{EST_k}(P_k)$
0	—	—	—	400	50
1	509	30	0.625	468.75	18.75
2	481	30	0.3846	473.08	11.54
3	472	30	0.278	472.2	8.33
4	519	30	0.217	482.6	6.52
5	508	30	0.179	487.5	5.36
6	481	30	0.152	486.4	4.55
7	489	30	0.132	486.8	3.95
8	528	30	0.116	491.9	3.49
9	483	30	0.104	490.6	3.13
10	491	30	0.094	490.6	2.83
11	520	30	0.086	493.1	2.59
12	530	30	0.079	496.0	2.38
13	511	30	0.074	497.1	2.21
14	518	30	0.068	498.6	2.05
15	491	30	0.064	498.1	1.92
16	502	30	0.06	498.2	1.81
…	…	…	…	…	…

思考题

1. CO_2 泄漏途径都有哪些？
2. CO_2 泄漏影响因素有哪些？具体是如何影响的？
3. 通过文献阅读，泄漏风险评价的方法还有哪些？基本原理是实际应用如何？
4. CO_2 驱油与单一的地质封存对比，CO_2 泄漏有哪些区别？

扫码获取更多学习资料

第四章　地质封存利用的地球物理监测

地球物理监测技术在 CO_2 地质封存及利用监测中发挥了重要作用，想要对封存利用效果给出科学评价，需要掌握以下地质特征：①储层岩性、构造、圈闭的容量以及储层的孔隙度、渗透率、饱和度等参数变化；②上覆多套地层的变化；③圈闭的几何特征、盖层厚度及其封盖性能、封闭范围；④断层、裂缝的变化。地球物理监测可以提高对 CO_2 封存利用过程的理解，并与其他地质、地球化学、油藏工程、油藏模拟等学科的研究结果具有一致性。CO_2 地质封存利用的地球物理监测主要有地震监测、测井技术监测和电磁监测。

第一节　地 震 监 测

地震监测方法是 CO_2 封存与利用的重要监测手段，在不同时间点对注入场地进行地震探测，得到不同时期的地震剖面。随着 CO_2 不断注入与时间推移，地震剖面与注入之前差别明显。挪威 Sleipner 项目从 1999 年开始，每两年对注入场地进行一次四维地震探测，观察到明显的储层底部下推现象，表明 CO_2 没有向地面运移泄漏；美国 Frio 项目采用了时移地震和垂直地震剖面(VSP)进行监测，澳大利亚 Otway 项目利用垂直地震剖面对 CO_2 进行监测。

一、四维地震监测

常规的三维地震勘探虽然可以得到有关地下结构、构造、岩性等地质信息，但是在石油开采或者碳封存利用项目中，需要对地下石油或者 CO_2 等流体进行动态监测，了解其在地下的运移情况，此时就需要运用四维地震监测技术。四维地震监测技术又称时移地震监测技术，指在生产过程中，在同一地区不同的阶段进行勘探，此时储层内流体的相关性质在两次勘探期间的变化可以通过地震响应的变化得出，在经过四维地震处理与解释之后，通过成像等技术得到有关储层物性参数的变化。

四维地震监测是对 CO_2 进行长期监测最好的技术手段。为了达到应用四维地震监测流体前缘和流体动态特征的效果，储层应该具备孔隙度高、流体饱和度和属性变化大、埋藏位置不要过深等特征。

实施四维地震监测的可行性分析主要是确定研究区域在岩石参数、流体饱和度(水、油和 CO_2)，及压力的最大变化范围内所产生的 4D 信号，通过建立 4D 地震模型，来分析流体及压力产生的 4D 信息是否可被检测出来。表 4-1 列出了用于 CO_2 封存与利用的四维地震监测筛选测试和可行性分析的储层参数、流体参数、地震属性及原始资料。

表 4-1　碳封存利用的四维地震监测筛选及可行性分析参数表

地层信息类型	分析参数
物理条件	地层深度及厚度、潜水面深度、围压、孔隙(流体)压力和有效压力、温度
岩石	岩性、干岩石体积模量、干岩石密度、孔隙度
油	API 重力值、溶解气油比、泡点压力、密度、体积模量
气	相对密度、密度、体积模量
CO_2	CO_2 相对密度、密度、体积模量
盐水	矿化度、密度、体积模量
不同期次采集时的变化参数	流体饱和度变化、流体体积模量的变化、流体孔隙压力变化值
地震信息	主频率、平均分辨率、成像质量、重复性、油气水分界面能见度、旅行时差异预测值、阻抗差异预测值

（一）地震属性基础

1. 概念

地震属性指的是原始采集的地震数据经过叠前或者叠后处理，再通过数学算法得出能够反映地质信息的一些属性。检波器等接收仪器采集到的地震信号是由地震波在地表或者近地表激发之后经由地下岩石而产生的。在这个过程中，地下岩石发生振动，储层的性质例如饱和度、物性以及含油气性等都会影响地震信号，因此地震信号也会反映出这些储层信息。地震属性的种类很多，所以地震属性技术可以揭示出有关储层的各个方面的信息。该技术已经在储层储层参数描述、动态监测以及储层预测方面得到了广泛的应用。

2. 分类

属性的分类需要从不同角度来说明，对于一个地震信号，可以分解得到振幅、频率相位的信息，从数学方法方面来说，地震属性对地震数据的数学统计有着极重要的作用，能够得到统计学、运动学、几何学等信息。从提取手段来研究，地震属性包括各种定量化的地震信息，可以根据需要提取。从地球物理方面来看，地震属性是地下不同构造岩性的表征量，可以用来反映这些地层性质。

对于属性的分类，基于以上三方面的考虑，可以有不同的分类。

(1) 几何属性和物理属性

几何属性是地下反射结构的体现，可以得到有关构造方面的信息，例如同相轴倾角、旅行时、横向相干性等。物理属性主要用于岩性和属性特征解释，按提取方式可分为两种：通过地震道的解析得到的属性、通过叠前地震资料计算出的地震属性。

(2) 时间属性、振幅属性、频率属性和吸收衰减属性

时间(地层序列)类属性可用来解释构造信息，振幅类属性可得到有关地层和储层信息；频率类属性虽然没有彻底研究透彻，但是一般认为会提供有关储层的其他信息；吸收衰减属性提供有关渗透率的信息。

(3) 一般属性和特殊属性

基于物理或者数学运算得出的属性称为一般属性，这些属性比较基础，并且在盆地中

都是可预测的，包括层内峰值振幅、时间结构、复数振幅与频率、广义希尔伯特属性、层倾角与方位、保边去噪、边缘探测、AVO、相关以及频谱分节。有些属性只有在统计学上井间相关性较好和通过地震模型验证之后才有意义，这种属性称之为特殊属性，特殊属性一般仅在当前储层有效，如果某种特殊属性和储层性质相关性很好时，那么通过地震模型研究可以得出一些储层物理性质。

3. 地震属性提取方法

地震属性是地下动力学、运动学参数的体现，选择合适的属性可以准确反映出地层岩性、构造和流体性质。在前期地质、测井等资料的研究基础之上，了解地下储盖层分布之后，可以提取数据体或者相应层位的属性。不同的属性提取方法也不一样。

剖面属性的提取目标是一个剖面的瞬时属性，瞬时属性是通过希尔伯特变换得到的；此外，还有相干体、道积分数据体。

层属性提取是指沿层拾取地震数据体中的属性，主要包括固定时窗属性、单层位属性、层间属性。固定时窗属性提取是指在提取时设定一个固定时间，最终得到的是该时间点的属性。这种方法虽然简单方便，但是提取的属性只是某个时间点上的属性，层位是水平的，如果地层是倾斜或者有其他构造时，效果不好。图 4-1 是单层位属性提取方式和层间属性提取方式示意图，层间属性是以拾取的两个解释层为目标，提取两个解释层之间对应的属性，在其上下有两个时间偏移量，上下偏移量的变化会导致时窗的变化。单层位属性和层间属性相似，只是以拾取的单个层为目标，然后在其上下有两个时间偏移量，上下偏移量的变化会导致时窗的变化。层间属性对层位的要求比较严格，提取的时候要时刻保证上下层界限明显，不可串层，否则会降低结果的精确性。

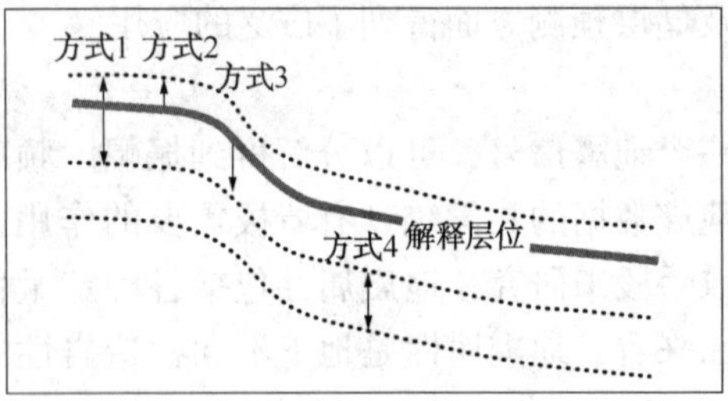

(a) 单层位属性提取方式

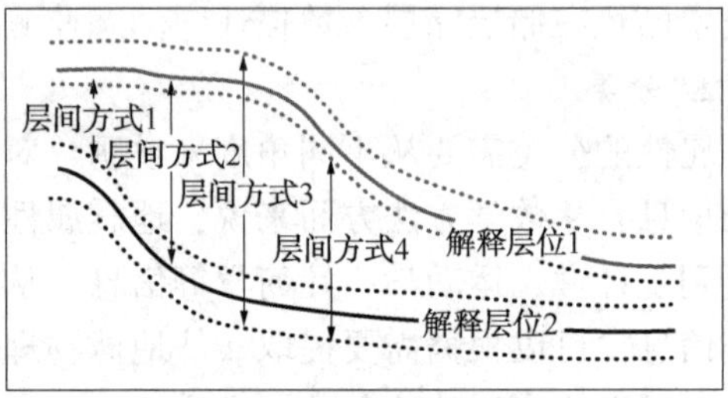

(b) 层间属性提取方式

图 4-1 沿层属性提取方法示意图

4. 常见地震属性及其应用

地震属性分析的目的是综合多种地震数据属性，通过地震属性剖面图、地震属性平面图、地震岩相划分，结合测井和岩石物理结果，把它转化成岩石和流体性质的数据，来进行储层或者油藏描述。

(1) 地震波振幅属性

振幅是指振动的物理量可能达到的最大值，它是表示振动范围和强度的物理量。地震波振幅是地震波的动力学性质之一，研究地震波振幅在地震勘探中具有极重要的意义。地震波从激发、传播到被接收，其振幅随传播距离的增加而衰减。地震波振幅衰减，往往造成深层反射波的振幅比浅层反射波振幅小几百倍至数万倍，有时甚至得不到深层反射波。

地震波振幅和波形变化的影响因素很多，主要有三类：第一类是激发条件的影响，包括激发方式(爆炸或其他)、激发强度、组合激发的效应、震源与地面的耦合状况等；第二类是地震波在传播过程中受到的影响，包括波前扩散、地层吸收、反射系数大小、透射损失、入射角大小、多次反射、波型转换等造成的衰减；第三类是接收条件的影响，包括检波器、放大器及记录仪的频率特性对波的改造，检波器的组合效应，检波器与地面的耦合状况等。

除此之外，反射界面的弯曲和粗糙程度也对地震波振幅有影响，地下凸界面使反射波分散，振幅减弱；而凹界面有聚焦作用，使反射振幅增强。界面的粗糙会产生散射使振幅变弱。波前扩散、地层吸收、透射损失、反射系数大小、波的散射等因素是影响地震波振幅衰减的主要地质因素。

地震波振幅类属性是以能量的大小以及相位极性来反映波形情况。一般来说，振幅属性能够提供以下有用信息：在储层内部可以用来识别含气和含流体、分析总体的岩性以及孔隙情况，同时在沉积相上可解释某些类型的礁、河道和三角洲砂体，在构造上可以用来解释不整合面、调谐效应以及层序地层变化等。此外，振幅属性在横向上的一些变化在地层解释上有很大作用，可以将反射层内的稳定地层从杂乱地层和丘状反射层中识别出来。通常情况下，稳定地层的振幅最大，其次是丘状反射层，最后是杂乱地层。在实际资料分析中，比较常见的振幅以及其描述和应用见表 4-2。

表 4-2　常见振幅定义、描述和应用

属性类别	描　述	应　用
均方根振幅	时窗内将振幅平方的平均值再开平方	适合于地层的砂泥岩百分数含量分析，也用于地层岩性相变分析，计算薄砂层厚度，识别亮点、暗点，指示烃类显示，识别火成岩等特殊岩性
平均绝对值振幅	时窗内振幅绝对值的平均值	适用于地层的岩性变化趋势分析，地震相分析，也可用于地层岩性相变分析，计算薄砂层厚度，识别亮点、暗点，指示烃类显示，识别火成岩等特殊岩性
最大波峰振幅	分析时窗内的最大正振幅值	适合绘制层内或沿着特定的反射体上的振幅异常图，适用于沿某一层面进行储层分析，也可用于地层岩性相变分析，计算薄砂层厚度，识别亮点、暗点，指示烃类显示，识别火成岩等特殊岩性
平均波峰振幅	时窗内正振幅的平均值	适合研究某一层的岩性变化，也可用于地层岩性相变分析，计算薄砂层厚度，识别亮点、暗点，指示烃类显示，识别火成岩等特殊岩性
最大波谷振幅	时窗内最小负振幅值(负振幅值中最大绝对值)	适合绘制层序内或沿着特定的反射体上的振幅异常图，其应用和最大波峰振幅属性相同
平均波谷振幅	时窗内负振幅绝对值的平均值	平均波峰振幅极性相反，应用相同
平均振幅	时窗内的振幅值相加，总数除以非零采样点数得到	适合于研究岩性趋势变化，可用于岩性解释，也可用于地层岩性相变分析，计算薄砂层厚度，识别亮点、暗点，指示烃类显示，识别火成岩等特殊岩性

续表

属性类别	描　述	应　用
总绝对值振幅	时窗内的所有道的绝对值振幅值	适合大套地层变化趋势分析和某一岩性的含量分析，也可用于地层岩性相变分析，计算薄砂层厚度，识别亮点、暗点，指示烃类显示，识别火成岩等特殊岩性
总振幅	在层内对采样点求取总的振幅值	适合大套地层变化趋势分析，也可用于地层岩性相变分析，计算薄砂层厚度，识别亮点、暗点，指示烃类显示，识别火成岩等特殊岩性

注：亮点：地震波出现振幅增强的现象。暗点：地震波振幅局部减弱的现象。时窗：做合成记录时的特征子波长度所对应的时间。

(2) 复数道属性

将每一个道进行希尔伯特变换，就可以得到对应的复数道属性。复数道属性包括五种，三瞬属性(平均反射强度、平均瞬时相位、平均瞬时频率)、反射强度斜率以及瞬时频率斜率。

平均反射强度：反射强度可认为是与相位无关的振幅值，它是地震数据的包络。取平均值即得到平均反射强度。对于每一个时间采样点，反射强度由下式计算：

$$反射强度=[(实地震道)^2+(虚地震道)^2]^{1/2}$$

平均反射强度对于检测由于岩性和地层改变而引起的时间序列振幅值上的变化很有帮助，也对由于气体和流体聚集，不整合和调谐效应而引起的振幅异常识别很有帮助。平均反射强度突出振幅的异常，可用于识别火成岩、砾岩体、盐丘等形成的振幅异常；识别三角洲河道、洪积扇等地质现象，适合于大套地层、不适于薄层。

平均瞬时相位：瞬时相位描述的是相位移(由时间序列的实组分和虚组分组成的旋转向量)和实轴(时间的函数)之间的角度。平均瞬时相位提供地震时间间隔内的总的相位特征的平均值。相位上的横向变化可能与沉积物中的流体容量改变或是一个层序中地层特征的变化有关。平均瞬时相位反映地震反射层的相位特性，可确定地层的尖灭点、帮助对比解释超覆、尖灭等不整合界面。

瞬时相位计算式如式(4-1)所示：

$$\theta(t)=\arctan[x_r(t)/x_i(t)] \tag{4-1}$$

式中　x_r、x_i——实组分和虚组分。

平均瞬时频率：瞬时频率表示以时间为函数的瞬时相位的变化率，它是对相位地震道的斜率的估值，是相位的导数。平均瞬时频率与气体饱和度或地层断裂，或岩性及地层改变相联系，可检测含气层、识别小断层、裂缝带等吸收系数大的地层。

瞬时频率计算式如式(4-2)所示：

$$f(t)=\frac{\mathrm{d}\theta(t)}{\mathrm{d}t} \tag{4-2}$$

反射强度斜率：反射强度的斜率反映反射强度的变化梯度，可用于识别不同时代的地层的分别范围。如果反射强度在整个间隔内保持不变，其斜率将接近零值；如果反射强度到间隔底部是逐渐增加的，则斜率值是正值；如果反射强度到间隔底部是逐渐减少的，则斜率值是负值。一个储层的流体体积改变，反射强度的斜率在响应上也会改变。

瞬时频率斜率：频率垂向上的变化常常是由气体饱和度的吸收效果或是裂缝引起的，特别是在气层下的含气砂体可立即显示出频率渐变带，而在更低的反射体中频率逐渐增加。这个垂向变化可由瞬时频率的斜率检测出来，可做气体区域的横向绘图。

复数道属性提供一些有用信息，包括识别含气和含流体、总体的岩性、某些类型的礁、河道和三角洲砂体、不整合面、调谐效应以及层序地层变化。表 4–3 为常见复数道属性及其应用对应表。

表 4–3 常见复数道属性及其应用对应表

属性类别	应　　用
平均反射强度	识别亮点、暗点和平点，经常用来判断横向流体、岩性和地层的变化，由于是复数道的绝对值，会使得垂向分辨率降低
平均瞬时频率	用来估算吸收衰减，储层中油气会导致高频成分的减少，帮助测量地震间隔的循环性
平均瞬时相位	一般可以增强储层内的弱反射，但也会增强噪声。碳氢化合物会导致相位变化，因此可以和其他属性一起识别烃类
反射强度斜率	在描述垂直地层层序和四维地震监测中的储层流体变化非常有用
瞬时频率斜率	吸收衰减率的指示，气油水会导致不同的衰减程度，这种性质可以在高分辨率数据中识别流体的边界

（3）频谱属性

频谱属性提供了几种描述能量谱的方法。一共包括主频系列、有效带宽测定、弧长、平均零交叉频率、峰值谱频率以及波峰到最大频率的谱斜率六种频谱类的属性。

主频系列：所确定时窗内的每一个输入道的估算值是由能量谱中的三个最主要频率分量组成包括低频段峰值、中间频段峰值、高频段峰值。

有效带宽：数据体时窗内的有效带宽是由数据体的零延时的自相关函数值除以采样周期与道两边所有自相关函数值之和的乘积。有效带宽被看作是定量化的相似数据体，狭窄的带宽就是比较相似的数据体，较宽的带宽是不太相似的数据体。因此，宽的带宽表示非均质的反射特征，被认为是复杂的地层；窄的带宽表示的是较简单的或平滑的反射特征，被认为是均质的地层模式。在一个狭窄的带宽区域，低振幅，高频，连续的平行反射代表了低能量沉积环境，认为是深海页岩。

弧长：被定义为地震道的波形长度，是在时窗内对所有地震道的变化范围的比例测量。假设用地震道的波形样式绘制地震道曲线，然后一根绳子放在地震道上跟着每个波形波动，地震道的弧长就是当绳子伸展开的总长度。页岩和砂岩的界面，一般有一些突变和高阻抗的反差，弧长就用于页岩层序和含砂量较高的层序之间的识别，带宽越小，弧长就越接近总绝对值振幅。

峰值谱频率：对于所确定时窗内的每一输入道，峰值谱频率的估算值是由能量谱中单一的最主要的频率组分组成。峰值谱频率相似于主频系列，主频系列估算值是由能量谱中的三个最主要的频率段组成。峰值谱频率提供了一种追踪主频特征的方法。主频特征可能受油气饱和度、断裂、岩性、地层变化等因素影响。例如，油气饱和砂体吸收了较高的地震频率，就会出现较低的峰值谱频率值。

（4）时间序列属性

时间序列属性一共有12种属性，包括正负采样点比、能量半衰时、能量半衰时斜率、大于以及小于门槛的百分比等，集中在能量序列、极性对比以及振幅门槛分析。时间序列属性可以用来识别岩性序列，得到层序地层图，对振幅异常值进行描述。表4-4列出了主要时间序列属性描述及其应用。

表4-4　主要时间序列属性描述及应用说明表

属性类别	描　述	应　用
能量半衰时	时窗内能量总和衰减一半时所在点的时窗位置	能量半衰时的横向变化可表示地层或流体含量变化
正负采样点比	时窗内正值数量除以负值数量	可用来解释地层的调谐现象
大于(小于)门槛的百分比	时窗内振幅绝对值大于(小于)某个给定的门槛值的个数所占的百分数	可用来识别不同的地层情况，在地震数据的时间域内以及拾取的反射层中，可以在底图中得到振幅异常

5. 四维地震属性分析内容

通过四维地震技术进行CO_2地质封存利用的研究是一套系统化的流程，主要分为采集、处理和解释三大流程。其中后期四维地震研究内容主要包括，地震资料与岩石物理可行性评价、原始地震资料的重复性评价、地震资料的四维处理与解释、储层内剩余油分布与预测和四维地震采集处理与解释的经济性评价等内容。

在实际四维地震工作过程中，地震数据的采集和处理是在不同时间点完成的。由于采集时外界环境的不同、近地表的不同、采集仪器以及参数不同，还有处理过程中可能的处理人员、处理技术和所用软件及参数的不同，因此，四维地震处理过程中要特别注意采集参数的一致性以及处理流程的一致性。

（1）属性的选择

使用不同时间点的地震结果进行四维分析，对于储层区域，应具有是能反映储层性质发生变化的属性；对于盖层等非储层区域，相关属性应该不发生变化，也就是不同时间的属性应该有较高的一致性。为了评价一致性，可以在地震剖面中计算某一时窗的一致性，例如，频谱一致性、时间偏移误差、振幅比率以及振幅差异均方根等。

一致性计算使用较多的是归一化均方根差、相似系数。归一化均方根差是在相同的时窗和频率带条件下进行计算，数值在0~2之间，接近0表示极性相近，有较高的一致性；接近2则说明极性不同，一致性差。

相似系数是不同时间点地震数据相似性的度量值，相似系数越大，说明一致性越高。相似系数计算式如式(4-3)所示。

$$\rho_{xy(N_1,\ N_2)} = \frac{\sum_{n=N_1}^{N_2} x_n y_n}{\left(\sum_{n=N_1}^{N_2} x_n^2 \sum_{n=N_1}^{N_2} y_n^2\right)^{1/2}} \tag{4-3}$$

式中　x和y——地震属性；

N——时间次数，下标 1、2 表示具体次数。

(2) 属性优化

解释人员利用经验或数学方法，优选出对预测目标最敏感(或最有效、最有代表性)的、个数最少的地震属性或多个地震属性组合，提高预测精度，改善与地震属性有关的处理及解释结果。

在 CO_2 地质封存利用过程中，地震监测的理想结果是非储层区域的四维属性平面图中没有变化或变化很小，储层区域变化相对明显。但是，即使不同时间点的采集参数一致、处理一致，也很难保证非储层区域的完全一致，需要优化处理四维属性分布校正。

在四维地震资料处理之后，首先会得到不同时间的地震属性初步数据，绘制储层和非储层区域属性的分布直方图以及平面顺层切片图，然后对非储层区域不同时间点数据进行校正，使数据差异尽量最小，这样能够消除非流体因素；然后将该方法应用到储层之中，得到的最终结果就能够反映储层非流体因素所产生的变化。

(二) 岩石物理理论

1. Gassmann 流体替换方程

地震波弹性参数(地震波速度、阻抗等)与储层的一些重要参数有密切关系。这些储层参数包括孔隙度、岩相、孔隙流体类型(水、油、气)、孔隙流体饱和度、以及孔隙压力。多年来，很多学者都致力于研究地震波速度对这些参数的敏感程度，随着地震采集和地震处理技术的发展，对于地震波弹性参数与储层参数的定量研究更加迫切，从而形成了岩石物理理论。通过地震分析得到孔隙度和岩相信息，首先要建立合理的岩石物理正演模型，来准确描述储层岩石或沉积物的弹性参数。常用的“有效介质模型”有“包含模型(Inclusion models)”和“接触模型(Contact models)”，前者近似于一个弹性块中有一些孔洞，后者近似于若干独立的弹性颗粒互相接触。

忽略介质中不同成分的排列形式，根据 Voigt 模型和 Reuss 模型可确定不同组成成分弹性介质的弹性参数最大值和最小值。Voigt 最大值表示见式(4-4)：

$$M_v = \sum_{i=1}^{N} f_i M_i \tag{4-4}$$

式中 f_i——第 i 种成分的体积分数；

M_i——第 i 种成分的弹性模量，可以是体积模量 K、切边模量 μ、杨氏模量 E 等。此边界值又叫“等应力平均模量(Isostrain average)”，相当于每种成分在承受相等应力情况下的平均应变与平均应力比值，是混合弹性体的最大弹性模量值。

Reuss 最小值见式(4-5)：

$$\frac{1}{M_R} = \sum_{i=1}^{N} \frac{f_i}{M_i} \tag{4-5}$$

此边界值又叫“等应变平均模量(Isostress average)”，相当于每种成分在发生相同应变情况下的平均应变和平均应力比值，是混合弹性体的最小弹性模量值。孔隙介质越硬，弹性模量越接近 M_v；孔隙介质越质软，弹性模量越接近 M_R。

Gassmann 流体替换方程是基于 M_R 表达式得到的，首先：

$$\frac{1}{K_{rock}}=\frac{1}{K_m}+\frac{\varphi}{K_{t\varphi}} \tag{4-6}$$

$$K_{t\varphi}=K_m+K_{fluid} \tag{4-7}$$

式中 K_{rock}、$K_{t\varphi}$、K_m、K_{fluid}——岩石整体、岩石孔隙整体(包括岩石孔隙本身及其中流体)、岩石基质、岩石孔隙流体的体积模量；

φ——孔隙度。

岩石孔隙中流体变化时，近似于只有 K_{fluid} 发生变化，且岩石的切变模量不随流体的变化而变化，可推导出：

$$K_{dry}=\frac{K_{sat}\left(\frac{\varphi K_m}{K_{fluid}}+1-\varphi\right)-K_m}{\frac{\varphi K_m}{K_{fluid}}+\frac{K_{sat}}{K_m}-1-\varphi} \tag{4-8}$$

$$K_{sat}=K_{dry}+\frac{\left(1-\frac{K_{dry}}{K_m}\right)^2}{\frac{\varphi}{K_{fluid}}+\frac{1-\varphi}{K_m}-\frac{K_{dry}}{K_m^2}} \tag{4-9}$$

$$\mu_{sat}=\mu_{dry} \tag{4-10}$$

式中 K_{sat}、K_{dry}——饱和流体岩石和干岩石的体积模量；

μ_{sat}和μ_{dry}——两者的切变模量，以上三式就是 Gassmann 流体替换方程。

Gassmann 方程也有其应用的局限性：①首先，计算出来的是理想的干岩石体积模量，它假设干岩石的孔隙所占的空间是真空的，而实际的干岩石孔隙空间是有气体的。②Gassmann 方程是建立在静力平衡条件下，所以波的频率要足够低，才能保证波在经过孔隙时能达到稳定的平衡状态，即 Gassmann 方程只适用于低频。③Gassmann 方程只适用于各向同性介质，对于轻微各向异性介质，Gassmann 方程会将孔隙流体对岩石纵波速度 v_p 和岩石横波速度 v_s 的敏感度放大或缩小。④只适用于含单一矿物的岩石，对于多种矿物岩石，可近似取其平均值。

2. 各种弹性参数和储层参数的计算方法

对于均匀各向同性弹性介质，纵波速度、横波速度、体积模量、切变模量的关系如下：

$$v_p=\sqrt{\frac{K+\frac{4}{3}\mu}{\rho}} \tag{4-11}$$

$$v_s=\sqrt{\mu/\rho} \tag{4-12}$$

式中 v_p——岩石的纵波速度，km/s；

v_s——岩石的横波速度，km/s；

ρ——岩石密度，g/cm³；

K——岩石的体积模量，Pa；

μ——岩石切变模量，Pa。

岩石的整体密度一般由式(4-13)及式(4-14)计算：

$$\rho=\varphi\rho_{\mathrm{m}}+(1-\varphi)\rho_{\mathrm{fluid}} \tag{4-13}$$

$$\rho_{\mathrm{m}}=\frac{\rho_{\mathrm{dry}}}{1-\varphi} \tag{4-14}$$

式中 ρ_{m} 和 ρ_{fluid}——岩石基质和孔隙流体的密度，g/cm^3；

φ——岩石的孔隙度。

对含泥量少的砂岩，φ 可为总孔隙度，但对于含泥量较多的砂岩或泥岩，泥质应该作为矿物成分还是孔隙成分不是那么明确，所以一般用有效孔隙度进行计算。而且，矿物的体积模量和切变模量也应进行泥质校正。

孔隙混合流体的体积模量可根据式(4-15)计算：

$$\frac{1}{K_{\mathrm{fluid}}}=\frac{S_{\mathrm{w}}}{K_{\mathrm{w}}}+\frac{S_{\mathrm{o}}}{K_{\mathrm{o}}}+\frac{S_{\mathrm{CO_2}}}{K_{\mathrm{CO_2}}} \tag{4-15}$$

式中 S_{w}、S_{o}、$S_{\mathrm{CO_2}}$——孔隙中水、油和 CO_2 的饱和度；

K_{w}、K_{o}和 $K_{\mathrm{CO_2}}$——孔隙中水、油和 CO_2 的体积模量，Pa。

孔隙中混合流体的密度可根据式(4-16)计算：

$$\rho_{\mathrm{fluid}}=S_{\mathrm{w}}\rho_{\mathrm{w}}+S_{\mathrm{o}}\rho_{\mathrm{o}}+S_{\mathrm{CO_2}}\rho_{\mathrm{CO_2}} \tag{4-16}$$

式中 ρ_{w}、ρ_{o} 和 $\rho_{\mathrm{CO_2}}$——孔隙中水、油和 CO_2 的密度，g/cm^3。

根据阿尔奇公式，由电阻率得到含水饱和度 S_{w}，见式(4-17)：

$$S_{\mathrm{w}}=\left(\frac{aR_{\mathrm{w}}}{\varphi^{m}R_{\mathrm{t}}}\right)^{\frac{1}{n}} \tag{4-17}$$

式中 R_{w}——该地层温度下地层水的电阻率，Ω · m；

R_{t}——实际测得的地层电阻率，Ω · m；

m——胶结指数；

n——饱和度指数。

CO_2 注入后流体替换的计算流程如下：

① 基于 Wood 模型，计算流体密度及流体体积模量。

② 计算干岩石体积模量 K_{dry}，由饱和岩石的纵、横波速度和密度可知：

$$\mu_{\mathrm{sat}}=\rho_{\mathrm{b}}V_{\mathrm{s}}^{2} \tag{4-18}$$

$$M_{\mathrm{sat}}=\rho_{\mathrm{b}}V_{\mathrm{p}}^{2} \tag{4-19}$$

式中 ρ_{b}——饱和岩石的密度，g/cm^3；

M_{sat}——饱和岩石的弹性模量，Pa。

饱和岩样有效体积模量可以由式(4-20)计算。

$$K_{\mathrm{sat}}=M_{\mathrm{sat}}-\frac{4}{3}\mu_{\mathrm{sat}} \tag{4-20}$$

为计算干岩石体积模量 K_{dry}，引入变量 a 和 b。

$$a=\varphi\frac{K_{\mathrm{m}}}{K_{\mathrm{fluid}}}+1-\varphi \tag{4-21}$$

$$b=\varphi\frac{K_{m}}{K_{fluid}}+\frac{K_{sat}}{K_{m}}-1-\varphi \tag{4-22}$$

孔隙基质体积模量、流体体积模量和孔隙度可从测井曲线获得，K_{dry} 可以表示为：

$$K_{dry}=\frac{aK_{sat}-K_{m}}{b} \tag{4-23}$$

③ 计算 CO_2 注入后流体密度和流体体积模量，根据已知流体的密度及饱和度就可以得到替换后的流体密度，同样，根据已知流体的体积模量即可得到替换后流体的体积模量，此时：

$$\rho'_{fl}=S_{o}\rho_{o}+S_{w}\rho_{w}+S_{CO_2}\rho_{CO_2} \tag{4-24}$$

$$K'_{fl}=\frac{K_{o}K_{w}K_{CO_2}}{S_{o}K_{w}K_{CO_2}+S_{w}K_{o}K_{CO_2}+S_{CO_2}K_{o}K_{w}} \tag{4-25}$$

式中　ρ'_{fl}、ρ_{o}、ρ_{w} 和 ρ_{CO_2}——CO_2 替换后的流体、油、水和 CO_2 的密度，g/cm^3；

K'_{fl}——替换后流体的体积模量，Pa。

④ 计算替换后的岩石密度及纵、横波速度，基于测井饱和度曲线及替换后流体密度 ρ'_{fl}，CO_2 驱替后饱和岩石的密度可以表示为：

$$\rho'_{b}=(1-\varphi)\rho_{m}+\varphi\rho'_{fl} \tag{4-26}$$

式中　ρ'_{b}——替换后饱和岩石的密度，g/cm^3。

CO_2 替换后饱和岩石体积模量 K'_{sat} 可以由式(4-27)表示。

$$K'_{sat}=K_{dry}+\frac{\left(1-\frac{K_{dry}}{K_{m}}\right)^{2}}{\frac{\varphi}{K'_{fl}}+\frac{1-\varphi}{K_{m}}-\frac{K_{dry}}{K_{m}^{2}}} \tag{4-27}$$

CO_2 替换后的饱和岩石弹性模量 M'_{sat} 可以表示为：

$$M'_{sat}=K'_{sat}+\frac{4}{3}\mu_{sat} \tag{4-28}$$

CO_2 替换后的纵、横波速度也可依据式(4-11)、式(4-12)计算，参数值为替换后的对应数值。

(三) 噪声影响分析

四维地震监测中，考虑 CO_2 注入过程中流体替换和压力变化造成的振幅差异会被噪声覆盖，不同时间点采集的地震资料噪声程度不同，也会带来差异噪声并可能被解释为 CO_2 流体和压力变化而造成解释陷阱。为了研究噪声对 CO_2 流体识别和地层压力变化的影响，需要建立地震波正演模型，并模拟 CO_2 注入过程的储层变化。再对模型加入不同程度的噪声，分析不同信噪比下 CO_2 振幅差异的被覆盖程度。

(四) CO_2 封存利用四维地震监测实例

1. 胜利油田 CO_2 混相驱与地质封存

胜利油田正理庄油田高 89 区块位于博兴洼陷南坡金家-樊家鼻状构造带上，该带为多含油层系、多油气藏类型的复式油气聚集带(图 4-2)。高 89 区块沙四段含油系发现于

1995 年，2004 年高 89 区块中的高 89－1 井区投入开发。为了提高采收率，胜利油田于 2008 年 1 月在高 89－1 井区进行 CO_2 混相驱与地质封存先导试验。2018 年前，该区拥有国内唯一的四维地震资料，两份地震资料分别采集于 1992 年与 2011 年。高 89－1 井区为南北两条断层夹持的断块区域，井区内地层西南高东北低，地层倾角 5°～8°，油藏埋深 2350～3400m，孔隙度范围为 5.1%～18.5%；渗透率范围为 $0.077\times10^{-3}\sim23.8\times10^{-3}\mu m^2$，属于低孔隙超低渗透储层，该区储层为砂泥互层储层。2008 年初 CO_2 注入前，共投产油井 15 口；到 2011 年冬季采集监测三维地震资料时，共有四口 CO_2 注入井。利用高 94 井的测井资料和两次采集的三维地震，监测对比 CO_2 注入区内外的参数变化。

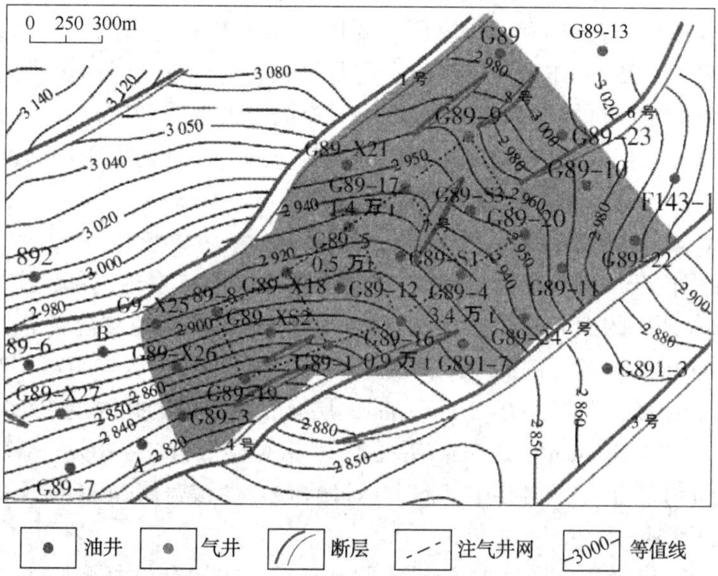

图 4－2　胜利油田高 89 区块 CO_2 混相驱与地质封存部署图

在 CO_2 注入驱油与地质封存中，储层内混合流体饱和度、矿化度等参数也会发生变化，如表 4－5 所示。

表 4－5　高 89 区块 CO_2 注入前后储层参数变化对比表

参　数	CO_2 注入前(2004 年初)	CO_2 注入后(2011 年底)
温度/℃	129	120
原油 API 值	31	不变
天然气相对密度	1.22	不变
气油比/(m^3/m^3)	46.7	不变
矿化度/(mg/L)	62428　$CaCl_2$	不变(没有注水)
孔隙压力/MPa	原始储层压力 42.6	30
含油饱和度/%	62.5(平均值)	57.5(平均值)
上覆地层压力/MPa	62.3	不变
地面原油密度/(g/cm^3)	0.872	不变

续表

参　数	CO_2 注入前(2004 年初)	CO_2 注入后(2011 年底)
矿物质体积模量/GPa	石英 37；长石 37.5；灰岩 72；泥岩 21	不变
矿物质切变模量/GPa	石英 44；长石 15；灰岩 33.5；泥岩 7	不变

在 CO_2 注入过程中，孔隙压力是逐渐增大的，但是在该区的实际生产资料中，由于 CO_2 注入之前的抽采导致储层压力下降严重。因此，高 89 区块 CO_2-EOR 前期孔隙压力低于原始储层压力，而高 94 井为采油井，其含油饱和度以及地层压力都是降低的。

高 89 区块于 2008 年进行 CO_2 混相驱油提高采收率，高 94 井为采油井，随着原油的开采，地层压力降低，含油饱和度也降低。要进行注入 CO_2 之后的纵、横波速度的预测，建立正反演模型以及解释四维地震资料，利用基于岩石物理以及经验公式的方法进行流体替换之后的纵、横波速度的预测。结果表明，只有同时考虑饱和度以及压力的变化才是最符合实际的，而在该区压力的变化所引起的地震响应的变化远远大于饱和度变化所引起的地震响应。

2. 加拿大 Weyburn 项目

Weyburn 油田位于加拿大萨斯喀彻温省东南部，Williston 盆地内部，主要储层位于 Mississippian Charles 地层的 Midale 层，油层在大约 30m 厚的压裂碳酸盐岩中。储层由两部分构成：上部的 Marly 层以及下部的 Vuggy 层，其中 Marly 层由白云岩组成，厚度为 0~10m；Vuggy 层由石灰岩组成，厚度为 0~20m。Marly 层有相对较高的孔隙度(16%~38%)、相对较低的渗透率($1\sim50\times10^{-3}\mu m^2$)；Vuggy 层孔隙度相对较低(8%~20%)，渗透率相对较高($10\sim300\times10^{-3}\mu m^2$)。在 CO_2 封存中，向上运移的 CO_2 会被盖层 Midale 蒸发岩阻挡，可以有效防止 CO_2 的泄漏。

该油田于 1964 年投产，经过 36 年的水驱开采后，2000 年 9 月开始注入 CO_2 提高采收率，注入速度为 $269\times10^4m^3/d$，单井的注入速度为 $4\times10^4\sim30\times10^4m^3/d$。1999 年 12 月开始进行第一次三维地震数据采集，2001 年 12 月和 2002 年 12 月进行第二次、第三次地震数据采集，截至 2015 年已经采集 8 次三维地震数据。由于 1999 年与 2002 年地震数据采集观测系统一致性好，所以采用 1999 年和 2002 年两次的地震数据研究 CO_2 注入前后的属性差异，如图 4-3 所示。

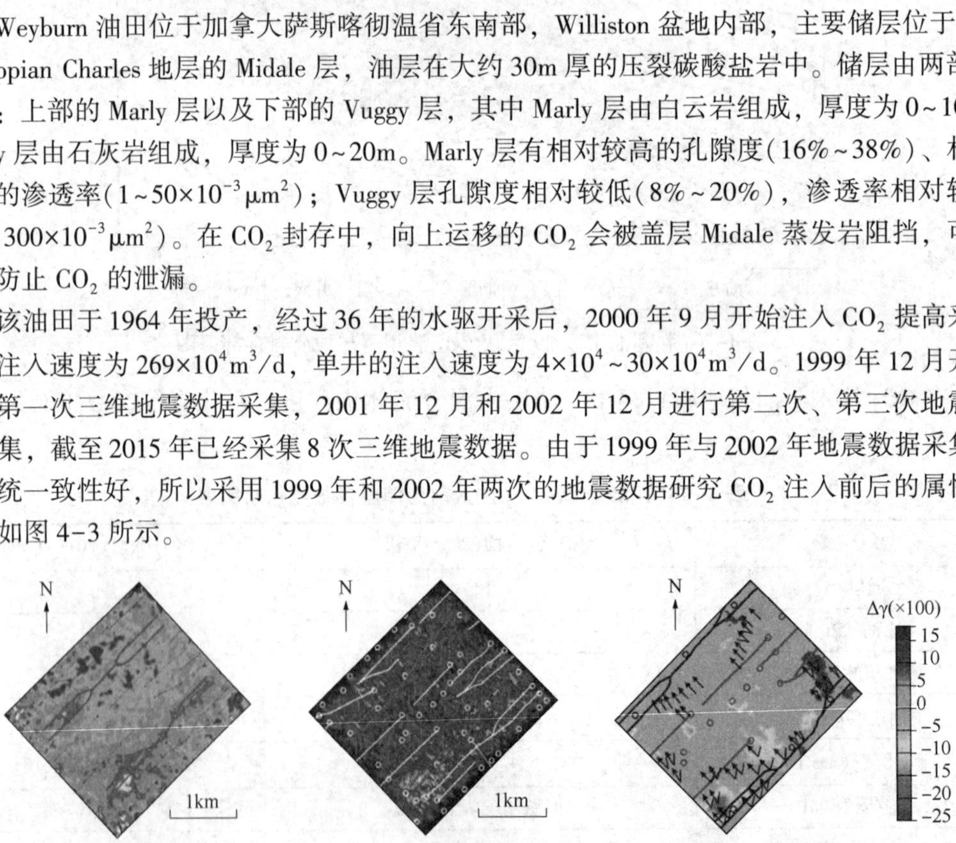

(a) 纵波均方根振幅属性切片　(b) 横波均方根振幅属性切片　(c) 注CO_2后产生的横波分裂现象

图 4-3　加拿大 Weyburn 油田 CO_2 注入项目地震监测结果图

通过 Gassmann 流体替换方程可以得到 CO_2 注入前后以及不同 CO_2 饱和度下的地震波速度变化，然后计算出反射系数，继而通过人工合成地震记录得出注入前后的振幅变化。CO_2 注入后，随着孔隙压力以及 CO_2 饱和度的增加，纵波均方根速度降低。替换后总体振幅均降低，而且随着 CO_2 注入量增加，振幅变化越明显。

将一个盖层和一个储层作为目标层，盖层提取了均方根振幅、平均振幅、最大波峰振幅、平均反射强度、平均瞬时频率、平均瞬时相位，求取盖层属性的相似性以及重复性，以此为标准筛选储层属性。为获取对背景非重复噪声的估计，选取地震数据中一段时窗计算成像的重复性，包括频谱一致性计算、相关系数、时间偏移误差、振幅比率以及振幅差异的均方根。

注入 CO_2 后，储层部分被 CO_2 充填，CO_2 饱和度增加，由于气体对地震波有强烈吸收，导致检波器接收到的能力降低，振幅降低。

二、垂直地震剖面技术(VSP)

(一) VSP 技术定义

VSP 定义为在地表设置震源激发地震波，在井内安置检波器接收地震波，即在垂直方向观测人工场，然后对所观测得到的资料经过校正、叠加、滤波等处理，得到垂直地震剖面如图 4-4 所示。垂直地震剖面是相对常规水平地面地震而言(图 4-5)。

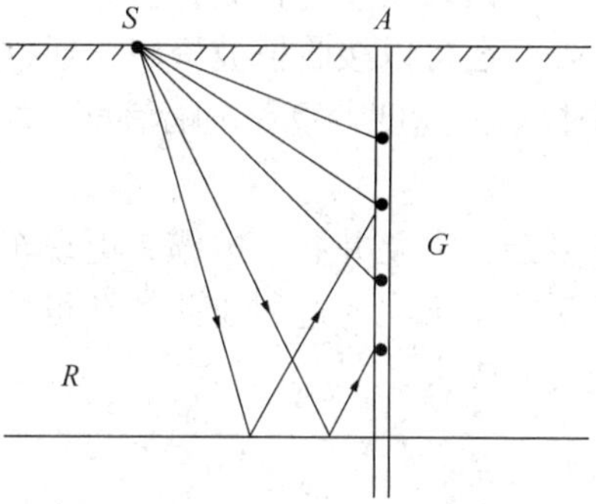

图 4-4　垂直地震剖面技术示意图

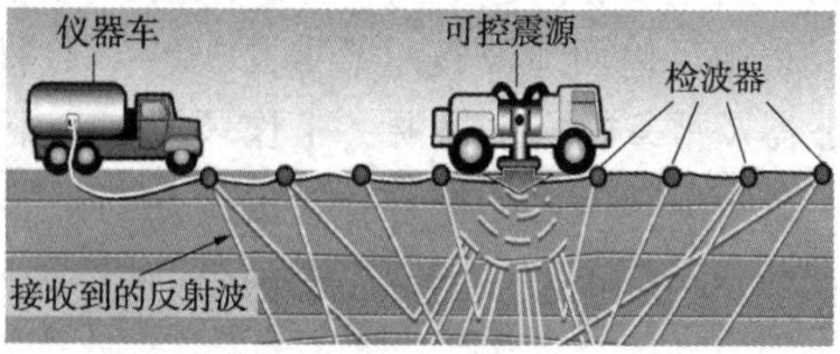

图 4-5　常规水平地面地震示意图

VSP 技术是将接收系统置于井中进行观测的一种地震勘探技术，它减少了表层低速带对地震波高频信号的衰减作用。对于 VSP 观测，浅层影响是单程的，使得接收的地震信号比地面地震有更高的分辨率。

VSP 采集装备包括：井口震源、井下检波器、记录仪器、电缆、参考波器。

在垂直地震剖面中出现多种地震波(图 4-6)，如上行波(一次反射波)、多次上下波、下行波(初至直达波)、多次下行波、井筒波、电缆波等其他干扰波。按照波的类型可分为直达初至波、一次反射波、多次反射波；按照波传播到接收点的方向，可以分为下行波、上行波如图 4-7 所示。

下行波：来自接收点上方的波(直达波和下行多次波)。

上行波：来自接收点下方的波(一次反射波和上行多次波)。

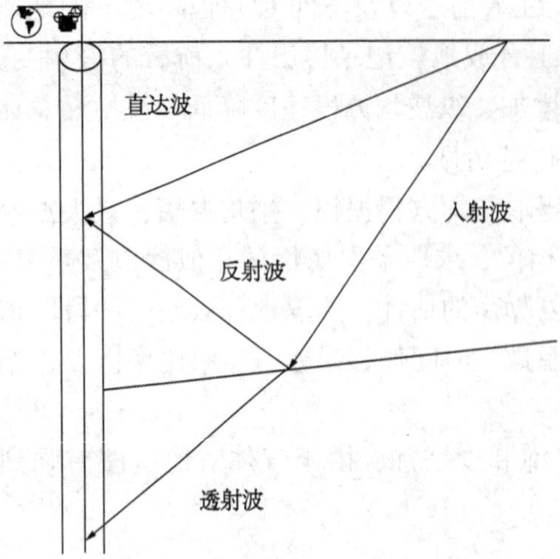

图 4-6　VSP 技术波的类型

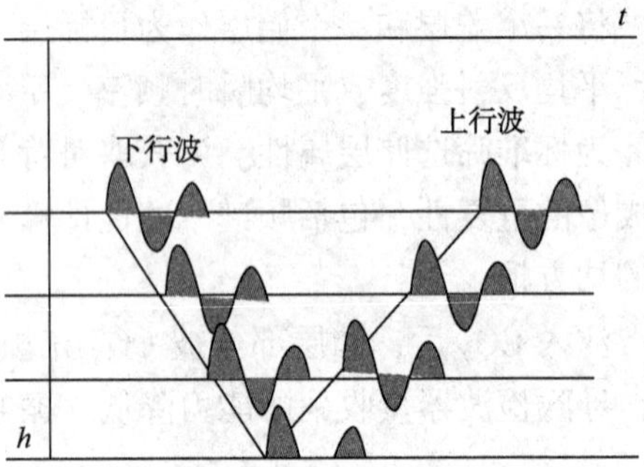

图 4-7　VSP 上、下行波示意图

（二）VSP 技术优缺点

VSP 的优点体现在六个方面：①VSP 是在井中观测的，研究地质剖面的垂直变化，同地面地震勘探相比，地震波运动学和动力学特征明显；②VSP 有较高的信噪比，波的畸变小，干扰少；③垂直地震剖面可直接记录与界面有关的较纯的子波波形，VSP 资料只一次经过表层，主频衰减小，有较高的分辨率；④VSP 可同时记录上、下行波，便于对地震波的方向特性进行研究；⑤利用三分量观测，除纵波之外，还可以接收横波资料，通过定量分析，有利于研究地层岩性和波的性质；⑥从 VSP 中提取的速度参数、振幅信息、岩性参数等比地面地震容易、真实，有较高的保真度。

VSP 相对地面地震有三个主要缺点：①采集工艺复杂，需要井孔、电缆、电缆车、井下检波器及重复性好的震源，工作环节多且繁琐；②仅能用于注入过程监测和获得井周和井间一定距离范围内的信息；③占用井场时间长、经费开支大。

（三）VSP 技术类型

1. 零井源距 VSP 技术

零井源距 VSP 技术是将炮点布置在井口附近，井口激发，井中接收的一项 VSP 技术。其偏移距一般为几十米至百米左右。在井中检波器级数较少的情况下，需不断提升检波器、多次激发，以达到全井段观测的目的。具体操作是先把检波器下到井底，每激发一次，检波器由井底向上提升一次。在地下界面水平、井竖直的情况下，零井源距 VSP 方法在横向上只是一个菲涅尔带的反射，因此零井源距 VSP 也称为一维 VSP。

2. 非零井源距 VSP 技术

非零井源距 VSP 方法是指将炮点布置在离井口稍远的固定位置激发，井中接收的 VSP 技术。该方法的偏移距可以达到数百米至几千米。零井源距 VSP 实际上是一维观测，只探测沿井柱菲涅尔带内的地层变化，不能了解井旁构造和地层岩性的变化。非零井源距 VSP 是二维观测，可以得到井旁小剖面，具有较高的垂向和横向分辨率。实践证明，非零井源距 VSP 观测不仅能接收纵波，还可以接收较强的转换横波信息。

3. 变井源距 VSP 技术

变井源距 VSP 技术也叫作变偏移距 VSP 技术、Walkaway VSP 技术，是在地表沿一跨井的直线激发、或者从井口往外沿一直线单边激发，井中放置三分量检波器接收的一项井筒物探技术。采用远近多炮点激发的方式，能够接收到不同偏移距炮点激发的反射资料，因此，与非零井源距 VSP 技术资料相比，可以弥补非零井源距 VSP 剖面最深检波点以下反射盲区的不足。同时，也使得各反射点具有更高的覆盖次数，资料的信噪比更高，也有利于在后续处理中进一步提高资料的垂向分辨率。

此外，VSP 技术还包括方位 VSP 技术、三维 VSP 技术、逆 VSP 技术、随钻逆 VSP 技术、多分量 VSP 技术和方向 VSP 技术。

方位 VSP 技术是在井旁不同方位激发地震波，以此来探明不同方位地质情况变化特性的一种方法。

三维 VSP 技术是激发点按所设计的观测系统，围绕井孔逐点激发的一种方法。

逆 VSP 技术是采用井中激发，地面全方位接收的一种观测系统，在保持了资料高分辨率的基础上又扩大了井周区域的成像范围。

随钻 VSP 技术是将钻头作为震源，检波器在地面接收钻头产生的实时信号的一种逆 VSP 技术。

多分量 VSP 技术是采用特殊的多分量震源和多分量检波器进行采集，根据震源和检波器不同，可以分为九分量 VSP 技术、四分量 VSP 技术和三分量 VSP 技术。

方向 VSP 技术是针对海上斜井的一种采集系统，震源在船行驶中激发，使激发位置位于检波器之上，在井口处还另外布置一个震源。

(四) VSP 资料处理

1. 零井源距 VSP 资料处理

零井源距 VSP 资料处理主要包括数据编辑、子波校正、子波整形、初至拾取、速度分析、波场分离、反褶积和走廊叠加等步骤。

VSP 大多数的处理和解释都以假设每个深度道有相同震源子波波形为基础。但实际观测时，由于受井中检波器级数的限制，大多采用多次激发、检波器提升的方式完成全井段的资料采集。这样就不可避免地会产生震源子波波形不一致的情况。为了解决这一问题，在零井源距 VSP 资料采集时，往往于大井(观测井)和炮井之间放置一监控检波器来记录震源子波，在资料处理时可以利用监控检波器记录的子波，对每炮对应的井下记录作子波校正处理。

初至拾取是指确定 VSP 每一深度的记录道上初至下行波的起始时间，主要作用是：①建立可靠的时-深关系；②计算高精度的层速度；③标定声波测井曲线；④提供可靠的后续处理参数。初至拾取的具体方法：①样值同号个数；②信号放大；③相关分析法；④相位分析法。

常规反褶积的一个主要困难是地震子波未知，因此，用统计方法对子波估计，但估计精度由于假设条件和存在噪声等原因，往往效果不够理想。VSP 方法的一个重要优点是利用 VSP 下行波可以提取到比较理想的子波。利用该子波可以对上行波进行反褶积处理，也可以对地面地震记录作反褶积处理。

VSP 中每一道的记录都是来自不同炮点和不同深度的检波点。因此无论是震源激发变化或是检波器耦合变化都会使层段顶部和底部的频谱产生明显的差别。

(1) 用初至波振幅极大值近似地确定衰减系数

地震波的振幅随时间或深度的变化大致呈指数规律衰减，用式(4-29)、式(4-30)可表示为：

$$A=A_0e^{-\alpha H} \tag{4-29}$$

$$A=A_0e^{-\beta t} \tag{4-30}$$

式中 A——地震波随传播距离变化的振幅，m；

A_0——震源激发的初始振幅，m；

H——深度，m；

t——传播时间，s；

α、β——相对于深度 H 或相对于传播时间 t 的吸收系数。

(2) 用振幅谱比法求衰减系数及 Q 值

用振幅谱比法求衰减系数是采用深度 Z_1 和 Z_2 两处记录的初至子波 $g_1(t)$ 和 $g_2(t)$，求其振幅谱 $A_1(f)$ 和 $A_2(f)$，求比值并取对数(不考虑各记录深度处岩石的阻抗、球面发散、记录增益变化、震源变化和检波器耦合等对振幅的影响)。

$$\ln\left[\frac{A(f)}{A_0(f)}\right]=-\frac{\pi f(t-t_0)}{Q} \tag{4-31}$$

虽然零井源距 VSP 资料采集也使用了三分量检波器，但是，由于零井源 VSP 观测偏移距较小，地震波接近垂直方向传播，其能量主要集中在 Z 分量上，因此只需对 Z 分量进行处理。对 Z 分量原始记录进行解编、编辑、剔除试验炮等预处理。图 4-8 为零井源距 VSP 资料处理流程示意图。

2. 非零井源距 VSP 资料处理

非零井源距 VSP 资料处理主要包括静校正、三分量分选、三分量合成、波场分离、VSP-CDP 转换和叠加等。

波场分离是非零井源距 VSP 资料处理中至关重要的环节。非零井源距 VSP 资料的波场分离包括两个方面：不同类型波的分离和上、下行波场的分离。波场分离一般在三分量旋转的基础上进行，因为坐标旋转基本上按照波的传播方向旋转，相当于对波场作了初步的分离。在旋转之后的同一个面上的波场分离仍然根据各种波场不同的视速度进行。常用的有 F-K 滤波法、中值滤波法、τ-P 变换法、参数分解法等。

非零井源距 VSP 技术的成像方法包括射线追踪法和波动方程偏移法两种。但非零井源距 VSP 本身数据量小的特点决定了波动方程偏移法无法取得较好的效果，因此一般都采用射线追踪法，即：在深度域建模、以层状均匀介质为基础进行正演模拟，将模型时间与下行波初至作对比，两者在一定的误差范围内达到一致即认为模型正确。

在 CO_2 封存与利用监测过程中，可以利用 VSP 纵、横波资料求取岩石物性参数，在非零井源距 VSP 勘探中，通过适当的观测系统设计，井中三分量检波器一般都可以接收到较强的转换横波信息，可以借此求取岩石物性参数，如纵、横波速度比，泊松比，体积模量，切变模量等。

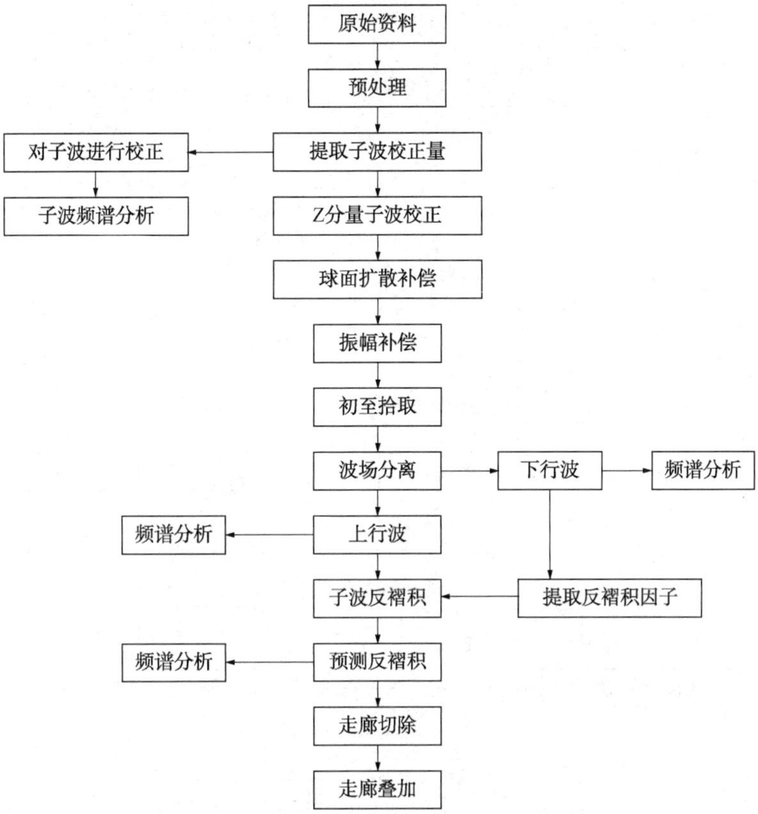

图 4-8 零井源距 VSP 资料处理流程示意图

3. 变井源距 VSP 资料处理

变井源距 VSP 资料处理的总体思路与非零井源距 VSP 方法类似，不但要利用垂直分量 Z 方向的能量，而且要充分利用两个水平分量 X、Y 方向的能量，为此要进行三分量旋转处理。同时，由于多个炮点不在同一位置激发，在三分量旋转之前要进行静校正处理。图 4-9 为变井源距 VSP 资料处理流程图。

（1）静校正

变井源距 VSP 资料不同于非零井源距 VSP 资料，它是多个炮点的 VSP 资料，因此在多个炮点之间应进行严格的静校正处理。而又由于 VSP 检波器是置于井中接收的，所以检波点对于所有的炮点都是一致的，因此不存在检波点的静校正问题。VSP 基准面单程记录时间的炮点静校正量计算公式见式(4-32)：

$$\Delta t=\frac{H_d-H_e}{v} \tag{4-32}$$

式中 H_d——基准面高程，m；

H_e——炮点高程，m；

v——风化层速度，m/s。

（2）三分量旋转

除了考虑垂直分量，还要考虑两个水平分量，因为在偏移距加大的情况下，水平分量

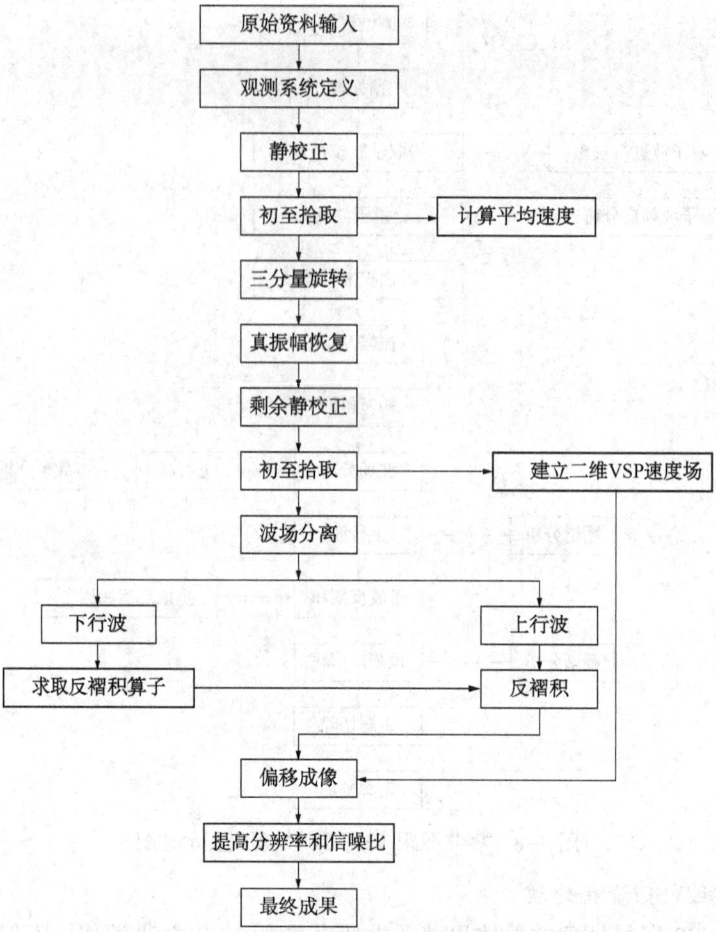

图 4-9　变井源距 VSP 资料处理流程示意图

也可以接收较强的有效波，特别是转换横波信息。同时，在采用检波器多次提升的观测方法时，井中的检波器在不同深度也是不定向的，为此，在波场分离之前要进行三分量旋转处理。

首先假设从地面震源传到井中检波器的第一个直达 P 波的质点运动方向和波的传播方向一致，都在由震源和井确定的竖直平面内，这种直达 P 波的偏振方向是线性的，它在水平面内的投影也是直线。根据这一假设，就可以用直达波偏振方向在水平面内的投影 H_p 作为参考，测出三分量检波器观测时水平分量$(x,\ y)$的相对方位，并可将观测的水平分量的信号转换到以直达 P 波偏振方向在水平面内投影 H_p 为参考的一致坐标系$(x',\ y')$中。转换公式见式(4-33)、式(4-34)：

$$x' = x\cos\theta + y\sin\theta \tag{4-33}$$

$$y' = -x\sin\theta + y\cos\theta \tag{4-34}$$

式中　θ——x 与 H_p 的夹角，直达 P 波的偏振角，°。

在实际处理中，首先将两个水平分量旋转，得到 P 波水平投影的方向和与其垂直的方向信息，称这个方向为 H_R，而与 H_R 垂直的方向称之为 H_T。这是两个水平分量在水平面内的坐标旋转，也称为水平分量定向。

水平分量定向的具体方法一般使用矢端曲线和能量准则法，即：按顺序从两个水平分量取一对样值(x_i，y_i)，将这些样值绘制在 x-y 坐标中，连成曲线，就得到矢端曲线。偏振角 θ 可根据能量准则解析求出，能量达到最大的方位角即为偏振角。

按照偏振角进行水平分量定向后，还要进行竖直平面内的坐标旋转，即将 H_R 与 Z 分量在其所确定的竖直平面内进行旋转，使 H_R 和 P 波的直达波方向相一致，称之为 R_Z。R_Z 方向与 P 波下行波传播方向和 P-S_V 上行波的偏振方向基本一致，另一个方向与其在同一平面内且互相垂直，称之为 R_T。R_T 与 P 波上行波的传播方向和 P-S_V 下行波的偏振方向基本一致。

通过以上两次坐标旋转之后，实际上已经实现了地震波场的初步分离，P 波直达波方向主要集中了 P 波下行波的能量和 P-S_V 上行波的能量，另一与其垂直的方向主要集中了 P 波上行波的能量和 P-S_V 下行波的能量。

这是一般的基于直角坐标系的三分量旋转方法。实际上，只有在 45°入射的情况下，上、下行波才有可能呈现 90°的相互垂直状态，而实际的偏移距和井深都是变化的，因此在实际处理中，有时往往出现旋转之后反而效果不好的情况。

（3）波场分离

与非零井源距 VSP 方法相比，变井源距 VSP 资料的波场分离更具复杂性。仅仅在一个道集内无法完成波场分离，需要在共炮点道集和共检波点道集内同时完成，并且要进行反复去噪，最后才能得到比较理想、单纯的波场。

（4）偏移成像

采用基于波场外推的二维 VSP 波动方程照明成像方法，以三维声波方程为出发点，通过对有限差分法误差补偿，多方面确保成像的稳定性，并充分考虑波场的绕射和折射效应，从而避免了成像过程中的高频近似假设以及由复杂构造引起的焦散及多路径现象。波场外推采用的算子为带补偿的频率-空间域单程波方程有限差分算子，它具有以下优势：①是完整的单程波方程，没有做高频近似，不需要积分法的射线追踪；②能适应很强的横向变速；③具有很好的保持振幅特性。

无论是上行波还是下行波，其波场外推均从地面开始，遇到井中观测的上行波场或下行波场将其加到相应的外推波场中，然后一起向下外推。

该方法用三维算法对二维 VSP 上行反射 P 波进行成像处理，有效地克服了二维算法中空间假频问题，又使侧面波得到了有效归位，进而使成像精确、可靠。同时，在成像时将常规偏移孔径转换成 VSP 照明范围，消除了速度精度原因造成的成像偏差。

三、时移垂直地震

时移垂直地震是根据在不同时间内对同一工区按相同垂直地震方式进行重复性观测获取的差异地震信息监测地层动态的技术，简称时移 VSP。

（一）资料处理技术

1. 一致性处理技术

时移地震资料一致性处理一般采用互均衡处理技术。时移垂直地震资料存在子波、频率、振幅、时间和干扰噪声等差异，所以一致性处理是资料处理的重点。子波和频率的差异通过子波整形反褶积消除，振幅和时差校正量可以通过下行波能量和初至求取，干扰噪声通过波场分离、滤波和切除等方法消除。不同时间点采集的资料处理流程和处理参数保持一致。

子波整形反褶积方法如下：每一炮资料下行波拉平叠加作为输入（r_{ww}），零相位雷克子波或其他标准子波作为期望输出（r_{dw}），建立 Toeplitz 方程组：

$$\begin{bmatrix} r_{ww}(0) & r_{ww}(1) & \cdots & r_{ww}(m) \\ r_{ww}(1) & r_{ww}(0) & \cdots & r_{ww}(m-1) \\ \vdots & \vdots & \vdots & \vdots \\ r_{ww}(m) & r_{ww}(m-1) & \cdots & r_{ww}(0) \end{bmatrix} \begin{bmatrix} a(0) \\ a(1) \\ \vdots \\ a(M) \end{bmatrix} = \begin{bmatrix} r_{dw}(0) \\ r_{dw}(1) \\ \vdots \\ r_{dw}(m) \end{bmatrix} \tag{4-35}$$

解这个线性方程组，得到反褶积因子 a，反褶积因子与全波场记录褶积得到子波整形后的资料。子波整形处理后，不同时间点采集的地表鸣震得到压制，子波差异得到消除，从而保留了真实地震反射信息。

2. 矢量波场分离技术

波场分离是垂直地震剖面数据成像的关键步骤。首先要保证不同波场的有效分离，同时对分离信号的振幅、频率特性有较高的要求。如果目标区转换横波发育，为了得到高信噪比的纵波和转换横波剖面，采用时变矢量波场分离方法进行波场分离。时变矢量分解公式如下：

$$\left.\begin{aligned} W_{\mathrm{p}} &= \frac{W_z\cos\theta_{\mathrm{sv}} - W_x\sin\theta_{\mathrm{sv}}}{\cos(\theta_{\mathrm{p}}-\theta_{\mathrm{sv}})} \\ W_{\mathrm{sv}} &= \frac{W_z\sin\theta_{\mathrm{p}} + W_x\cos\theta_{\mathrm{p}}}{\cos(\theta_{\mathrm{p}}-\theta_{\mathrm{sv}})} \end{aligned}\right\} \tag{4-36}$$

式中 W_z——垂直分量记录；

W_x——水平分量记录；

θ_{p}——上行纵波出射角，°；

θ_{sv}——上行转换波出射角，°；

W_{p}——上行纵波记录；

W_{sv}——上行转换波记录。

波场分离前，反射波被下行纵波、下行转换横波淹没，波场分离后，只剩下有效反射波，并且波组特征得到保持。

3. 多波成像技术

可采用基于射线追踪的 VSP-CDP 成像方法，在成像中，利用规则化技术和噪声切除技术，提高成像精度。

(1) 射线追踪

为了消除偏移距的影响并消除多解性，需要将 VSP 记录中的每个样点校正到与其对应的反射点和折射点位置，因此需要知道地震波的射线路径。求取射线轨迹的过程称为射线追踪。下面，以渐近射线追踪方法为例，介绍其基本原理。

在 2D 层间均匀介质条件下，射线在层内是直线，满足式(4-37)。

$$Z_{i+1}=Z_i+\frac{X_{i+1}-X_i}{tg\gamma_{i-1}} \tag{4-37}$$

$$\gamma_{i-1}=\beta_{i-1}-\theta_{i-1} \tag{4-38}$$

式中 β_{i-1}——第 i 个界面上射线的透射角,°；

θ_{i-1}——$(X_i,\ Z_i)$处界面法线与 Z 坐标之间的夹角,°；

γ_{i-1}——射线与 Z 坐标轴之间的夹角,°；

$(X_i,\ Z_i)$——射线与第 i 层界面的交点坐标；

$(X_{i+1},\ Z_{i+1})$——射线与第 i+1 层界面的交点坐标。

在界面上，射线将发生反射和透射，并服从 Snell 定律：

$$\frac{\sin\alpha_i}{V_i}=\frac{\sin\beta_i}{V_{i+1}} \tag{4-39}$$

射线经反射、透射后，以一个新的角度 β'_i 继续向前传播。

$$\alpha_i=\beta'_{i-1}-F_i \tag{4-40}$$

式中 α_i——入射角,°；

V_i、V_{i+1}——界面两侧的层速度，m/s；

F_i——射线与相临界面交点处法线间的夹角,°；

β'_{i-1}——射线经第 i 层界面反射或透射后的出射角,°。

利用出射角 β'_i 重新建立介质在另一层内的射线方程，继续追踪，直到一个接收点处，就完成了一条射线的追踪。追踪完井内所有检波点处接收到的反射波和折射波，就得到了整张 VSP 记录中的反射点和折射点的位置。

(2) 反射点和折射点的归位与迭加(VSP-CDP 变换)

确定了反射点和折射点的分布，就可以将 VSP 记录的样值校正到其对应的反射点或折射点，这相当于一个变换，即将每个深度道每个时间记录的样值从深度-时间坐标空间变换到反射点/折射点的偏移距-深度(或双程垂直时间)坐标空间。

通过射线追踪，不但可以知道反射点/折射点在偏移距-深度坐标系中的位置(X，Z)，也可以知道每个位置所对应射线的地震波旅行时间 t，即得到旅行时 t 与位置(X，Z)的表格。只要将 VSP 记录上每个时间 t 的采样值放到表格中 t 所对应的位置(X，Z)，就完成了反射波/折射波的归位，这个过程也称为 VSP-CDP 变换。

为了使 VSP-CDP 变换结果与通常地震剖面对比，也为了利用采样数据的“冗余性”提高信噪比，将 VSP-CDP 变换结果按一定的偏移距范围分块，同一区块内相同深度(或双程垂直时间)的样值相加，就形成了一个 CDP 道。将所有分块做同样处理，就得到了 VSP-CDP 迭加剖面。

(3) VSP-CDP 迭加的实现

VSP-CDP 迭加是在去掉了下行波及其他干扰波的 VSP 上行波记录上进行的，其实现过程基本分为 7 个步骤。

① 计算每一个深度点记录的反射波/折射波射线轨迹。

② 确定反射点/折射点轨迹上每点(X，Z)对应的双程垂直时间 T。

③ 对于每一个给定的深度点 Z_g 以反射点/折射点轨迹计算每个点(X, Z)或(X, T)对应的 VSP 记录道时间 t。

④ 利用插值方法确定 VSP 记录时刻 t 处所对应的振幅值。

⑤ 在迭加范围 $X_{k-1}<X<X_k$ 内，找出所有 VSP 记录中双程时间为 T 的样点。

⑥ 统计 $\Delta X=X_k-X_{k-1}$ 范围内 T 时刻的迭加次数 M。

⑦ 迭加 $S_k = \sum R_{ij}/M$，S 是描述界面形态的函数。

射线追踪是 VSP-CDP 迭加的基本环节。只有符合实际地质情况的模型和正确、高效的追踪方法才能计算出真实反映 VSP 资料的射线轨迹。通常的做法是，根据实际 VSP 记录波场和其他地质资料，建立 VSP 初始模型。在该模型上合成 VSP 理论记录，将理论记录与实际记录比较，如果两张记录的下行波同相轴和主要上行波同相轴的时间和视速度相同，这就是一个合格的 VSP 模型，否则，需要对初始模型进行修改，重复上述合成与比较工作，直到满足要求为止。

（二）资料解释技术

对不同时间点的 VSP 资料相减可以得到时移 VSP 剖面差异，差异明显处表明 CO_2 注入后的运移范围。如果在不同波场差异剖面图上，剩余能量都很小，说明 CO_2 没有泄漏。

分析 VSP 资料叠前道集可以得到振幅随入射角变化曲线，通过对比注 CO_2 前后反射纵波振幅与入射角关系的变化分析注气响应。

由于 VSP 成像直接得到了深度域剖面，因此，在深度域进行分析层位标定，例如地面地震(时间域地震剖面利用 VSP 时深关系转到深度域)和时移 VSP 纵波剖面与 VSP 走廊标定对比图。一般情况下，地面地震分辨率明显比 VSP 剖面低。

利用注气后同相轴下拉现象，综合应用多方位变井源距(Walkaway-VSP)和多方位等井源距(Walkaround-VSP)成像数据体，绘制两个深度的 T_0(双程反射时间)图，计算得到 T_0 时差图，通过不同时间点的 VSP 资料 T_0 图差异，可以预测 CO_2 平面扩散范围。

（三）CO_2 封存利用时移垂直地震监测实例

神华 CO_2 地质封存示范工程研究区位于内蒙古鄂尔多斯市伊金霍洛旗乌兰木伦镇西北 12km 处，在构造上属于鄂尔多斯盆地伊盟隆起。局部构造不发育，构造幅度低，地层倾角较小，倾角小于 1°。工区地表地形变化较小，时移垂直地震资料采用炸药激发，3 次采集采用相同的炸药型号、药量和激发深度。分别于 2011 年 5 月、2013 年 8 月和 2014 年 12 月进行了监测，3 次采集采用相同激发接收参数，使用了 60 级大阵列井下检波器接收，监测深度为 10~1190m。监测系统(见图 4-10)包括 1 个零井源距 VSP、5 个非零井源距 VSP(300m)、2 个多方位等井源距 Walkaround-VSP(井源距 600m 和 1200m，每 15°一炮)、1 条多方位变井源距 Walkaway-VSP(注气井和 VSP 方向，炮点距 25m，最大偏移距 2000m)。

通过一致性处理、保幅波场分离、多波成像等技术，最终得到了可靠的高分辨率纵波横波成像剖面。通过深度域标定和属性优选分析了注气前后 VSP 地震响应特征，成功预测了 CO_2 地下运移范围，展现了 VSP 地震勘探技术在碳封存与利用项目中的应用潜力。

对三期资料相减可以得到时移垂直地震剖面差异，如图 4-11 所示，从 3 种波场差异剖面图可见在 1400m 以上剩余能量都很小，说明 CO_2 没有泄漏，差异主要在注气深度以

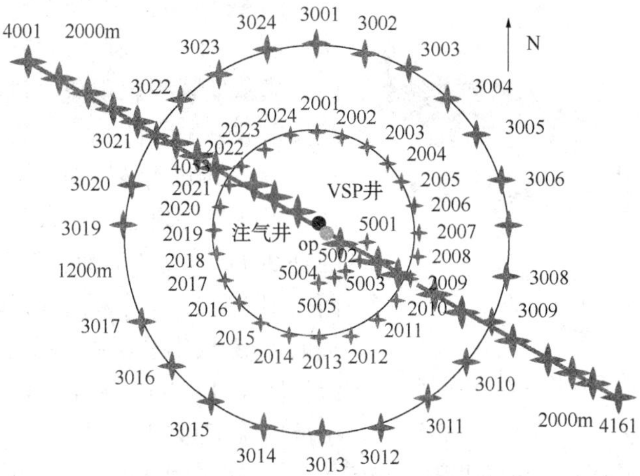

图 4-10　神华碳封存示范工程时移垂直地震监测系统图

下井旁附近，显示了注入 CO_2 后运移范围；3 种波场中，P-P 波差异最明显，其次是 P-SV 波，P-SH 差异很小。

分析 VSP 资料叠前道集得到振幅随入射角变化的曲线(图 4-12)，上部区域曲线是注气前的数据，下部区域曲线是注气后的数据，注气后反射纵波振幅随入射角变大，AVO(振幅随偏移距的变化)现象更明显。

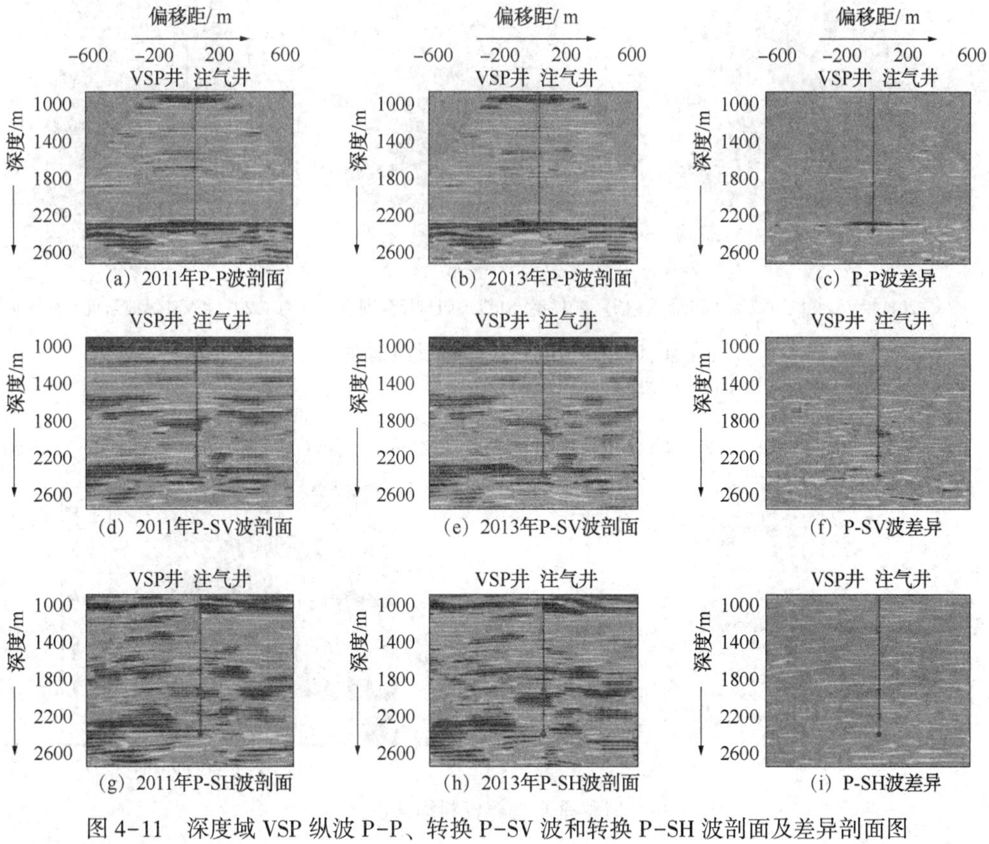

图 4-11　深度域 VSP 纵波 P-P、转换 P-SV 波和转换 P-SH 波剖面及差异剖面图

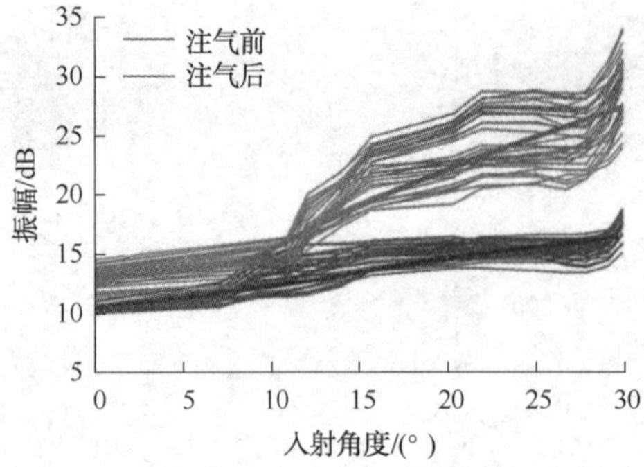

图 4-12　注 CO_2 前后 VSP 资料 AVO 响应

图 4-13 是三期 VSP 纵波阻抗反演剖面图。从反演剖面对比来看，主要差异位于黑色框内，显示低频阴影现象，说明地层含气后，地震反射波频率降低。

对比 2011 年和 2013 年 VSP 纵波剖面，并抽取了注气井附近的一段记录进行对比，淡色的是 2011 年成像剖面，深色是 2013 年成像剖面。图 4-14(a)是未注气段(800~1600m)，注气前后波形几乎没有差异，说明没有 CO_2 泄漏，图 4-14(b)~图 4-14(d)显示注气后导致了反射轴下移(箭头指示位置)，振幅变强，绿框内圈出了两次剖面明显差异的范围，显示 CO_2 运移了约 350m。图 4-14(b)显示刘家沟组注气后振幅变化最大。图 4-14(c)显示石千峰组注气后子波频率变低。图 4-14(d)显示马家沟组煤层的强反射下移，反应以上注气的综合影响。

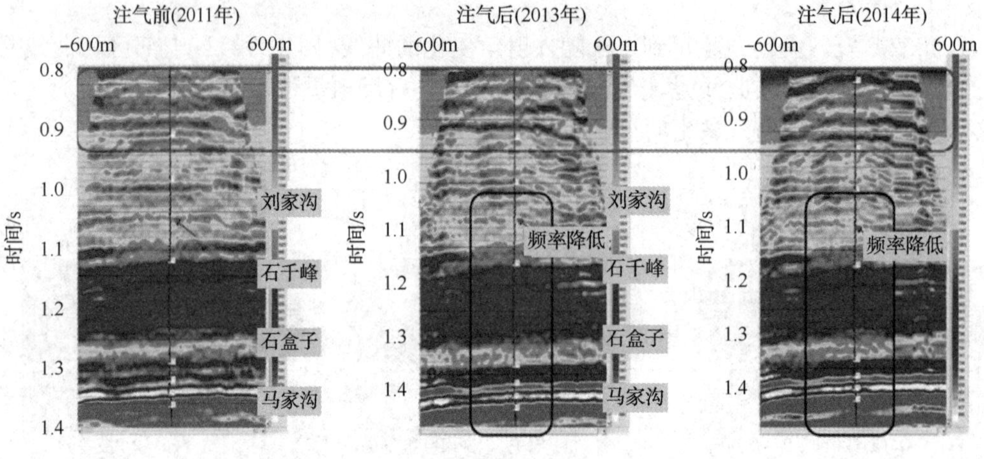

(a) 2011年VSP纵波阻抗反演剖面　(b) 2013年VSP纵波阻抗反演剖面　(c) 2014年VSP纵波阻抗反演剖面

图 4-13　VSP 纵波阻抗反演剖面图

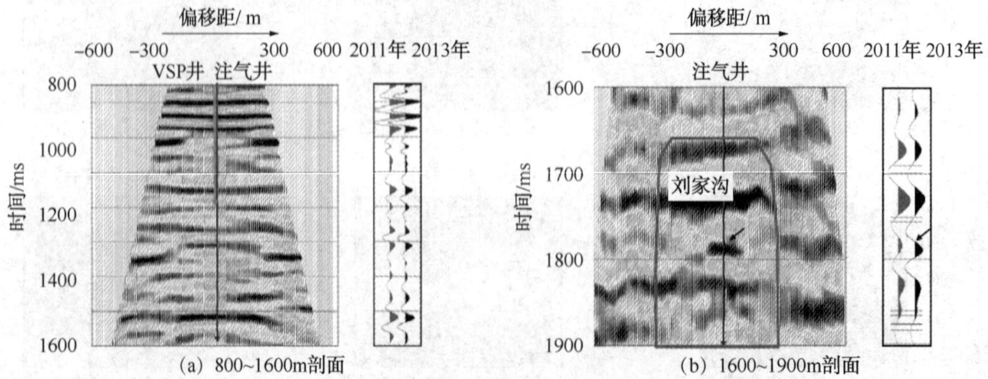

(a) 800~1600m剖面　(b) 1600~1900m剖面

图 4-14　时移垂直地震资料纵波剖面对比图

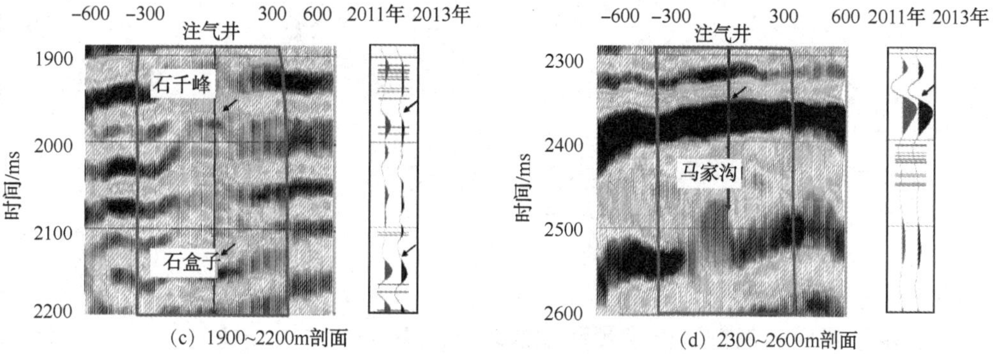

（c）1900~2200m剖面　　（d）2300~2600m剖面

图 4-14　时移垂直地震资料纵波剖面对比图(续)

第二节　测井技术监测

测井技术通过记录钻井中声波时差、电阻率、自然伽马、自然电位等参数曲线，研究钻井地层的电化学、导电性、声学和放射性等特性。测井资料的优点为分辨率高、投资小，可用于各个时段的监测；缺点是有效信息范围较小。

一、地层水电阻率评价

从理论上来说，当 CO_2 气体呈气相或超临界相单独存在时，它并不导电。然而当地层中有水存在时，CO_2 可部分溶于水，使得储层的电阻率测井值降低。通过对地层水电阻率进行评价，可监测 CO_2 封存情况。

（一）电阻率–孔隙度组合法求地层水电阻率

电阻率-孔隙度组合法是利用阿尔奇公式的推导变形求取地层水电阻率，这是目前计算地层水电阻率最常用的方法。但利用电阻率-孔隙度组合法求取地层水电阻率时解释层段必须选用层厚大、含水率为100%，并且具有较大的孔隙度的标准水层。解释层段还应是纯砂岩地层，当地层内存在泥质时会造成导电能力增加，加大计算误差。

利用阿尔奇公式反演得到地层水电阻率与含水饱和度(S_w)、地层真实电阻率(R_t)、有效孔隙度(φ)、胶结指数(m)、岩性系数(a、b)与饱和度指数(n)之间的关系。地层水电阻率与含水饱和度、地层真实电阻率、孔隙度、胶结指数、饱和度指数成正比，与岩性指数(a、b)呈反比。通过测井资料，读出所需的参数，代入推导出来的公式，计算得出地层水电阻率(R_w)。

$$R_w = \frac{S_w^n \varphi^m R_t}{ab} \tag{4-41}$$

（二）自然电位法求地层水电阻率

自然电位法基于自然电位的异常幅度间接计算地层水电阻率与矿化度含量之间的关系，理论比较完善，但计算繁琐。完全含水岩石的静自然电位可以由式(4-42)计算。

$$SSP=-k\lg\left(\frac{R_{mf}}{R_w}\right) \tag{4-42}$$

$$k=70.7(237+T)/298 \tag{4-43}$$

式中 SSP——自然电位，mV；

k——自然电位系数，无量纲；

R_{mf}——钻井液滤液电阻率，Ω·m；

R_w——地层水电阻率，Ω·m；

T——地层温度，℃。

（三）中子俘获自然伽马能谱预测地层水电阻率

Cl 含量是衡量地层水矿化度的一个关键指标。Cl 和其他地层元素的特征自然伽马射线在俘获自然伽马能谱上重叠。利用加权最小二乘法，求解特定能量范围的俘获谱，从而得到与 Cl 有关的自然伽马计数，然后用热中子计数比计算地层孔隙度。结合与 Cl 有关的自然伽马计数、热中子计数和孔隙度，导出水的盐度。同时，自然伽马射线时间谱的地层电导率信息可作为地层水矿化度结果的参考参数。

在中子俘获自然伽马能谱测井过程中，脉冲中子源(D-T 发生器)发射的中子与工具周围的核素相互作用，中子能量将衰减到热中子阶段(0.025eV)。通过非弹性散射和热中子俘获诱导自然伽马射线。在热中子俘获反应中，接近平衡温度的中子被目标核(如 Cl、H、Si 等)吸收，并释放出一组不同的特征自然伽马射线能量去激发。与地层矿化度密切相关的 Cl 元素与常见的地层元素(Si、Ca、Fe、Na)相比具有较高的热中子俘获截面。因此，地层水矿化度可以通过 Cl 发出的自然伽马射线计数确定。

但地层水中 Cl 元素的含量低于地层基质中 Si、Ca、Fe 元素的含量，能谱中的 Cl 特征自然伽马射线峰也会受到其他元素的影响，特别是在低能量范围(康普顿散射平台重叠)。因此，采用最小二乘法进行能谱分析，选择能量范围 5.2~7.8MeV 进行 Cl 特征自然伽马射线产率计算。模拟 5.2~7.8MeV 的单元素自然伽马能谱设为矩阵 $\boldsymbol{A}$。矩阵数据的每一列表示单元素在不同能量仓中的自然伽马射线计数。将检测到的光谱设为向量 $\boldsymbol{X}$，则不同元素(包括氯元素)的特征自然伽马射线计数(向量 $\boldsymbol{Y}$)为：

$$\boldsymbol{Y}=(\boldsymbol{A}^T\boldsymbol{A})^{-1}\boldsymbol{A}^T\boldsymbol{X} \tag{4-44}$$

理论上，计算得到氯的自然伽马射线数($\boldsymbol{Y}_{cl}$)由 Cl 的含量和热中子通量决定。计算地层水矿化度需要考虑井眼水矿化度(C_{w0})和地层孔隙度(φ)。通过试井作业和井眼测试结果可以确定井眼水矿化度。地层孔隙度可以通过密度、中子孔隙度或声波孔隙度计算。因此，地层矿化度可用式(4-45)计算。

$$SAL=K_1\frac{\boldsymbol{Y}_{cl}}{N_{th}\varphi}-K_2C_{w0} \tag{4-45}$$

式中 SAL——地层水矿化度，mg/L；

K_1 和 K_2——由已知矿化度和孔隙度的实验井标定；

N_{th}——热中子通量。

利用该方法计算地层水矿化度不受油基钻井液或水基钻井液的影响，应用范围较广。但其受到岩性、孔隙度和井眼流体盐度效应的影响，需要利用特定方法进行校正，计算较为复杂繁琐。

二、声波测井

声波测井分为声速测井和声幅测井，声波速度测井简称声速测井。地层声波速度跟地层的岩性、孔隙度以及孔隙流体性质等因素有关。根据声波在地层中的传播速度，就可以确定地层孔隙度、岩性即孔隙流体性质。在 CO_2 地质封存过程中，因为水和 CO_2 的声波速度差异明显，可用声波测井方法评估 CO_2 羽流流过井筒时引起井壁地层声波速度的改变。

在前文“岩石物理理论”小节部分对 CO_2 注入后岩石物理参数计算进行了介绍，按照声波测井基础理论及参数变化，判断 CO_2 注入后的差异性，从而对 CO_2 注入情况进行评价。

第三节 电磁监测

一、基本原理

瞬变电磁法是利用脉冲电流产生一次磁场，在一次脉冲场间隙观测地下介质感应的瞬变二次电磁场的一种时域电磁法。其观测为纯二次场信息，具有受地形影响小，异常响应强，形态简单，分辨能力强等优点。目前，国内采用瞬变电磁法对 CO_2 注入煤层后的运移进行监测。

在煤层气开发中，煤层受 CO_2 注入的压裂作用，结构和构造发生变化；煤层的泊松比等弹性力学参数发生变化，煤层与围岩之间的波阻抗差异更加明显；同时，CO_2 注入煤层后，煤层中 CO_2 的饱和度发生变化，其电阻率在 CO_2 注入前后有明显的差异。

利用瞬变电磁法研究煤层中 CO_2 注入前后电阻率等物性参数的变化，识别煤层中 CO_2 注入后运移范围。根据阿尔奇经验关系式进行模拟计算，可获得 CO_2 流体注入煤层后的电阻率变化。1942 年阿尔奇创建了经验关系式，并且在一些场地和实验室的研究中成功地测试。它描述了多孔岩石、流体饱和度以及该导电流体电阻率之间的关系，见式(4-46)。

$$\rho = a\rho_w \varphi^{-m} S_w^{-n} \tag{4-46}$$

式中 ρ——流体饱和岩石的电阻率，Ω · m；

ρ_w——导电流体的电阻率，Ω · m；

S_w——导电流体饱和度；

φ——岩石的有效孔隙度；

a——经验常数，通常为 1；

m——胶结指数；

n——饱和指数。

在压力为 7.5MPa、温度为 40℃的条件下，CO_2 饱和砂岩的电阻率大约是原来的 3 倍；在深度约为 650m 的盐水层中，CO_2 注入后电阻率大约增加 2 倍。在煤层中也同样存在 CO_2 注入后煤层附近电阻率增大的现象。

在实际操作中，根据 CO_2 注入情况，分不同次数进行瞬变电磁法数据采集，每次观测参数保持一致。煤层中 CO_2 注入的瞬变电磁勘探施工主要依据 MT/T 898—2000《煤炭电法勘探规范》、DZ/T 0187—1997《地面瞬变电磁法技术规程》等相关规范要求。

野外数据在采集之后由于关断时间的不同，首先进行关断时间校正，并截取每一个测点相同采样延时时间段内的感应电压，采用IX1d软件进行反演成图。根据场的传播，典型的正常场就是均匀非磁性导电半空间表面的瞬变响应，层状大地可视为某一电阻率的半空间，在单匝圆形回线中部，场近于均匀分布，其垂直分量的响应由式(4-47)、式(4-48)计算。

$$V_I=\frac{3IS}{\sigma r^3}f_I(\tau_0) \tag{4-47}$$

$$f_I(\tau_0)=\varphi\left(\frac{1}{2\sqrt{\tau_0}}\right)-e^{-1/(4\tau_0)}\frac{1+6\pi}{6\tau_0\sqrt{\pi\tau_0}} \tag{4-48}$$

在瞬变电磁勘探早期时，$\tau_0 \leqslant 0.01$，$f_I(\tau_0)\to 1$，得到：

$$V_I=\frac{3\sqrt{\pi}IS\rho}{a}\text{（边长为 }a\text{ 的方形回线）} \tag{4-49}$$

在瞬变电磁勘探晚期时，$\tau_0 \geqslant 1$，$f_I(\tau_0)\approx 1/(60\sqrt{\pi}\tau_0^{2.5})$，得到：

$$V_I=\frac{I\mu_0^{2.5}Sa^2}{20\pi\sqrt{\pi}\rho^{1.5}t^{2.5}}\text{（边长为 }a\text{ 的方形回线）} \tag{4-50}$$

式中 V_I——发射电流为 I 时的感应电压，V；

S——接收线圈的有效面积，m^2；

r——发射线圈半径，m；

ρ——地层平均电阻率，Ω · m；

t——瞬变电磁采样延时；$\tau_0=t/(\sigma\mu_0 r^2)$，为综合参数(无量纲)；$\mu_0=4\pi\times10^{-7}$H/m。

早期的瞬变电磁响应与采样延时无关，而与平均电阻率有关；在瞬变电磁勘探晚期，感应电压和采样延时存在一定的关系，若固定其采样延时，其感应电压的变化就反映了平均电阻率的变化，从而可以说明地层电性特性的变化。

煤层附近地层所对应感应电压的计算步骤如下：

① 计算背景值观测数据反演视电阻率，求解其地表到达煤层底板的等效电阻率值，并和测井电阻率进行比较，分析反演数据的准确性。

② 依据地表到达煤层底板的等效电阻率，计算背景值煤层的瞬变电磁采样延时，并提取其对应的感应电压值。

③ 以背景值瞬变电磁采样延时为基准，提取 CO_2 注入后各次瞬变电磁采样煤层所对应的感应电压值。

④ 进行差值处理，求其变化量和相对变化率，划分各次采集感应电压相对于背景值感应电压的变化情况，并和瞬变电磁法勘探视电阻率断面图结合分析，用以识别 CO_2 注入后地层电性特征的变化及其运移范围。

感应电压对 CO_2 注入以及各钻井生产排采所引起的地层电性特征的变化反应更为直观、清晰，后期划分 CO_2 注入运移范围，主要用煤层附近地层所对应的感应电压变化，结合数理统计和误差分析来综合判断。

通过计算各次观测煤层附近地层感应电压，并求解感应电压的变化量和相对变化率，将其绘制成图，对煤层中 CO_2 注入后运移范围进行分析。

考虑到 CO_2 注入煤层之后，会引起地层电阻率增大，感应电压降低，所以只考虑感应电压减小的情况。

二、监测实例

在沁水盆地柿庄北煤层气开发中，利用瞬变电磁法监测煤层中 CO_2 注入前后电阻率变化进行了实验探索（如图 4-15 所示）。目标区地层由上而下主要为第四系、三叠系下统刘家沟组、二叠系上统石千峰组和上石盒子组、二叠系下统下石盒子组和山西组，石炭系太原组和本溪组。二叠系下统山西组厚 63m，由深灰色、灰色粉砂岩、细砂岩、泥岩和煤层组成，是主要的含煤地层。煤层走向主要为 NE，地层倾角一般为小于 6°，断层总体不发育。

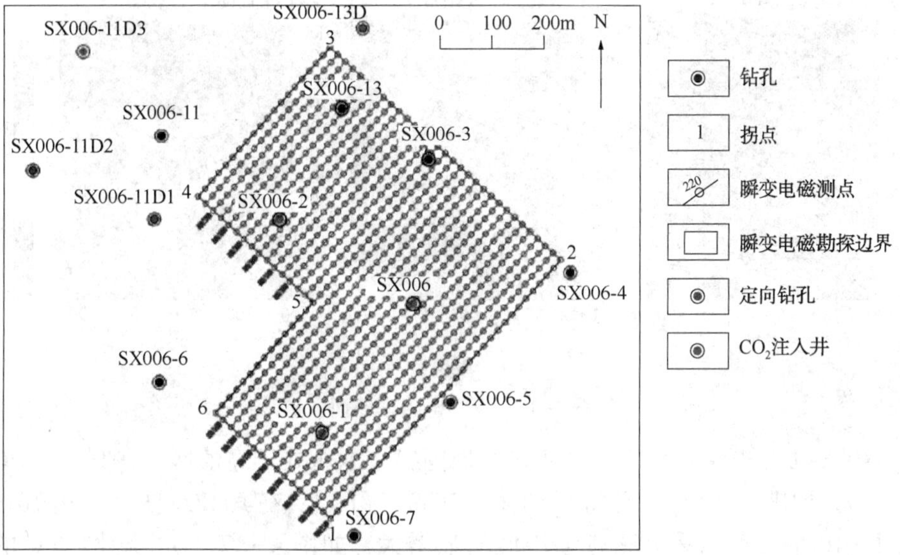

图 4-15 柿庄北煤层注 CO_2 区工作布置示意图

SX006-1 井 CO_2 注入分两期三个阶段，第一阶段 2013 年 3 月 25 日~7 月 1 日，CO_2 注入量为 490.38t；第二阶段 2013 年 11 月 6 日~12 月 13 日，CO_2 注入量为 286.49t；第三阶段 2014 年 4 月 29 日~12 月 2 日，CO_2 注入量为 842.88t，之后停止 CO_2 注入作业，两期累计注入 CO_2 约为 1619.75t。SX006 井 2014 年 8 月 1 日~2015 年 11 月 25 日进行注入 CO_2 施工，累计注入量 1888.19t。SX006-2 井 2015 年 3 月 26 日~2015 年 11 月 26 日进行施工，CO_2 累计注入量为 825.29t。

分 4 次进行瞬变电磁法数据采集，各次观测参数保持一致。依据 CO_2 注入情况和瞬变电磁法观测时段，2011 年 10 月，因进行测区背景值数据采集，未实施 CO_2 注入作业。2013 年 11 月数据采集时，SX006-1 井 CO_2 累计注入量约 700t，2014 年 11 月数据采集时，SX006-1 井 CO_2 累计注入量约 1460t，第二期 CO_2 注入量约 840t，第二期和第一期间隔约 5 个月，即焖井时间为 5 个月，2015 年 10 月数据采集时，SX006-1 井已停止了 CO_2 的注入作业，并经过10个月焖井，其CO_2累计注入量为1619t。SX006井CO_2累计注入量约1750t，SX006-2井CO_2累计注入量约800t。

采集参数：线框大小为920m×920m，工作频率为2.5Hz，电流约13A，积分时间120s，采用4倍增益，并保持各次观测参数一致。

图4-16为电阻率断面，2013年SX006-1井注入CO_2约700t以后，注入井煤层附近的电阻率值明显增大[图4-16(b)]；2015年SX006-1井停止了CO_2注入作业，在断面图中显示煤层附近的电阻率值明显减小[图4-16(c)中黑色椭圆区域]，推测异常与2015年停止CO_2注入作业，经过10个月的焖井以及后期试采气工作存在一定的关联，CO_2的注入扩散以及其与CH_4的置换、试采气工作改变了煤层中CO_2饱和度，致使瞬变电磁观测到的感应电压值增大，电阻率减小。注入井SX006在2014年8月1日~2015年11月25日，累计注入CO_2约1750t，2015年勘探结果表明注入井煤层附近的电阻率值增大[图4-16(c)]。

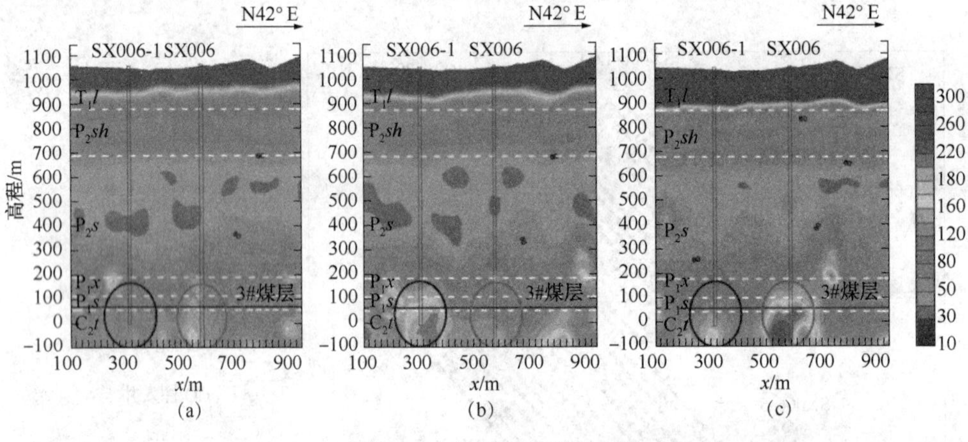

图4-16 反演电阻率断面图

在SX006-1井未注CO_2之前，注入井周围感应电压处于高值区，在其注入700t CO_2之后，注入井周围感应电压值降低[图4-17(a)、(b)]；在其CO_2注入量达1619t之后转入焖井，10个月后试采，感应电压值明显增大，如图4-17(c)中椭圆圈定的区域。图4-17(c)中还显示：对于SX006井，注入CO_2约1750t以后，其注入井周围感应电压值显著减小，而SX006-2井在注入800tCO_2之后，注入井周围的感应电压值减小较为明显。

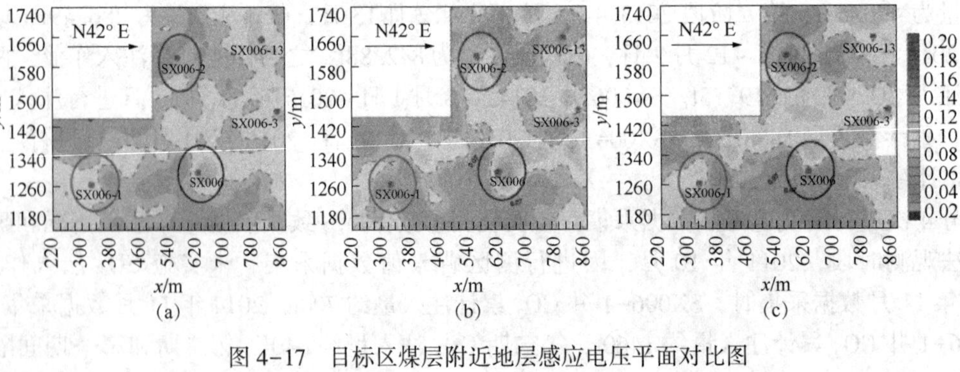

图4-17 目标区煤层附近地层感应电压平面对比图

思考题

1. 通过文献调研，还有哪些 CO_2 封存与利用的地球物理监测技术？技术原理及优缺点是什么？

2. 通过文献调研，可适用的地震监测技术还有哪些？适用性的具体体现是什么？

3. 通过文献阅读，阐述同一技术在国内外 CO_2 封存与利用中的差异性有哪些？导致技术应用差异的原因是什么？

4. CO_2 的相态(气态、液态、超临界)是否会对地震监测造成影响？为什么？

第五章　地质封存利用的地球化学监测

传统的监测技术以大气环境监测为主，通过监测大气中 CO_2 浓度间接地进行 CO_2 地质封存泄漏的监测，但受植物光合作用和呼吸作用的影响，大气中 CO_2 的浓度波动范围过大，很难保证检测的实时性和准确性。本章重点阐述与地球化学相关的监测技术涉及的基本原理及应用实例。

第一节　示踪剂监测

为直接监测 CO_2 地质封存情况，可将探测技术与示踪技术相结合，选取合适的气体示踪剂，采用经济的探测方法，实现对 CO_2 地质封存泄漏情况的监测。

示踪剂是为观察、研究和测量某物质在指定过程中的行为或性质而加入的一种标记物。示踪剂既可以按照物质属性分类，也可以按照使用用途进行分类。

一、示踪剂性能要求

检测灵敏度：示踪剂需要具有较高的检测灵敏度，以便于能够在最短的时间内捕捉并掌握其流入动态。

稳定性：示踪剂不与地层中的其他物质发生反应，包括化学反应和生物反应等，稳定性的高低直接决定了示踪剂的适用程度以及监测信息的准确性。

滞留度：储层岩石表面会对示踪剂产生一定的吸附作用，滞留度小，表明储层岩石对示踪剂的吸附量小，饱和度对其影响比较有限。相反的，倘若滞留度较大，则需要更多的示踪剂才能达到预期的效果。但滞留度也并非越小越好，例如对于 CO_2-EOR 而言，滞留度过小意味着很难达到混相，由此带来的副作用表现为示踪剂监测信息的不准确性。所以合适的滞留度是筛选气体示踪剂的重要条件之一。

分配系数：当温度、压力为定值时，对同一种组分而言，需要其在气液两相中分配的浓度差异明显、比值固定，以 K 表示，即 $K=C_x/C_g$。K 能够明确指示溶质的离散性质及运动能力，表示储层内示踪剂在气相和液相中的分配程度。

混合度：示踪剂在多孔介质中的运动机理与注入流体相同，均受对流作用和弥散作用的控制。对流作用由压力梯度产生，遵循达西定律。其中分子扩散与机械弥散综合作用构成弥散。浓度的明显差异是分子扩散的先决条件，不受流速的控制；机械弥散则是流体在多孔介质中运动的结果。这三部分可由混合度表示。混合度越小，气体示踪剂在储层中的应用效果越好，但与滞留度同理，合适的混合度也是示踪剂筛选的重要组成部分。

二、示踪剂流动模型

(一) 示踪剂流动机制

在多孔介质中的示踪剂注入流体，受对流和水动力弥散效应控制。对流传播速度引起整个流体的运动，它由达西定律主导。压力梯度导致对流作用的产生，压力梯度由两个因素引起：一是井间的压差；另一个是流体密度的差异。对流作用主要依赖于井组形状及生产条件。在对流过程中，所有影响速度的参数(如相对渗透率、黏度、压力梯度)也将发挥作用，流体水动力学弥散包括分子扩散和机械弥散。分子扩散建立在组分之间的液体浓度差(分子从高浓度向低浓度扩散)，与流速无关，而机械弥散是恒温条件下多孔介质迂曲孔道中流体产生的溶质扩散效果。微观上，示踪剂的弥散是由于流过单一孔道并聚合导致的速度变化引起的。在二维流动中，这种特点表现为流动的方向(经向)和垂直于流动方向(纬向上)的混合。由于示踪流体的弥散作用，逐渐扩展，除了占据了流体对流作用影响的区域，还增加了一部分混合流动区域。混合作用影响区域大小取决于流动体系的几何形状及多孔介质分散程度，所以示踪曲线呈波状。测试表明，低速情况下，受分子扩散作用控制；高速则受机械弥散作用控制，纬向混合系数比经向混合系数小很多。混合作用是局部现象，示踪剂在多孔介质运动时，会扩散和稀释。因此，一般情况下，分子扩散和纬向的混合效果是微乎其微的。

(二) 示踪剂的流动方程

考虑到示踪剂的扩散、弥散作用以及吸脱附作用，驱替、被驱替相有基本一致的浓度，微可压缩。

根据物质守恒原理，在单位时间内，某一单元体内的流体质量变化等于流进该单元体的流体质量减去流出该单元体的流体质量，公式表示为：

$$\frac{\partial M_k}{\partial t}=-\mathrm{div}(q_k) \tag{5-1}$$

式中　M_k——单元体内的流体质量；

q_k——流体流量；

div——散度。

$$M_k=q_a+\phi C \tag{5-2}$$

$$q_k=q_c C+q_d \tag{5-3}$$

根据 Fick 的扩散定律：

$$q_d=-\phi D\frac{\partial C}{\partial x} \tag{5-4}$$

式中　q_a——单元体示踪剂吸附量，mg/g；

C——浓度；

ϕ——孔隙度；

q_c——单元体质量流量；

q_d——弥散量，g/s；

D——弥散系数。

$$\frac{\partial M_k}{\partial t}=\frac{\partial (q_a+\phi C)}{\partial t}=-\text{div}(q_k)=-\text{div}(q_c C+q_d) \tag{5-5}$$

因为，

$$-\text{div}(q_c C+q_d)=q_c\frac{\partial C}{\partial x}+C\frac{\partial q_c}{\partial x}+\frac{\partial q_d}{\partial x} \tag{5-6}$$

$$\frac{\partial q_d}{\partial x}=-\phi D\frac{\partial}{\partial x}\left(\frac{\partial C}{\partial x}\right)=\phi D\frac{\partial^2 C}{\partial x^2} \tag{5-7}$$

得到，

$$\frac{\partial (q_a+\phi C)}{\partial x}=-\left(q_c\frac{\partial C}{\partial x}+C\frac{\partial q_c}{\partial x}-\phi D\frac{\partial^2 C}{\partial x^2}\right) \tag{5-8}$$

根据吸附等温公式可以推导出吸附量和浓度的关系式，如式(5-9)所示。

$$q_a=kC \tag{5-9}$$

式中 k——吸附常数。

将式(5-9)代入式(5-8)，得到式(5-10)。

$$k\frac{\partial C}{\partial t}+\phi\frac{\partial C}{\partial t}=-q_c\frac{\partial C}{\partial x}-C\frac{\partial q_c}{\partial x}+\phi D\frac{\partial^2 C}{\partial x^2} \tag{5-10}$$

即：

$$k\frac{\partial C}{\partial t}+\phi\frac{\partial C}{\partial t}=\phi D\frac{\partial^2 C}{\partial x^2}-C\frac{\partial q_c}{\partial x}-q_c\frac{\partial C}{\partial x} \tag{5-11}$$

式(5-11)为一维对流扩散方程(示踪剂流动方程)。

实际生产中，由于不同区块井组的实际影响因素不同，对流扩散方程也需做针对性调整。

1）不考虑弥散混合的影响

在实际施工中，通常注入的是示踪剂段塞，忽略弥散混合的影响，则对流扩散方程为式(5-12)。

$$k\frac{\partial C}{\partial t}+\phi\frac{\partial C}{\partial t}=0 \tag{5-12}$$

2）不考虑吸附作用

不考虑示踪剂的吸附，假定含有示踪剂的流体稳定流动，即在 X 方向上流体流量(单位时间注入量)不发生变化，即 $\frac{\partial q_c}{\partial x}=0$，此时示踪剂的一维对流扩散方程化简为：

$$\phi\frac{\partial C}{\partial t}=\phi D\frac{\partial^2 C}{\partial x^2}-q_c\frac{\partial C}{\partial x} \tag{5-13}$$

3）示踪剂径向流动方程

示踪剂流体在地层中径向流动，考虑对流和弥散作用，假设径向模型这个单元体为一圆环体，其厚度为 h，则有式(5-14)。

$$2\pi r\frac{\partial(q_a+\phi C)}{\partial t}=\phi\frac{\partial C}{\partial r}+2\pi r\phi D\frac{\partial^2 C}{\partial r^2} \tag{5-14}$$

式中 Q——单位厚度上的流量，$Q=2\pi rv$。

若不考虑示踪剂吸附作用，即 $q_a=0$，则式(5-14)可以进一步简化。

$$\frac{2\pi r\phi\partial C}{Q\partial t}+\frac{\partial C}{\partial r}=\frac{2\pi rD\partial^2 C}{Q\ \partial r^2} \tag{5-15}$$

式(5-15)就是 Briham-Smith 模型。

以上内容讨论了示踪剂的一维对流扩散方程，在不同的假设条件下，对方程作出有针对性的调整。这些方程是示踪测试解释的基本模型，由基础模型可以推导得出浓度计算模型。在实际研究中，需根据实际情况，选择合适的示踪剂以及适当的数学模型。

三、气体示踪剂

(一) 气体示踪剂物性参数

1) 氟利昂类物质

虽然氟利昂类物质已经被禁止使用，但在气体示踪监测技术的起步阶段，该类物质被广泛地应用，并起到了良好的效果。

常用的氟利昂类物质主要有：CCl_3F(F-11)、CCl_3F_2(F-12)以及 $C_2Cl_2F_4$(F-114)三种。该类物质符合示踪剂的性能要求，分配系数会随注入流体压力的升高而升高。三种常见氟利昂类物质物理性质见表 5-1。

表 5-1 氟利昂类物质物性表

名称	缩写	相对分子质量	沸点/℃	液体密度/(kg/m³)	最低检测限/m³
CCl_3F	F-11	137	23.7	1476	0.12×10^{-10}
CCl_2F_2	F-12	121	-29.8	1311	
$C_2Cl_2F_4$	F-114	171	3.8	783	

2) 六氟化硫

六氟化硫作为气体示踪剂已经被广泛使用，国内自 2000 年后也逐步开始试验。良好的稳定性及耐高温特点是其被选择的主要原因，与氟利昂类物质相同，它在油相中的分配系数也会随压力的升高而升高。虽然井距成为它被稀释的主要原因之一，但这并不妨碍其广泛使用，六氟化硫是进行气体示踪监测实验的主要气体示踪剂之一，物理性质见表5-2。

表 5-2 六氟化硫物性

名称	分子式	相对分子质量	沸点/℃	液体密度/(kg/m³)	最低检测限/m³
六氟化硫	SF_6	146	-63.5	1910	0.05×10^{-10}

3) 全氟环烷烃

全氟环烷烃的通式为 C_mF_m，是气体示踪剂中条件较优的一类。它不仅满足示踪剂的性能要求，具备氟利昂类物质和六氟化硫作为气体示踪剂的特点，而且具有极低的本底浓度、高检测灵敏度以及可以低至10^{-9}级检测限等优势。常见的全氟环烷烃物理性质见表5-3。

表5-3　全氟环烷烃物性

名称	缩写	分子式	相对分子质量	密度/(kg/m³)	熔点/℃	沸点/℃	临界压力/atm	临界温度/℃	最低检测限/m³
全氟甲基环戊烷	PMCP	C_6F_{12}	300	1720	-45	48	22.5	177.9	
全氟二甲基环丁烷	PDMCB	C_6F_{12}	300	1670	-40	45	21.0	170.1	
全氟甲基环己烷	PMCH	C_7F_{14}	350	1800	-39	76	21.1	210.1	0.5×10^{-12}
三氟溴甲烷		CF_3Br	159	1992	-168	-58	39.1	67	
八氟环丁烷	C-318	C_4F_8	200	1510	-41	6	27.4	115.3	

气体示踪剂还包括放射性气体示踪剂、稳定同位素类气体等。

（二）气体示踪剂流动机理

对于水溶性示踪剂而言，只有在驱替速度很低的情况下需要考虑分子扩散的影响，其余时候可忽略，所以Brigham的假设实验中没有设置分子扩散的因素。但气体示踪剂则不然，分子扩散的影响不可忽略，它是示踪剂在地层中流动的重要因素，故对气体示踪剂的研究，应将分子扩散作为重点考虑。

1. 水动力学弥散作用

弥散现象以机械弥散为主，同时包含由示踪剂浓度差异引起的分子扩散。分子扩散不受流速影响，在分子热运动的影响下，示踪剂分子从高浓度带向低浓度带扩散，直至达到平衡状态。

当示踪剂开始在地层中运移时，随着示踪剂的传播，其在流动范围内占有的区域逐渐增大，而并不仅仅是依照平均流动速度估算出的区域。储层多孔介质中的渗流通道非常复杂，在流动的过程中示踪剂会不断流入更加纤细狭窄的通道中。每个渗流通道的特征均不一样，那么处于不同渗流通道内的示踪剂流动速度和方向也各不相同，正因为这种差异性才导致注入地层中的示踪剂在多孔介质中占有的体积越来越大，这就是机械弥散。

注入开始阶段示踪剂浓度很低，这是沿程扩散的结果，即示踪剂在其流动方向上的超越现象导致一部分示踪剂的流速较平均渗流速度高。其后随着持续注入，示踪剂的浓度逐渐升高。倘若不考虑弥散，示踪剂的流动严格遵守达西定律。

示踪剂在纵向上的弥散是沿着流体流动方向进行的，由于流动方向的流速较其他方向大很多，所以弥散以纵向为主，但这并不意味着其他方向无弥散或不需要考虑弥散。

引起弥散的主要原因：①外力作用；②分子扩散；③储层孔隙结构；④由流体间物理化学作用引起的浓度变化；⑤固体与流体间的作用；⑥流动模式改变。

2. 混合效应

混合效应由水动力学弥散决定，无论在哪个方向上，混合效应均为机械弥散和分子扩散综合作用的结果。引入混合系数 *De*，即示踪剂与地层流体的混合程度，那么混合系数与两者的关系可表示为：

$$De=\frac{D}{F\phi}+u^{1.2}\alpha \tag{5-16}$$

式中 De——混合系数；

D——扩散系数，即分子扩散程度；

F——岩石电阻率，Ω · m；

ϕ——孔隙度；

u——孔隙流速，m/s；

α——机械弥散系数。

式(5-16)中$\frac{D}{F\phi}$为分子扩散项，$u^{1.2}\alpha$为机械弥散项。其中，机械弥散系数由流体黏度比及储层孔隙性质决定。混合系数决定了混合效应的强弱，它是描述水动力学弥散的重要参数，与示踪剂的物理化学性质和储层地质条件都有紧密的联系，混合系数的影响因素可归纳为以下几点：①流速越高，弥散越强，混合系数越大；②储层非均质性越严重，混合系数越大；③地层胶结强度越大，混合系数越大；④地层渗透率越大，混合系数越大；⑤示踪剂浓度越大，分子扩散程度越大，混合系数越大；⑥在相同地层条件下，由于示踪剂性质的差异，混合系数区别很大；⑦井距对混合系数稍有影响，但一般情况下可忽略不计。

四、同位素监测

北非的 In Salah 项目将开采后期的油气田用于 CO_2 封存，加拿大的 Weyburn 项目将 CO_2 注入油田用于驱油和 CO_2 封存，以上两个项目在注入过程中加入^{13}C同位素对 CO_2 运移和泄漏情况进行监测。选择^{13}C作为示踪剂是借鉴 CO_2 驱油过程中对地下油层分布及走向的监测。

（一）同位素基础知识

质子数相同而中子数不同的同一元素的不同核素互称为同位素，碳有多种同位素，如^{12}C、^{13}C和^{14}C(有放射性)等。

在自然界中天然存在的同位素称为天然同位素，人工合成的同位素称为人造同位素。如果该同位素具有放射性，被称为放射性同位素。有些放射性同位素是自然界中存在的，有些则是用核粒子，如质子、α 粒子或中子轰击稳定的原子核而人为产生的。

CO_2 的稳定同位素分子是$^{13}CO_2$、$^{12}CO_2$，两者中稳定碳同位素(^{13}C、^{12}C)在碳元素的所有天然同位素中所占的比例分别为 1.11%和 98.89%。^{13}C和^{12}C两种核素具有不同的性质，在介质中的传导速率也有所差异，导致$^{12}CO_2$和$^{13}CO_2$在含碳生态系统循环中会发生稳定同位素的分馏。

（二）同位素示踪技术

同位素示踪技术是利用放射性同位素或经富集的稀有稳定核素作为示踪剂，研究各种物理、化学、生物、环境和材料等领域中科学问题的技术。示踪原子(又称标记原子)是核性质易于探测的原了。

1. 基本原理

同位素示踪所利用的放射性核素(或稳定性核素)及它们的化合物，与自然界存在的相应普通元素及其化合物之间的化学性质和生物学性质是相同的，只是具有不同的核物理性质。因此，就可以用同位素作为一种标记，制成含有同位素的标记化合物(如标记食物，药物和代谢物质等)代替相应的非标记化合物。利用放射性同位素不断地放出特征射线的核物理性质，就可以用核探测器随时追踪它在体内或体外的位置、数量及其转变等，稳定性同位素虽然不释放射线，但可以利用它与普通相应同位素的质量之差，通过质谱仪、气相层析仪、核磁共振等质量分析仪器来测定。放射性同位素和稳定性同位素都可作为示踪剂，但是，稳定性同位素作为示踪剂灵敏度较低，可获得的种类少，价格较昂贵，其应用范围受到限制；而用放射性同位素作为示踪剂不仅灵敏度，测量方法简便易行，而且具有能准确地定量，准确地定位及符合所研究对象的生理条件等特点。

2. CO_2 同位素分子吸收谱线

在国内外气体同位素探测应用当中，激光吸收光谱法正在被越来越多的科研人员所采用。CO_2 分子的基态振转光谱带位于中红外 4.3μm 波段，则 CO_2 分子在该波段具有最强的吸收强度，且吸收明显要强于其他物质的吸收，该特性可用于排除杂质的干扰。利用该中红外 4.3μm 波段吸收特性，结合激光吸收光谱技术对 CO_2 同位素进行检测，可获得待测气体中 $^{13}CO_2$ 和 $^{12}CO_2$ 的浓度。

CO_2 碳同位素吸收谱线适宜的选择对于实现高灵敏度和低探测下限是至关重要的，在选取 $^{13}CO_2$ 分子和 $^{12}CO_2$ 分子吸收谱线时，应注意以下几点：

① $^{13}CO_2$ 和 $^{12}CO_2$ 吸收谱线位置应该尽可能得近，且都在激光器可扫描波长范围内。

② $^{13}CO_2$ 和 $^{12}CO_2$ 吸收谱线位置间不应存在除被测 $^{13}CO_2$ 和 $^{12}CO_2$ 分子以外的杂质吸收的谱线。

③ $^{13}CO_2$ 和 $^{12}CO_2$ 分子在所选择的谱线处具有较强的吸收强度，从而用较小的光程即可达到很好吸收深度。

④ $^{13}CO_2$ 和 $^{12}CO_2$ 的吸收谱线的低态能级应该尽量相似，以减小检测结果对于温度的依赖性。

五、应用实例

神华集团在鄂尔多斯的深部盐水层 CO_2 地质封存示范工程中用于 CO_2 封存泄漏监测的示踪剂选择依据：①安全性好，对生态环境无影响；②与 CO_2 的配伍性良好；③化学性质稳定；④在地层和大气中本底浓度低；⑤易检测，且检测灵敏度高。

根据以上原则对常用示踪剂的相对优劣进行定性表征，认为全氟环烷烃和 SF_6 作为 CO_2 地质封存的气体示踪剂较合适。相比全氟环烷烃，SF_6 与 CO_2 相同的对称结构、相对分子质量更接近，并具有物理性质相似、大气环境中背景值低和易于在线检测等优势。

封存后 CO_2 的运移路径包括盐水层，示踪剂 SF_6 和 CO_2 与盐水层相互作用程度将直接影响其对 CO_2 泄漏过程监测的效果。因此，需要对 SF_6-CO_2 体系在盐水层中的吸附扩散行为进行研究(如图 5-1 所示)。

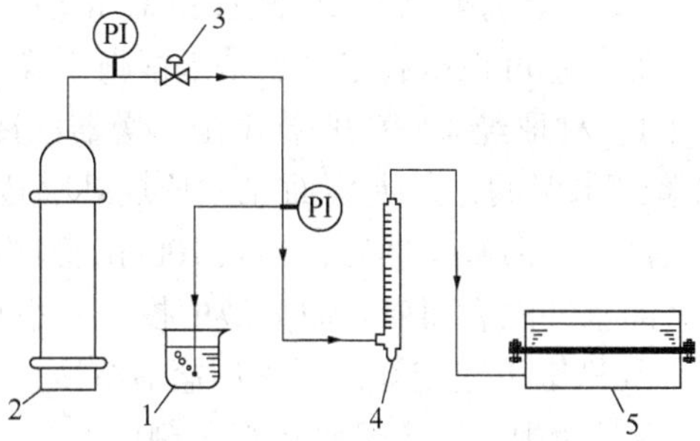

图 5-1 咸水层吸附扩散行为实验装置图

1—液封槽；2—气源；3—减压阀；4—皂泡流量计；5—反应器

实验操作温度为 293K，反应器体积为 150mL。实验开始之前，先往反应器中通入气体，置换系统内部的空气，密封反应器进行吸收实验。相比于纯 CO_2 气体，混合气在盐水中吸附量变化较小，差异小于 2%，因此在实验误差范围内可忽略，即示踪剂 SF_6 的存在不会影响 CO_2 在咸水层的扩散和溶解行为。且 SF_6 化学性质稳定，在盐水中的溶解度极低，在盐水层损失少，说明在地质封存过程中 SF_6 不会改变 CO_2 与盐水层相互作用，适宜作为 CO_2 在地质封存泄漏监测的气体示踪剂。

2015 年 4 月，神华集团应用实验研究所选择的示踪剂 SF_6 在鄂尔多斯盆地的深部盐水层 CO_2 地质封存现场进行了示踪剂注入测试；并在后续的实践中，通过长期监测 SF_6 的浓度变化进行对 CO_2 泄漏的早期预警。

第二节 水化学分析

通过水化学离子组分浓度测试，对 CO_2 封存与利用过程动态实施监测。测试的离子组分主要包括 Na^+、K^+、Ca^{2+}、Mg^{2+}、Cl^-、SO_4^{2-}、CO_3^{2-}、HCO_3^-。

一、钙镁离子测定

(一) 钙离子测定

在 pH≥12 的强碱性溶液中，钙离子与指示剂(酸性铬蓝 K，紫脲酸铵或钙指示剂等)反应，生成红色络合物，滴入乙二胺四乙酸二钠溶液后，乙二胺四乙酸与钙络合，当试液由红色变为指示剂本身的蓝色时，即为滴定终点。镁离子在 pH≥12 的强碱性溶液中，生成氢氧化镁而不参与反应。

1. 试剂

氢氧化钠溶液(2mol/L)：称取氢氧化钠 40g 溶于煮沸并冷却的蒸馏水中，稀释至 500mL，将溶液储存在塑料瓶中。

氨性缓冲溶液(pH = 10)：称取分析纯氯化铵 67.5g 溶于 200mL 蒸馏水中，加入 570mL 浓氨水，再用蒸馏水稀释到 1000mL，摇匀。

酸性铬蓝 K-萘酚绿 B 混合溶液：称取酸性铬蓝 K0.2g 和萘酚绿 B0.5g 共溶于 100mL 蒸馏水中，摇匀。(由于酸性铬蓝 K 与萘酚绿 B 两种试剂的出厂质量不同，最好通过试验后再确定合适的混合比例，或者分别配制 0.2%酸性铬蓝 K 溶液与 0.5%萘酚绿 B 溶液，在滴定时分别加入，两者的加入量可根据滴定终点是否清晰来确定)。

钙标准溶液(0.01mol/L)：称取经 120℃烘干并在干燥器中冷却的高纯碳酸钙 1.009g 于 250mL 烧杯中，加少量蒸馏水湿润，盖上表面皿，从烧杯嘴逐滴加入盐酸溶液(1+1)，边加边摇动烧杯，直到碳酸钙完全溶解。然后，加入 100mL 蒸馏水，将溶液煮沸，逐去二氧化碳。冷却后，用少量蒸馏水冲洗表面皿。向溶液中投入一小片刚果红试纸，用氢氧化钠溶液(0.2mol/L)滴至刚果红试纸由蓝变红，再滴加盐酸溶液(1+1)至刚果红试纸由红恰变蓝。将溶液移入 1000mL 容量瓶中，用蒸馏水稀释至刻度，摇匀。

乙二胺四乙酸二钠溶液(0.01mol/L)：称取乙二胺四乙酸二钠($C_{10}H_{14}N_2O_8Na_2 \cdot 2H_2O$)3.72g 溶于 1000mL 蒸馏水中，摇匀。

2. 分析步骤

吸取水样 50.0mL 于 150mL 三角瓶中，投入一小片刚果红试纸。滴加盐酸溶液(1+1)至刚果红试纸由红变蓝。

将溶液加热煮沸 1~2min，逐去二氧化碳。

待溶液冷却后，加入氢氧化钠溶液 2mL，摇匀。再加酸性铬蓝 K-萘酚绿 B 混合溶液 3~4 滴，立即用乙二胺四乙酸二钠溶液滴定至蓝色终点。记录乙二胺四乙酸二钠溶液所用去的体积。保留滴定钙后的试液留作测定镁之用。

3. 计算

钙离子含量按式(5-17)计算。

$$C_{Ca^{2+}}=\frac{M\times V_1\times 40.08}{V}\times 1000 \tag{5-17}$$

式中 M——乙二胺四乙酸二钠溶液的浓度，mol/L；

V_1——乙二胺四乙酸二钠溶液滴定所用去的体积，mL；

V——所取水样的体积，mL。

水样在加入氢氧化钠溶液后，应及时用乙二胺四乙酸二钠溶液滴定，否则，随着间隔时间增长，钙的测定结果将偏低。

(二) 镁离子测定

滴定钙后的试液加 pH=10 的氨性缓冲溶液，用乙二胺四乙酸二钠溶液滴定试液中的镁。根据乙二胺四乙酸二钠溶液所消耗的体积，计算水样中镁的含量。

1. 试剂

与钙离子测定的试剂一致。

2. 分析步骤

在用乙二胺四乙酸二钠溶液滴定钙后的试液中，投入一小片刚果红试纸，逐滴加入盐酸溶液(1+1)到刚果红试纸由红色恰变蓝色，摇匀。

加入氨性缓冲溶液(pH=10)5mL，用乙二胺四乙酸二钠溶液(0.01mol/L)滴定到试液由酒红色转为不变的蓝色，即为滴定终点。

3. 计算

镁离子含量按式(5-18)计算。

$$C_{Mg^{2+}}=\frac{M\times V_1\times 24.31}{V}\times 1000 \tag{5-18}$$

二、碳酸根、重碳酸根和氢氧根

用酸标准溶液滴定水样，分别用酚酞指示剂和甲基橙指示剂，根据两次滴定消耗酸标准溶液的体积，分别计算碳酸根和重碳酸根的含量。

(一) 试剂

盐酸标准溶液(0.05mol/L)、酚酞溶液(1%)、甲基橙溶液(0.05%)。

(二) 分析步骤

吸取水样50mL于150mL三角瓶中，加入4滴酚酞溶液，如出现红色，则用盐酸标准溶液滴定到溶液红色刚刚消失，记录消耗盐酸溶液的毫升数(V_1)。

继续加入4滴甲基橙溶液，用盐酸标准溶液滴定到溶液由黄色突变为橙色(轻微橙红色即可)，记录盐酸标准溶液的消耗量(V_2)。

(三) 计算

① 当V_1大于V_2，表明有OH^-和CO^{3-}存在，无HCO_3^-。

$$C_{OH^-}=\frac{M(V_1-V_2)\times 17.01}{V}\times 1000$$

$$C_{CO_3^{2-}}=\frac{M\times V_2\times 60.01}{V}\times 1000 \tag{5-19}$$

② 当V_1等于V_2，表明有CO_3^{2-}而无OH^-和HCO_3^-存在。

$$C_{CO_3^{2-}}=\frac{M\times V_1\times 60.01}{V}\times 1000 \tag{5-20}$$

③ 当V_1小于V_2，表明有CO_3^{2-}和HCO_3^-存在，没有OH^-。

$$C_{CO_3^{2-}}=\frac{M\times V_1\times 60.01}{V}\times 1000$$

$$C_{OH^-}=\frac{M(V_2-V_1)\times 61.02}{V}\times 1000 \tag{5-21}$$

④ 当$V_1=0$，表明仅有HCO_3^-存在。

$$C_{HCO_3^-}=\frac{M\times V_2\times 61.02}{V}\times 1000 \tag{5-22}$$

⑤ 当$V_2=0$，表明仅有OH^-存在。

$$C_{OH^-}=\frac{M\times V_1\times 17.01}{V}\times 1000 \tag{5-23}$$

式中 M——盐酸标准溶液的摩尔浓度，mol/L；

V_1——滴定氢氧根和碳酸根消耗的盐酸标准溶液体积，mL；

V_2——滴定重碳酸根消耗的盐酸标准溶液体积，mL；

V——所取水样的体积，mL。

三、氯化物

硝酸银与氯化物作用生成氯化银沉淀。当有多余的银离子存在时则与铬酸钾指示反应生成红色铬酸银沉淀，可根据硝酸银的消耗量计算氯离子的含量。

（一）试剂

氯化钠标准溶液(0.05mol/L)、硝酸银标准溶液(0.05mol/L)、铬酸钾溶液(10%)。

（二）分析步骤

吸取水样50mL于250mL三角瓶中，加入10滴铬酸钾溶液，在不断振摇下用硝酸银标准溶液滴定至出现稳定的淡桔黄色即为终点。

吸取蒸馏水50mL按上一步进行空白测定。

（三）计算

氯离子含量按式(5-24)计算。

$$C_{Cl^-}=\frac{M\times(V_1-V_2)\times 35.45}{V}\times 1000 \tag{5-24}$$

式中 M——硝酸银标准溶液的浓度，mol/L；

V_1——测定水样所消耗硝酸银溶液的体积，mL；

V_2——空白试验所消耗硝酸银溶液的体积，mL；

V——所取水样的体积，mL。

测得的结果实际为氯离子、溴离子、碘离子的总和。如果样品中溴离子和碘离子含量较大时，应对分析结果进行校正。若水样pH值小于5.3或大于10时，应预先用酸或碱调节至中性或弱碱性。为此分别加入2滴酚酞指示剂，用0.05mol/L硫酸溶液或0.05mol/L氢氧化钠溶液调节至溶液由红色刚变为无色，然后进行测定。

四、游离 CO_2

游离 CO_2 与氢氧化钠或碳酸钠反应，生成碳酸氢钠，用酚酞指示剂滴定到等当点时的pH值为8.3。由于游离 CO_2 气体极易从水中逸出，因此，最好在取样现场进行测定。

（一）试剂

酚酞溶液(1%)和氢氧化钠标准溶液(0.05mol/L)。

（二）分析步骤

用虹吸法取水样50mL，将吸量管插入三角瓶底，小心放入。加4滴酚酞溶液，用氢氧化钠溶液滴定至溶液呈粉红色，半分钟不退色即为终点。

对 CO_2 含量高的碳酸泉水，在按上一步测定后，应按下述方法重测。

准确吸取比滴定样品所消耗的标准氢氧化钠溶液的量稍少的氢氧化钠溶液，放入三角瓶内，然后小心加入水样50mL，加4滴酚酞溶液，再用氢氧化钠溶液滴定至粉红色不退。根据前后两次所用氢氧化钠溶液的体积之和，计算游离 CO_2 含量。

（三）计算

游离 CO_2 含量用式(5-25)计算。

$$C_{游离CO_2}=\frac{M\times V_1\times 44}{V}\times 1000 \tag{5-25}$$

式中 M——氢氧化钠标准溶液的浓度，mol/L；

V_1——滴定消耗氢氧化钠溶液的体积，mL；

V——取水样体积，mL。

为了更精确地测定游离 CO_2，应除去游离矿酸、有机酸或重金属盐类水解作用的影响，按下列方法测定。

取一份水样，煮沸除去游离 CO_2 后，加酚酞溶液(1%)，用氢氧化钠溶液滴定至终点。记下氢氧化钠消耗体积，然后从测定游离 CO_2 消耗的体积中减去此体积，再按式(5-25)计算游离 CO_2。

五、侵蚀性 CO_2

在水样中加入处理后的大理石粉末，使侵蚀性 CO_2 固定下来，生成与侵蚀性 CO_2 含量相当的重碳酸根离子。通过重碳酸根含量的测定，用差减法计算侵其含量。

（一）试剂

酚酞溶液(1%)、甲基橙溶液(0.05%)、盐酸标准溶液(0.05mol/L)。

（二）分析步骤

吸取未加大理石粉末的水样 50mL 于 150mL 三角瓶中，加入 4 滴甲基橙溶液，用盐酸标准溶液滴定到黄色突变为橙红色，消耗的盐酸标准溶液为 V_1(mL)。

另取加大理石粉末的澄清水样 50mL 于三角瓶中，按上一步骤进行测定，消耗的盐酸标准溶液为 V_2(mL)。

（三）计算

侵蚀性 CO_2 的含量按式(5-26)计算。

$$C_{侵蚀性CO_2}=\frac{M\times (V_2-V_1)\times 22}{V}\times 1000 \tag{5-26}$$

式中 M——盐酸标准溶液的浓度，mol/L；

V_2——加大理石粉末的水样所消耗盐酸标准溶液的体积，mL；

V_1——未加大理石粉末的水样所消耗盐酸标准溶液的体积，mL；

V——所取水样体积，mL。

对不含有游离二氧化碳的水样，可不必测定侵蚀性 CO_2。

大理石粉末处理方法如下：将 80~100 目的大理石粉末在蒸馏水中浸泡 2h，用热蒸馏水倾泻洗涤多次，洗至滤液呈中性，然后于 105℃烘干备用。

第三节 监 测 体 系

CO_2 盐水层地质封存地球化学响应的监测指标体系，包括水化学常量组分、微量组分和同位素组分等。

一、监测指标

监测指标包括地下水总碱度、离子浓度、化学需氧量、细菌总数等。

化学需氧量(COD)是反映水体有机污染物的综合指标，也是衡量水体污染情况的主要因子。随着 CO_2 泄漏量不断增加，水体中 COD 呈缓慢上升的趋势。其主要原因是 CO_2 进入水体后，在气泡浮力作用下，使得本来沉积在水体底泥中的难以降解的有机物悬浮在水体中，使得 COD 增高。此外，CO_2 的泄漏导致水体中 O_2 含量减少，使得一些浮游生物老化死亡，尸体不断分解产生有机物，COD 进一步增高。

水体金属离子浓度：CO_2 泄漏对水体中的金属离子含量没有直接影响，主要是与水反应生成碳酸后，通过水-岩石、水-土壤之间的相互作用，间接使水体中金属离子组分发生变化，继而导致水体电导率、矿化度及总硬度发生改变。例如，黄土塬区土壤质地松软，易遭受水流侵蚀，CO_2 发生泄漏后水体酸化，加快了水体土壤及岩石的溶解速率，导致 Ca^{2+}、Mg^{2+} 等金属离子迁移至水体中，金属离子浓度升高，引起水体电导率、矿化度及硬度上升，使水体普遍成为硬水、极硬水。总体变化呈现出“先快后慢”的上升趋势，这一趋势在夏季温度较高时更为明显。

细菌总数：水体中的细菌总数随水温的变化影响较大，夏季时细菌总数高于冬季，具体变化顺序为夏季>秋季>春季>冬季。研究表明，水温高于15℃时，微生物代谢活性增强，且温度每升高10℃，微生物生长速率可提高一倍。CO_2 泄漏进入水体后，随着反应的进行，水体浊度增高，可以附着营养物质，水中颗粒物成为细菌生长的重要载体。此外，水体 pH 值降低，使在酸性条件下生长繁殖的细菌获得优越的环境，其总数也会增加。

二、监测方法

HCO_3^-、Ca^{2+}、Mg^{2+} 浓度与 CO_2 泄漏量具有较强的相关性，但与 CO_2 浓度、地下水 pH 值等指标相比，此类指标检测方法多为取样送检，无法满足 CO_2 泄漏监测对实时性的需求。同时，由于 Ca^{2+} 和 Mg^{2+} 浓度在出现浓度峰值之后会降低至较低浓度，如果取样检测频率不够高，错过峰值阶段则可能做出错误的判断。

CO_2 注入前，需建立地下水理化性质的本底值基线，为 CO_2 泄漏提供判断依据。大气降雨、季节变化及人类活动等都是影响环境参数的重要因素，进而会对地下水中离子浓度等监测指标产生影响，只有建立了较为稳定、可靠的环境本底值基线，才能较为可信地判断今后监测指标的波动变化是否为 CO_2 泄漏导致。需要特别注意的是，在取样过程中从地层深处采样至地表，受地表环境因素的影响，温度及压力已发生变化，则检测所得背景值曲线为失真值，无法准确对 CO_2 泄漏情况进行判断，所以温度、压力背景值的建立采用原位多参数监测仪器，直接在地下完成对温度压力本底值数据的采集。

由于地下水 HCO_3^-、Ca^{2+}、Mg^{2+} 浓度难以实施在线监测，所以依然采用取样监测，提升其采样频率和分析力度，配合仪器监测共同判断 CO_2 泄漏情况。

思考题

1. 示踪剂的作用有哪些？示踪剂如何分类？
2. 水化学分析包括哪些内容？
3. 通过文献阅读，分析监测指标还有哪些？
4. 地球化学监测还有哪些其他的技术手段？

扫码获取更多学习资料

第六章　封存与利用数值模拟理论

现代计算机技术与应用数学学科的发展，使得数值模拟技术已经成为碳封存工程 CO_2 运移规律预测的重要技术手段。可用于研究 CO_2 地质封存的数值模拟软件也很多，主要有 PHREEQC、GEM、ECLIPSE、TOUGH2/TOUGHREACT、PETROMOD、MUFTE－UG 和 NUFT 等。其中，以 TOUGH2 系列软件的应用研究最为广泛。本章重点介绍 CO_2 地质封存、CO_2 驱油数值模拟相关的理论基础，通过数值模拟计算可以很好地展示流体运移变化，为监测提供支撑。

第一节　盐水层地质封存数值模拟

在第二章第二节部分，对盐水层中 CO_2 封存数值模拟基础理论进行了阐述，在此部分侧重于考虑流固耦合的盐水层地质封存数值模拟理论。

一、地质体和变量

为了准确描述水-CO_2 两相流在可变形多孔介质中的等温流动过程，在整个地质体中考虑的组分有：超临界 CO_2、盐水和固体骨架、空气、CO_2、水和非水相液体。

混合理论是建立复杂多孔介质模型的基本方法之一，由于混合理论不包含任何关于材料微观结构的信息，因此该理论应用了体积分数的概念。封存储层被认为是固体骨架和孔隙流体的混合物，根据多孔介质理论进行如下假设：

① 单相流在多孔介质中流动(单相气体或液体)；

② 多相流在多孔介质中流动(气体和液体不互溶流体混合物)；

③ 多相多组分在多孔介质中流动(可混溶流体混合物，存在由于蒸发、凝结、沉淀引起的相变)。

用 γ 表示流体组分，γ=盐水、CO_2，存在两种流体组分；α 表示相态，$\alpha=l$(液相)、g(气相)、s(固相)，存在三种相态。在体积分数概念的框架内，定义体积分数和饱和度等标量变量，以宏观的方式描述多孔介质的显微结构，忽略孔隙的真实拓扑和分布。体积分数 n^α 为组分 ϕ_α 所占体积 $\mathrm{d}v^\alpha$ 与总体积 $\mathrm{d}v$ 的比值。因此，控制域总体积可以由式(6-1)表示。

$$V=\int_{\Omega}\mathrm{d}v \tag{6-1}$$

单个组分所占的体积由式(6-2)计算。

$$V^{\alpha} = \int_{\Omega} \mathrm{d}v^{\alpha} \tag{6-2}$$

组分体积与总体积间的关系如式(6-3)所示。

$$V = \sum_{\alpha} V^{\alpha} \tag{6-3}$$

因此体积分数可以由式(6-4)计算得到。

$$n^{\alpha} = \frac{\mathrm{d}v^{\alpha}}{\mathrm{d}v} \tag{6-4}$$

单个组分的体积可表示如式(6-5)所示。

$$V^{\alpha} = \int_{\Omega} \mathrm{d}v^{\alpha} = \int_{\Omega} n^{\alpha} \mathrm{d}v \tag{6-5}$$

孔隙度 n 是封存地质体重要的物性参数之一，也是流体体积分数的总和。

$$n = \sum_{\gamma} n^{\gamma} = 1 - n^{s} \tag{6-6}$$

从总体上来看，封存地质体内是完全饱和的，如式(6-7)所示。

$$\sum_{\alpha} n^{\alpha} = 1 \tag{6-7}$$

当多孔介质内为多相流时，使用流体饱和度 S^{γ} 比体积分数更方便说明问题，饱和度函数定义如式(6-8)所示。

$$S^{\gamma} = \frac{\mathrm{d}v^{\gamma}}{\mathrm{d}v - \mathrm{d}v^{s}} = \frac{n^{\gamma}}{n} \tag{6-8}$$

孔隙饱和条件可以用式(6-9)表示。

$$\sum_{\gamma} S^{\gamma} = 1 \tag{6-9}$$

一般情况下，在解决实际物理问题中增加约束条件是为了简化复杂的数学及数值模型。在体积分数概念体系中，存在两种与多孔介质成分有关的质量密度公式，组分 ϕ_{α} 的质量分数 $\mathrm{d}m^{\alpha}$ 与它的体积分数的比值为有效密度 $\rho^{\alpha R}$。

$$\rho^{\alpha R} = \frac{\mathrm{d}m^{\alpha}}{\mathrm{d}v^{\alpha}} \tag{6-10}$$

相对地，局部密度是由组分的质量分数与总的体积分数的比值给出，如式(6-11)所示。

$$\rho^{\alpha} = \frac{\mathrm{d}m^{\alpha}}{\mathrm{d}v} \tag{6-11}$$

上述公式和关系的成立都是基于假设多相介质所有成分的质量分数同时存在，并在整个控制域中分布一致。在连续体力学框架内描述多孔介质成分的运移和变形时，假定所考虑的控制域的固体骨架为实心骨架，流体在孔隙中流动时流经骨架表面，在模拟多孔介质中复杂的、耦合的物理过程，特别是在固体骨架变形可观察到的情况下，这一假设是必要的。

为了最大限度地利用孔隙空间，CO_2 应以超临界状态被注入盐水层中，在这种情况下，它的流体属性类似于气体，密度类似于液体。CO_2 溶解到盐水是一个非常缓慢的过程，在后述的模型中忽略其溶解和其他相变过程。

二、控制方程

由 CO_2 注入盐水层引起固体骨架变形过程是用变形多孔介质中两相流模型，模型中流体成分为 CO_2 和原生孔隙流体盐水。

（一）封存地质体本构方程

在岩土问题中，与流体和骨架运动的相互作用条件相比，内部流体摩擦力是可以忽略的。总柯西应力张量 σ 指的是总骨架的局部载荷状态，由各组分的所有局部应力之和构成。因此，应力张量根据有效应力概念定义如式(6-12)所示。

$$\boldsymbol{\sigma}=\boldsymbol{\sigma}_E^s-\alpha p\boldsymbol{I} \tag{6-12}$$

$$p=\sum_{\gamma} S^{\gamma}p^{\gamma} \tag{6-13}$$

式中 σ_E^s——固体有效应力；

I——等同张量；孔压 p 类比道尔顿定律；

p^{γ}——流体 γ 的压力。

综合式(6-12)、式(6-13)，得到有效应力表达式，如式(6-14)所示。

$$\sigma=\sigma_E^s-\alpha\left(\sum_{\gamma} S^{\gamma}p^{\gamma}\right)I \tag{6-14}$$

式中 α——Biot 系数，$\alpha\in(0,1]$，是表征岩石孔隙的参数。

孔隙流体压力 $\bar{p}$ 折算到表征单元体的边界上后变为 $\overline{\alpha p}$。

根据所考虑问题的一系列平衡关系，盐水层的应力场受整体局部动量平衡关系的制约，整体力平衡方程如式(6-15)所示。

$$\nabla\cdot\left[\sigma_E^s-\alpha\left(\sum_{\gamma} S^{\gamma}p^{\gamma}\right)I\right]+\rho g=0 \tag{6-15}$$

（二）流体渗流方程

忽略由相变(没有溶解和吸附过程)引起的质量变化，多孔介质单个组分 ϕ_α 的质量平衡方程为式(6-16)。

$$\frac{\mathrm{d}\rho^{\alpha}}{\mathrm{d}t}+\rho^{\alpha}\nabla\cdot\boldsymbol{\nu}^{\alpha}=\frac{\partial\rho^{\alpha}}{\mathrm{d}t}+\nabla\cdot(\rho^{\alpha}\nu^{\alpha})=0 \tag{6-16}$$

式中 ν^{α}——流体流速；

$\nabla\cdot()$——散度算子。

固体骨架的速度位移关系如式(6-17)所示。

$$\boldsymbol{\nu}^s=\dot{u}^s \tag{6-17}$$

式中 $\dot{u}^s$——固体位移。

$$\frac{\mathrm{d}a}{\mathrm{d}t}=\frac{\partial a}{\mathrm{d}t}+\nu^{\alpha}\cdot\nabla a \tag{6-18}$$

式(6-18)表示了任意变量 a 的物质时间导数，其中考虑了组分 ϕ_α 质点的运动。它由局部扩散部分和与速度相关的对流部分组成。

多孔介质流体成分的运移过程与固体骨架运动是密切相关的。因此，物质时间导数与固体骨架及单个流体组分 φ^{γ} 的关系对于不同过程的统一数值表征是至关重要的。

$$\frac{\mathrm{d}_{\gamma} a}{\mathrm{d}t}=\frac{\mathrm{d}_{s} a}{\mathrm{d}t}+\nu^{\gamma s}\cdot\nabla a \tag{6-19}$$

式中 $\nu^{\gamma s}=\nu^{\gamma}-\dot{u}^{s}$——渗流速度，描述流体相对于固体骨架的运动。

由式(6-16)和式(6-6)，得到固体骨架质量守恒。

$$\frac{\mathrm{d}_{s}[(1-n)\rho^{sR}]}{\mathrm{d}t}+(1-n)\rho^{sR}\nabla\cdot\dot{u}^{s}=0 \tag{6-20}$$

同样的，由式(6-8)和式(6-19)，流体 φ^{γ}，$\gamma=CO_2$，l。考虑固相运动的质量守恒方程如式(6-21)所示。

$$\frac{\mathrm{d}_{s}(nS^{\gamma}\rho^{sR})}{\mathrm{d}t}+\nabla\cdot(nS^{\gamma}\rho^{\gamma R}\nu^{\gamma s})+S^{\gamma}\rho^{\gamma R}\nabla\cdot\dot{u}^{s}=0 \tag{6-21}$$

假设固体是不可压缩的，即 $\mathrm{d}_{s}\rho^{sR}/\mathrm{d}t=0$，代入固体质量守恒式(6-20)，方程变形得到式(6-22)。

$$nS^{\gamma}\frac{\mathrm{d}_{s}\rho^{\gamma R}}{\mathrm{d}t}+n\rho^{\gamma R}\frac{\mathrm{d}_{s}S^{\gamma}}{\mathrm{d}t}+\nabla\cdot(\rho^{\gamma R}\omega^{\gamma s})+S^{\gamma}\rho^{\gamma R}\nabla\cdot\dot{u}^{s}=0 \tag{6-22}$$

式中 $\omega^{\gamma s}=nS^{\gamma}\nu^{\gamma s}$——孔隙流体 φ^{γ} 的渗流速度。流体动量平衡由扩展的两相达西定律表示。

$$\omega^{\gamma s}=-\frac{k_{\mathrm{rel}}^{\gamma}}{\mu^{\gamma}}k\cdot(\nabla p^{\gamma}-\rho^{\gamma R}g) \tag{6-23}$$

式中 $k_{\mathrm{rel}}^{\gamma}$——流体 γ 的相对渗透率，无量纲；

μ^{γ}——流体的黏度，Pa·s；

k——岩石的绝对渗透率，m^2；

g——重力加速度，m/s^2。

假设系统中所有组分都是不可压缩的，即 ρ^{sR}，ρ^{lR}，ρ^{CO_2R} 均为常数。

（三）辅助方程

除上述本构方程和耦合的渗流方程外，还需要一些辅助方程才能完成整个数值模拟工作，主要包括：

① 毛细管压为非润湿相压力与润湿相压力的差值。

$$p^{c}=p^{CO_2}-p^{l} \tag{6-24}$$

② 毛细管压和流体饱和度之间的关系，如式(6-25)所示。

$$p^{c}=p_{\mathrm{entry}}S_{\mathrm{eff}}^{-(1/\lambda)}\quad(p^{c}\geqslant p_{\mathrm{entry}}) \tag{6-25}$$

式中 p_{entry}——毛细管入口压力；

λ——孔隙分布系数。

③ S_{eff}为有效润湿流体饱和度。

$$S_{\mathrm{eff}}=\frac{S^{l}-S_{\mathrm{res}}^{l}}{1-S_{\mathrm{res}}^{l}-S_{\mathrm{res}}^{CO_2}} \tag{6-26}$$

式中 S_{res}^{l}——残余盐水饱和度；

$S_{\mathrm{res}}^{CO_2}$——残余气饱和度。

④ 相对渗透率与饱和度关系。

$$k_{res}^{l}=(S_{eff})^{(2+3\lambda)/\lambda} \tag{6-27}$$

$$k_{res}^{CO_2}=(1-S_{eff})^2(1-(S_{eff})^{(2+\lambda)/\lambda}) \tag{6-28}$$

其中，λ，S_{res}^{l}，$S_{res}^{CO_2}$均由实验测得。

⑤ 储层岩石变形假定为线弹性，应变张量定义为：

$$\varepsilon^s(u^s)=\frac{1}{2}[\nabla u^s+(\nabla u^s)^T] \tag{6-29}$$

⑥ 对储层岩石体中一点作应力分析，如图 6-1 所示，作用在单元体六个面上的应力分量分别为 σ_x、σ_y、σ_z、τ_{xy}、τ_{yx}、τ_{xz}、τ_{zx}、τ_{yz}、τ_{zy}，在均质情况下，固体有效应力由广义胡克定律给出。

$$\sigma_E^s=2\mu^s\varepsilon^s+\lambda^s(sp\varepsilon^s)I \tag{6-30}$$

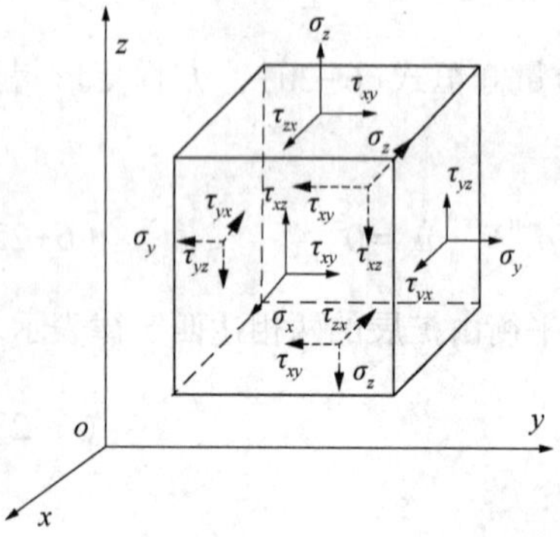

图 6-1　地质封存体单元体平衡图

⑦ 其中 μ^s 和 λ^s 是多孔材料的 Lame 常数，可由杨氏模量 E，泊松率 ν 和剪切模量 G 表示，而这些参数是由实验测得的。

$$\mu^s=\frac{E}{2(1+\nu)}=G \tag{6-31}$$

$$\lambda^s=\frac{E\nu}{(1+\nu)(1-2\nu)}=\frac{2G\nu}{(1-2\nu)} \tag{6-32}$$

（四）求解方法

对于流-固耦合问题的求解方法有解析法和数值法两种，由于地质状态的多变性和复杂性，很难获得正确的解析解，比如地质非均质性、几何形状的不规则性，这些因素都使得解析方法难以获得真实解。在数学模型建立过程中需要进行大量的简化和假设，因此一般采用数值方法进行耦合问题的求解。

基于控制场方程和时间域、空间域上的离散化方法，对变形多孔介质中两相流耦合数值进行处理。应用全隐式向后差分进行时间域离散，应用加权余量法得到连续性方程式(6-22)及力平衡方程式(6-15)的弱形式。应用 Galerkin 变分方法，可以用试函数 $\overline{\nu}=\overline{\nu}(x)$ $\{\overline{\nu}\in[H_0^1(\Omega)]^3$，$\overline{\nu}=0$ 在 Dirichlet 边界 Γ_u 上$\}$在力平衡方程式(6-15)上进行乘积运算并积分，得到变分后形式如式(6-33)所示。

$$\int_{\Omega}(\sigma_E^s-\alpha p\,\mathrm{I})\cdot\varepsilon^s(\overline{v})\mathrm{d}\Omega-\int_{\Omega}\rho g\cdot\overline{v}\mathrm{d}\Omega=\int_{\Gamma_t}\overline{t}\cdot\overline{v}\mathrm{d}\Gamma_t \tag{6-33}$$

$\overline{t}$ 是 Neumann 边界 Γ_t 上的外加载荷，如果将试函数理解为虚位移向量函数，则方程式(6-33)表示虚功原理。

同样的过程，流体质量守恒方程式(6-22)乘以试函数 $\overline{q}^{\gamma}\in L_2(\Omega)$($\overline{q}^{\gamma}=0$ 在 Dirichlet 边界 Γ_p 上)，并积分，可得连续性方程变分后形式。

$$\int_{\Omega}\left(nS^{\gamma}\frac{\mathrm{d}_s\rho^{\gamma R}}{\mathrm{d}t}+n\rho^{\gamma R}\frac{\mathrm{d}_sS^{\gamma}}{\mathrm{d}t}+S^{\gamma}\rho^{\gamma R}\nabla\cdot\dot{u}^s\right)\overline{q}^{\gamma}\mathrm{d}\Omega-\int_{\Omega}\rho^{\gamma R}\omega^{\gamma s}\cdot\nabla\overline{q}^{\gamma}\mathrm{d}\Omega=-\int_{\Gamma_\phi}\overline{\phi}^{\gamma}\overline{q}^{\gamma}\mathrm{d}\Gamma_q \tag{6-34}$$

式中 $\bar{\phi}^{\gamma}$——流体组分 ϕ^{γ} 流经 Neumann 边界 Γ_{ϕ} 的流量。

CO_2 地质封存的流固耦合控制方程中，利用达西定律，方程式(6-23)可以消除掉渗流速度。因此，$\omega^{\gamma s}$不作为独立变量考虑，代之以压力为主变量。此外，考虑压力-饱和度关系以及密度和压力分数之间的本构关系，地质体骨架位移和流体压力在方程(6-34)中为主变量。

对于两相流问题，主变量的选择对于所选的数值方案的稳定性至关重要。将毛细管压力 p^{c} 和 CO_2 压力 p^{CO_2}作为两相流模型的主要变量。另外，也可利用润湿相的压力(盐水压力)和非润湿相的饱和度(CO_2 饱和度)来实现压力-饱和度变量选择。在变形过程中，固相位移作为主要变量。

选用适当的元素及其形状函数构造有限元子空间的基函数。可以选择三角形元素进行剖分，对变量 p^{c}，p^{CO_2}，u 均采用 Lagrange 型形状函数，选取 6 个节点进行插值确定各项系数。如图 6-2 所示，(a)为笛卡尔坐标系，(b)为经过(a)变换后的局部坐标系，边界处方程为 $\xi=1$，$\eta=1$。

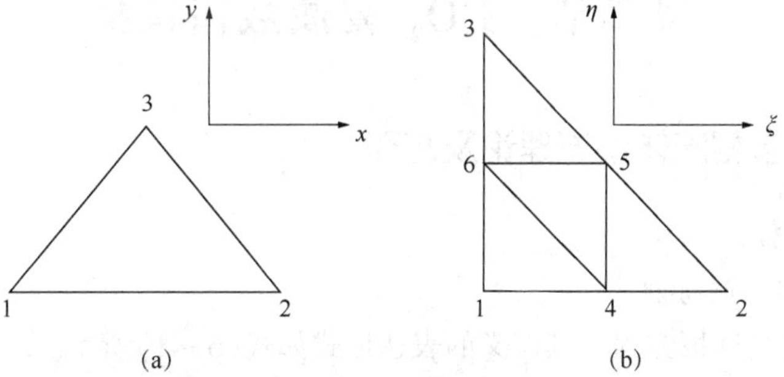

图 6-2 三角形元素 Lagrange 6 节点插值示意图

6 节点上的插值基函数如式(6-35)所示：

$$
\begin{aligned}
&\psi_1=1-\psi_2-\psi_3-\psi_4-\psi_5-\psi_6\\
&\psi_2=\xi(2\xi-1)\\
&\psi_3=\eta(2\eta-1)\\
&\psi_4=4\xi(1-\xi-\eta)\\
&\psi_5=4\xi\eta\\
&\psi_6=4\eta(1-\xi-\eta)
\end{aligned}
\tag{6-35}
$$

每个单元上主变量的值经过各节点加权后变为式(6-36)：

$$
p^{c}=\sum_{i=1}^{6}p_i^{c}\phi_i,\ p^{CO_2}=\sum_{i=1}^{6}p_i^{CO_2}\phi_i,\ u=\sum_{i=1}^{6}u_i\phi_i \tag{6-36}
$$

对方程(6-33)和(6-34)进行离散后，可得到非线性代数方程组：

$$
\begin{pmatrix} M_{p^cp^c} & M_{p^cp\mathrm{CO_2}} & 0 \\ M_{p\mathrm{CO_2}p^c} & M_{p\mathrm{CO_2}p\mathrm{CO_2}} & 0 \\ 0 & 0 & 0 \end{pmatrix}\begin{pmatrix} \dot{\tilde{p}}^{c} \\ \dot{\tilde{p}}^{\mathrm{CO_2}} \\ 0 \end{pmatrix}+\begin{pmatrix} K_{p^cp^c} & K_{p^cp\mathrm{CO_2}} & K_{p^cu} \\ K_{p\mathrm{CO_2}p^c} & K_{p\mathrm{CO_2}p\mathrm{CO_2}} & K_{p\mathrm{CO_2}u} \\ K_{up^c} & K_{up\mathrm{CO_2}} & Kuu \end{pmatrix}\begin{pmatrix} \tilde{p}^{c} \\ \tilde{p}^{\mathrm{CO_2}} \\ \tilde{u} \end{pmatrix}=\begin{pmatrix} f^{c} \\ f^{\mathrm{CO_2}} \\ f^{u} \end{pmatrix} \tag{6-37}
$$

式中 M——质量矩阵；

K——拉普拉斯矩阵；

$\tilde{p}^c$、$\tilde{p}^{CO_2}$、$\tilde{u}$——单元节点上未知量的数据集。

对于时间离散化，使用广义一阶差分格式：

$$y_{n+1}=y_n+[\alpha f_{n+1}+(1-\alpha)f_n]\Delta t$$
$$\Delta t=t_{n+1}-t_n \tag{6-38}$$

将有限元系统方程(6-37)简化为式(6-39)形式：

$$M\dot{Y}+KY=f \tag{6-39}$$

经过一些简单的代数运算，可以得到：

$$\left(\frac{1}{\Delta t}M_{n+1}+\alpha K_{n+1}\right)\Delta Y=(\alpha\Delta f+f_n)-[\alpha K_{n+1}+(1-\alpha)K_n]Y_n \tag{6-40}$$

在多数应用中，均采用全隐式欧拉方法进行时间离散化，隐式欧拉方案是无条件收敛的，可应用于多孔介质流的复杂问题中。

第二节　CO_2 驱油数值模拟

一、非等温多相流体渗流理论及方程

（一）控制方程

1. 质量和能量守恒方程

质量守恒和能量守恒方程，其广义的表达形式如式(6-41)所示。

$$\frac{\partial M^K}{\partial t}=-\nabla\cdot F^K+q^K \tag{6-41}$$

式中　M^K——组分 K 的质量或能量累积项；

F^K——组分 K 进入或流出量；

q^K——组分 K 的源汇项；

∇——向量微分算子。

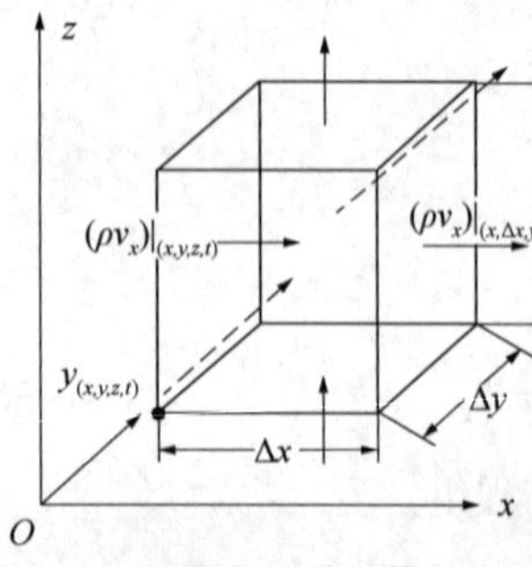

图 6-3　地层中的单元体均衡要素图

因此，式(6-41)可表述为流体单位时间内密度的变化等于流动项和源汇项之和。如以地层内具有一定体积的地层网格为例，如图 6-3 所示，F^K 即为该单元体的所有与其他单元体接触表面上，K 组分通量的集合，q^K 即为其他外界或人为产生的源汇项的集合。

累积项 M^K 的计算，对于任意质量组分 K 的计算，其累积项 M^K 由式(6-42)计算。

$$M^K=\sum\phi\rho_\beta S_\beta X_\beta^K \tag{6-42}$$

式中　ρ_β——β 相的密度，kg/m^3；

S_β——B 相的饱和度；

X_β^K——K 组分在 β 相中的质量分数；

ϕ——孔隙度。

对于 CO_2 驱提高采收率而言，组分 K 的质量通量 M^K 中的 β 相包括气相、水相及油相，组分 K 包括 H_2O、CO_2 及系统中考虑的多种烃类组分。

对于能量累积项，与质量累积项不同。质量累积项只包括对流体的计算，而能量累积项除流体以外还包括对岩石骨架能量的计算，如式(6-43)所示。

$$M^K = \sum_{\beta} \phi \rho_\beta S_\beta \left(h_\beta + \frac{u_\beta^2}{2} + gz \right) + (1 - \phi) \rho_R C_R T \tag{6-43}$$

式中　$\frac{u_\beta^2}{2}$——动能；

gz——重力势能；

u——流体流速，m/s；

h_β——流体比焓，J/kg；

z——流体的相对高度；

ρ_R——岩体骨架密度，kg/m^3；

C_R——岩体比热容，J/(kg·K)；

T——网格温度，K。

上述方法在数值模拟里称为局部热平衡，即认为网格内部流体与岩石的热交换是瞬时完成，网格内流体和岩石在任意时刻均具有相同温度。式(6-43)考虑了流体的动能和重力势能。由于能量的计算并没有一个基准，只看其绝对值并无意义，无论对于骨架，甚至是不同相态的流体，其参考体系均可任意选取，只要在同一模型中选取同一参考值即可。同理对于重力势能，也只要选取同一参考高度即可。

2. 流动项 F^K 的计算

流体质量流动项总体可表达为式(6-44)。

$$F^K = \sum_{\beta} \rho_\beta S_\beta X_\beta^K \tag{6-44}$$

式中　F^K——K 组分的质量流量，其余符号与上述相同。

对于能量流动项，其表达式如式(6-45)所示。

$$F^K = -\lambda \frac{dT}{dz} + \sum_{\beta} h_\beta \rho_\beta S_\beta + \frac{d}{dx} \sum_{\beta} \left(\frac{u_\beta^2}{2} + gz\cos\theta \right) \tag{6-45}$$

式中　λ——热传导系数，W/(m·℃)；

θ——流动方向与重力方向的夹角。

（二）相对渗透率模型

对于 CO_2 驱油提高原油采收率，储层内多数为气、水、油三相同时存在。三相流的相对渗透率计算通常由两相系统推导而来，常用的三相相对渗透率的计算模型有 STONE Ⅱ 模型及考虑相界面张力的 Coats 模型。

1. STONE Ⅱ 模型

储层存在气、水、油三相条件时，应用改进的 STONE Ⅱ 模型进行相对渗透率的计算，它假设油相的相对渗透率是水-油及油-气系统相对渗透率数据的函数，而水-油及油-气系统的相对渗透率数据作为已知量。

$$k_{ro}(S_l, S_g)=k_{rocl}\left[\left(\frac{k_{rol}}{k_{rocl}}+k_{rl}\right)\left(\frac{k_{rog}}{k_{rocl}}+k_{rg}\right)-(k_{rl}+k_{rg})\right] \tag{6-46}$$

式中 k_{rocl}——残余水饱和度(S_{lc})下的油相相对渗透率；

k_{rol}——$S_g=0$ 时的油相相对渗透率；

k_{rl}——水-油系统中与 S_l 相关的水相相对渗透率函数；

k_{rog}——当 $S_l=S_{lc}$ 时，与 S_g 相关的油相相对渗透率；

k_{rg}——气-油系统中与 S_g 相关的气相相对渗透率函数。

在 CO_2 混相驱油的过程中，由于 CO_2 与原油不断萃取及溶解过程，混相带及近混相带区域的气相及油相组分的组成与原油有较大的差异。因此，考虑混相带中非水相由于组分变化对相态流体性质的影响，对相对渗透率的计算进行校正。校正方式参考 CMG-GEM 软件考虑气-油相界面张力对相对渗透率进行校正，具体计算如式(6-47)所示。

$$K_{ro}'=f\times K_{ro}+(1-f)\times K_{rh}\frac{S_o}{1-S_w}$$

$$K_{rg}'=f\times K_{rg}+(1-f)\times K_{rh}\frac{S_g}{1-S_w} \tag{6-47}$$

$$K_{rh}=0.5\times(K_{r_{ow}}^{S_w}-K_{K_{rg}}^{1-S_w}),\ f=\begin{cases}1, & \text{if}\sigma>\sigma_{ref}\\ x, & \text{if}\sigma\leqslant\sigma_{ref}\end{cases}$$

式中 f——校正系数；

σ——气-油相间的界面张力；

σ_{ref}——参考相界面张力，默认值为 0.5mN/m；

η——校正指数，默认值为 0.1；

K_{ro}'，K_{rg}'——校正后的油相及气相相对渗透率，其他符号同前。

2. Coats 模型

Coats 模型与 STONE Ⅱ模型不同的是它考虑相对渗透率为油-气相界面张力的函数，如下式所示。

$$k_{rg}=k_{rgca}\{f(\sigma)\overline{S}_g^{ng}+[1-f(\sigma)]\overline{S}_g\} \tag{6-48}$$

$$k_{ro}=k_{roca}[(k_{roa}+k_{ra})(k_{rog}+k_{rg})-(k_{ra}+k_{rg})] \tag{6-49}$$

$$\overline{S}_g=\frac{S_g-S_{gr}^*}{1-S_{wi}-S_{gr}^*} \tag{6-50}$$

$$S_{gr}^*=f(\sigma)S_{gr} \tag{6-51}$$

式中 (σ)——气-油界面张力的函数；

S_{wi}——束缚水饱和度；

S_{gr}——残余气饱和度；

k_{roca}——束缚水饱和度时油相相对渗透率；

k_{roa}，k_{rog}——油-水相对渗透率及油-气相对渗透率；

k_{ra}，k_{rg}，k_{ro}——水相、气相及油相的相对渗透率。

（三）组分相平衡计算

1. 状态方程

针对系统中含有多烃组分的特征，利用 Peng-Robinson 立方方程对多组分气、油相逸度进行计算，以此确定组分的相平衡状态。该方程利用单组分方程结合二元相互作用系数计算多组分混合物，考虑了多组分之间的相互作用，使得预测结果更准确。

2. 水在气相、油相中的平衡

根据理想气体的假设条件，组分水在气相中的平衡摩尔分数可通过该温度下水的饱和蒸气压 $P_{sat}(T)$ 与实际总压力 P 的比值进行计算。

$$x_{g,eq}^{H_2O}=\frac{P_{sat}(T)}{P} \tag{6-52}$$

而组分水在油相中的平衡摩尔分数通过受温度控制的油相中的溶解度参数来计算，具体表达式如式(6-53)所示。

$$x_{o,eq}^{H_2O}=S_{olu}(T)\frac{P_o}{P} \tag{6-53}$$

式中 $S_{olu}(T)$——温度 T 条件下水组分在油相中的溶解度；

P_o——参考压力，通常为一个大气压。

3. 烃组分在气相、油相中的平衡

烃组分在气-油相间的相分配系数通过组分在气、油两相间摩尔分数的比值来表示，见式(6-54)。

$$K_i=\frac{y_i}{x_i} \tag{6-54}$$

式中 y_i，x_i——i 组分在气相及油相中的摩尔分数。

相分配系数的计算通过将热力学关系应用于 Peng-Robinson 方程可计算逸度，其表示式见式(6-55)。利用逸度平衡计算烃组分在气-油相间的相平衡，通过逸度系数确定相分配系数。

$$\ln\frac{f}{P}=\int_0^P\left(\frac{V}{RT}-\frac{1}{P}\right)dP \tag{6-55}$$

通过闪蒸计算迭代求解各组分的相分配系数，直至各组分在气-油相间均达到逸度-逸度平衡，平衡后相分配系数也转化为逸度系数的比值。

4. 气-油相界面张力

气相及油相间的界面张力是判断混相与否的重要参数，对气相及油相间的界面张力可以由式(6-56)进行计算。

$$\sigma_{go}=(\rho_0\sum x_o^i P_{ari}-\rho_g\sum x_g^i P_{ari})^4 \tag{6-56}$$

式中 ρ_o 及 ρ_g——油相及气相的密度，mol/cm^3；

P_{ari}——组分 i 的等张比容，cm^3/mol；

x_o^i 及 x_g^i——烃组分 i 在油相及气相中的摩尔分数。

(四) 流体热物理参数计算

在对流体进行传热及传质的计算中，流体的热物性参数饱和度、相对渗透率、黏度、密度以及传热相关的焓值等均是需要进行求解的重要参数，它们的变化是流体流动及各相态流体(包括热流)之间相互作用的直接体现。

1. 非水相密度

理想气体状态方程忽略了分子体积，而真实气液状态方程首先通过假设分子是圆球结构，考虑分子体积，但在对分子结构不断加深的基础上，发现其并非圆球。根据体积偏移系数对分子体积修正后的密度进行计算，计算公式见式(6-57)。

$$\rho_\beta = \frac{1}{\sum_{i=1}^{N_{HC}} x_i / \frac{P}{Z_i RT}} \tag{6-57}$$

式中 N_{HC}——烃组分 i 的总数；

Z_i——组分 i 的体积偏移系数；

ρ_β——非水相的密度，β 可为气相或油相。

2. 非水相比焓

在给定 P 和 T 时，混合物的比焓 h 是由流体的三相点(T_{ref}，P_{ref})到当前点(T，P)的两个过程的焓变之和计算出来的，计算公式为式(6-58)。

$$h(T, P_{ref}) = h_{ideal}(T, P_{ref}) - \Delta h(T, P) \tag{6-58}$$

式中 T_{ref}，P_{ref}——参考温度和参考压力。

计算考虑了影响焓值的两个过程，包括：

① 假设焓变过程为理想条件下，h_{ideal} 为混合物在 P_{ref}=0.001MPa 和当前温度条件下的焓值，T_{ref}，P_{ref} 条件下的焓值为零，因此在理想条件下混合物中单组分的焓值计算为式(6-59)。

$$h_{ideal}(T, P_{ref}) = \sum_i y_i h_i(T, P_{ref}) \tag{6-59}$$

式中 y_i、h_i——i 组分的质量摩尔分数和纯物质比焓，J/kg。

h_i 由经验公式进行计算，计算式为式(6-60)。

$$h_i = a_0 + a_1 T + a_2 T^2 + \frac{a_3}{T} \tag{6-60}$$

式中 a_0，a_1，a_2 和 a_3——拟合参数。

② 两种或两种以上气体或液体混合效应引起的焓值的偏移 Δh，偏移 Δh 的计算根据状态方程的偏差函数推导得出。

3. 非水相黏度

非水相黏度为给定温度、压力、压缩系数和考虑摩擦理论的组分性质的函数。黏度计算式如式(6-61)所示。

$$u = x_u u_u + (1 - x_u) u_Q \tag{6-61}$$

式中 x_u——组分的总摩尔分数；

u_u——组分的黏度，m^2/s；

u_Q——除定义组分的混合物黏度。

$$u_u = \frac{1}{f_u} \quad f_u = \sum_{i}^{N_u} \sum_{j}^{N_u} \frac{\theta_i \theta_j E_{i,j}^{0.375}}{\sqrt{u_i u_j}} \tag{6-62}$$

式中 f_u——组分的流动性；

N_u——定义组分数；

u_i——组分 i 的黏度。

4. 水相热物性参数计算

由于考虑了油相及油相中的多烃组分，因此对水的热物性参数进行简化。CO_2 相较于烃组分在水中有较大的溶解度，忽略烃组分的溶解对水相热物性参数的影响。

对于水相密度的计算只考虑 CO_2 组分在水相中的溶解及其对水相密度的影响。因此，水相密度的计算见式(6-63)。

$$\rho_{aq} = \frac{1}{x_{CO_2}/\rho_{CO_2} + (1 - x_{CO_2})/\rho_w} \tag{6-63}$$

式中 ρ_w——纯水的密度。

ρ_{CO_2}的计算如式(6-64)所示。

$$\rho_{CO_2} = \frac{M_{CO_2}}{V_\phi} \times 10^3 \tag{6-64}$$

式中 M_{CO_2}——CO_2 的摩尔质量；

V_ϕ——CO_2 的摩尔体积，cm^3/L；

ρ_{CO_2}——溶解 CO_2 的密度，kg/m^3。

水相比焓的计算公式如下，溶解的非水相组分对水相比焓的影响通过水相密度 ρ_{aq} 进行考虑。

$$h_{aq} = u_{H_2O} + \frac{P}{\rho_{aq}} \tag{6-65}$$

式中 u_{H_2O}——纯水的焓值。

二、反应溶质运移基础理论

（一）溶质运移机制

CO_2-水与 CO_2-油均为混溶的流体，因此需要考虑混溶流体的溶质运移，包括对流及水动力弥散。

对流是溶质随流体一起运移的运动，其表达式见式(6-66)。

$$f_\beta^j = \sum_{\beta = g,l,o}^{j} u_\beta C_\beta^j \tag{6-66}$$

式中 u_β——β 相的流动速率；

C_β^j——组分 j 在 β 相中的浓度变量，浓度变量 C 可以有多种选择方式，如：单位体积质量、单位体积摩尔数、质量或摩尔分数等。

水动力弥散为两种成分不同的可溶流体过渡带的形成和演化过程，它包括机械弥散和分子扩散。机械扩散是由于流体的黏滞性及多孔介质界面的摩擦阻力，使得靠近孔隙壁部分的流体速率趋近于零，向轴部流速逐渐增大，至轴部最大。同时，地层非均质存在的孔隙大小不一，造成不同孔隙间轴部最大流速也存在差异，且孔隙的弯曲也会导致水流方向不断改变。以上现象综合导致流体在受溶流体内速度不均一，不断向周围扩散。由于该运动机理的复杂，不可能建立一个在所有情况下都准确的多相扩散模型。将 β 相中组分 j 的扩散通量表达为式(6-67)。

$$f_\beta^{mj} = -\sum_{\beta=g,l,o}^{j} \nabla x_\beta^j = -\phi\tau_0\tau_\beta S_\beta d_\beta^j \nabla C_\beta^j \tag{6-67}$$

式中 f_β^{mj}——j 在单 β 相中的机械弥散质量通量，为 $kg/(m^2 \cdot s)$；

ϕ——孔隙度；

$\tau_0\tau_\beta$——曲率参数，包括孔隙介质相关参数 τ_0，以及相态饱和度相关的参数 τ_β；

S_β——相态饱和度；

d_β^j——组分 j 在单 β 相中的扩散系数，m^2/s；

C_β^j——组分 j 在 β 相中的浓度变量。

分子扩散是由于某溶质在多相流体中的浓度不均一而引起的一种物质运移现象。浓度差异产生的浓度梯度使得物质浓度趋向均一。因此，即使在静止的液体中也会发生分子扩散。分子扩散不仅发生在同一流体内的物质中，还会在相邻流体间的同一物质内发生，导致横向浓度差减小。因此，当流速较小时，分子扩散可能成为物质运输的重要甚至主导机制。扩散通量通常写成与扩散分量浓度梯度成正比，即菲克定律。

$$f_\beta^{dj} = -d\nabla C_\beta^j \tag{6-68}$$

式中 f_β^{dj}——j 组分的分子扩散质量通量；

d——有效扩散系数，m^2/s，通常取决于扩散组分、孔隙流体和多孔介质的性质。

综合考虑对流及水动力弥散，组分 j 的溶质运移的综合表达式为式(6-69)。

$$f^j = \sum_{\beta=g,l,o}(u_\beta C_\beta^j - f_\beta^{mj} - f_\beta^{dj}) = \sum_{\beta=g,l,o}(u_\beta C_\beta^j - (\tau\phi S_\beta d_\beta^j)\nabla C_\beta^j) \tag{6-69}$$

（二）多组分溶质运移控制方程

根据质量守恒原理，单网格运移通量的空间变化会引起网格内物质总量的变化。对于多组分系统，组分 j 的总量变化率与运移通量空间分布之间的关系，可用连续性方程描述。

$$\frac{\partial(\phi C^j)}{\partial t} + \left[\frac{\partial(\phi f_{xx}^j)}{\partial x} + \frac{\partial(\phi f_{yy}^j)}{\partial y} + \frac{\partial(\phi f_{zz}^j)}{\partial z}\right] + q_c^j = 0 \tag{6-70}$$

式中 f_{xx}^j、f_{yy}^j、f_{zz}^j——j 组分在三维空间上向量形式的溶质运移通量；

q_c^j——组分 j 的溶质运移源汇项，由外界加入或吸收造成，也可以是各种物理化学反应造成。

将式(6-69)代入式(6-70)并展开，得到多相多组分系统中组分 j 的溶质运移控制方程。

$$\sum_{\beta=g,l,o}\left(\phi\frac{\partial C_\beta^j}{\partial t} + C_\beta^j\frac{\partial\phi}{\partial t}\right) = \sum_{\beta=g,l,o}(div(\phi[D]\nabla C_\beta^j) - \mathrm{div}(\phi u_\beta C_\beta^j) + q_c^j) \tag{6-71}$$

式中 div——散度符号；

[D]——弥散系数张量；

∇——梯度符号；

C_β^j——组分 j 在 β 相态中的浓度含量；β 相态包括气相(g)、水相(l)及油相(o)。

第三节 CO_2-ECBM 数值模拟

煤储层有机质、无机矿物及其接触区域均发育有孔隙及裂隙，且气体的吸附、解吸过程主要发生于孔隙内，运移、渗流过程主要发生于裂隙内。CO_2-ECBM 指将 CO_2 注入煤层中提高煤层气采收率。CO_2-ECBM 过程包含气-水混合物二元流体传输过程，煤体变形过程及煤储层与流体间的热传导、热对流过程，其数学模型的构建基于如下基本假设：

① 煤储层抽象为由基质系统及裂隙系统组成的单渗透双孔隙弹性介质体，且各介质是各向同质的。

② CH_4 与 CO_2 同时存在并运移于基质孔隙与裂隙内，且干燥气体遵循理想气体状态方程，溶解气体遵循亨利定律。

③ 水相只存在于裂隙中并在裂隙内运移，且气体混合物中的水蒸气运移均满足 Kelvin-Laplace 定律。

④ 裂隙系统均被二元混合气体及水相所饱和。

⑤ 气体的吸附、解吸及扩散行为主要发生于基质系统中，且遵循 Fick 定律。

⑥ 气体的渗流主要发生于裂隙系统中，且遵循达西定律。

⑦ 煤体的变形符合小变形假设，气体吸附、解吸及压力变化会使煤储层体积应变发生变化。

一、温度场-流体场-应力场耦合模型

（一）基质内气体运移控制方程

假设二元气体于基质孔隙及裂隙内均满足理想气体状态方程，则气体密度与气体压力间的关系如式(6-72)所示。

$$\rho_i = \frac{M_i}{\mathrm{R}T} P_i \tag{6-72}$$

式中 i——气体类型($i=1$ 代表 CH_4；$i=2$ 代表 CO_2)；

M_i——气体类型 i 的摩尔质量，g/mol；

R——普适气体常数，J/(mol·K)；

T——储层温度，K；

P_i——气体类型 i 的气体压力，Pa。

煤基质内 CH_4 与 CO_2 呈自由态与吸附态分布，且单位体积基质中的气体质量满足式(6-73)。

$$m_{\mathrm{m}i} = \varphi_{\mathrm{m}} \rho_i + V_{\mathrm{s}i} \rho_{\mathrm{s}} \rho_{\mathrm{s}i} \tag{6-73}$$

式中 φ_{m}——煤基质内的孔隙度；

ρ_i——气体组分 i 的密度，kg/m³；

ρ_s——煤体骨架密度，kg/m^3；

ρ_{si}——标况下气体组分 i 的密度，kg/m^3；

V_{si}——气体组分 i 的吸附气体量，kg/m^3。

$$V_{si}=\frac{V_{Li}P_{mi}/P_{Li}}{1+P_{m1}/P_{L1}+P_{m2}/P_{L2}}\exp\left[-\frac{d_1}{1+d_2P_m}(T-T_r)\right] \tag{6-74}$$

式中 V_{Li}——气体组分 i 的朗格缪尔体积常数，m^3/kg；

P_{mi}——基质内气体组分 i 的气体压力，Pa；

P_{Li}——气体组分 i 的朗格缪尔压力常数，Pa；

d_1——气体吸附的温度系数，K^{-1}；

d_2——气体吸附的压力系数，MPa^{-1}；

P_m——基质内的气体压力，Pa；

T_r——气体吸附测定的参考温度，K。

在初始条件下，CH_4 与 CO_2 处于吸附/解吸的动态平衡状态。CO_2-ECBM 过程中，吸附的 CH_4 气体在浓度梯度的作用下从煤基质不断向裂隙内扩散；注入的 CO_2 从裂隙向基质孔隙内扩散，并吸附于孔隙表面。根据 Fick 定律，可将煤基质中气体的运移质量定义如式(6-75)。

$$Q_i=\frac{3\pi^2D_i}{n^2}\cdot\frac{M_i}{RT}(P_{mi}-P_{fi}) \tag{6-75}$$

式中 P_{mi}——煤基质内气体组分 i 的气体压力，Pa；

P_{fi}——煤裂隙内气体组分 i 的气体压力，Pa；

D_i——气体组分 i 的扩散系数，m^2/s；

n——裂隙宽度，m。

煤基质内的气体质量守恒方程如式(6-76)所示。

$$\frac{\partial m_{mi}}{\partial t}=Q_i \tag{6-76}$$

联立式(6-72)至式(6-76)，推导出 CO_2-ECBM 过程中，煤基质内的气体运移控制方程如下所示。

对于 CH_4：

$$\frac{\partial}{\partial t}\left\{\frac{\frac{V_{L1}P_{m1}}{P_{L1}}}{1+\frac{P_{m1}}{P_{L1}}+\frac{P_{m2}}{P_{L2}}}\exp\left[-\frac{d_1(T-T_r)}{1+d_2P_m}\right]\rho_s\frac{M_1}{RT_s}P_{s1}+\varphi_m\frac{M_1}{RT}P_{m1}\right\}=-\frac{3\pi^2D_1}{n^2}\cdot\frac{M_1}{RT}(P_{m1}-P_{f1}) \tag{6-77}$$

对于 CO_2：

$$\frac{\partial}{\partial t}\left\{\frac{\frac{V_{L2}P_{m2}}{P_{L2}}}{1+\frac{P_{m1}}{P_{L1}}+\frac{P_{m2}}{P_{L2}}}\exp\left[-\frac{d_1(T-T_r)}{1+d_2P_m}\right]\rho_s\frac{M_2}{RT_s}P_{s2}+\varphi_m\frac{M_2}{RT}P_{m2}\right\}=-\frac{3\pi^2D_2}{n^2}\cdot\frac{M_2}{RT}(P_{m2}-P_{f2}) \tag{6-78}$$

（二）裂隙内气体及水相运移方程

煤体裂隙内气相与液相共存，且气-水混合物皆以两相流的形式运移。吸附于煤基质表面的 CH_4 的脱附为裂隙内 CH_4 的运移提供质量源项；裂隙中 CO_2 运移为基质中 CO_2 的吸附提供质量汇项。因此，气-水混合物于煤储层裂隙内的质量守恒方程见式(6-79)所示。

$$\begin{cases}\dfrac{\partial(S_g\varphi_f\rho_{fi})}{\partial t}+\nabla\cdot(\rho_{fi}q_i)+\dfrac{\partial(S_w\varphi_f\rho_{fdi})}{\partial t}+\nabla\cdot(\rho_{fdi}q_w)=\dfrac{3\pi^2D_i}{n^2}\cdot\dfrac{M_i}{RT}(P_{mi}-P_{fi})\\ \dfrac{\partial(S_w\varphi_f\rho_w)}{\partial t}+\nabla\cdot(\rho_w q_w)+\dfrac{\partial(S_g\varphi_f\rho_{fv})}{\partial t}+\nabla\cdot\left(\rho_{fv}\sum_{i=1}^{2}q_i\right)=0\end{cases} \tag{6-79}$$

式中 S_w——水相饱和度；

S_g——气相饱和度（$S_g=1-S_w$）；

φ_f——裂隙孔隙度；

ρ_{fi}——裂隙内气体组分 i 的密度，kg/m^3；

ρ_w——裂隙内水相密度，kg/m^3；

q_i——气体组分 i 的渗流速度，m/s；

q_w——水相的渗流速度，m/s；

ρ_{fdi}与ρ_{fv}——溶解气体及水蒸气的密度。

$$\rho_{fdi}=H_i\rho_{fi} \tag{6-80}$$

$$\rho_{fv}=\rho_{fv0}h=\rho_{fv0}\exp\left(\frac{P_{fg}-P_{fv}}{\rho_w R_v T}\right) \tag{6-81}$$

式中 H_i——气体组分 i 的亨利系数；

ρ_{fv0}——饱和水蒸气的密度，kg/m^3；

h——相对湿度；

R_v——蒸汽潜热，J/(K·kg)。

基于多孔介质中的克林肯伯格效应与广义达西定律，煤储层裂隙内的气体和水的流动速度可分别定义为式(6-82)。

$$\begin{cases}q_i=-\dfrac{kk_{rg}}{\mu_i}\left(1+\dfrac{B_k}{P_{fi}}\right)\nabla P_f i\\ q_w=\dfrac{kk_{rw}}{\mu_w}\nabla P_{fw}\end{cases} \tag{6-82}$$

式中 k_{rg}——气相的相对渗透率；

k_{rw}——水相的相对渗透率；

k——煤储层的绝对渗透率，m^2；

μ_i——气体组分 i 的动力黏度，Pa·s；

μ_w——水相的动力黏度，Pa·s；

B_k——克林肯伯格因子，Pa。

多孔介质的相对渗透率主要取决于气-水混合物的现有组分和最终残留组分，可分别定义为式(6-83)。

$$\begin{cases} k_{rg}=k_{rg0}\left[1-\left(\frac{S_w-S_{wr}}{1-S_{wr}-S_{gr}}\right)\right]^2\left[1-\left(\frac{S_w-S_{wr}}{1-S_{wr}}\right)^2\right] \\ k_{rw}=k_{rw0}\left(\frac{S_w-S_{wr}}{1-S_{wr}}\right)^4 \end{cases} \tag{6-83}$$

式中 k_{rg0} 与 k_{rw0}——气-水在端点处的相对渗透率；

S_{gr}——束缚气饱和度；

S_{wr}——束缚水饱和度。

联立式(6-79)至式(6-83)，推导出 CO_2-ECBM 过程中，煤裂隙内的气-水运移控制方程。

对于 CH_4：

$$\frac{\partial(S_g\varphi_f\rho_{f1})}{\partial t}+\nabla\cdot\left[-\frac{\rho_{f1}kk_{rg}}{\mu_1}\left(1+\frac{B_k}{P_{f1}}\right)\nabla P_{f1}\right]+\frac{\partial(S_w\varphi_f H_1\rho_{f1})}{\partial t}+$$

$$\nabla\cdot\left(\frac{\rho_{f1}H_1kk_{rw}}{\mu_w}\nabla P_{fw}\right)=\frac{3\pi^2D_1}{n^2}\cdot\frac{M_1}{RT}(P_{m1}-P_{f1}) \tag{6-84}$$

对于 CO_2：

$$\frac{\partial(S_g\varphi_f\rho_{f2})}{\partial t}+\nabla\cdot\left[-\frac{\rho_{f2}kk_{rg}}{\mu_2}\left(1+\frac{B_k}{P_{f2}}\right)\nabla P_{f2}\right]+\frac{\partial(S_w\varphi_f H_2\rho_{f2})}{\partial t}+$$

$$\nabla\cdot\left(\frac{\rho_{f2}H_2kk_{rw}}{\mu_w}\nabla P_{fw}\right)=\frac{3\pi^2D_2}{n^2}\cdot\frac{M_2}{RT}(P_{m2}-P_{f2}) \tag{6-85}$$

对于水相：

$$\frac{\partial(S_w\varphi_f\rho_w)}{\partial t}+\nabla\cdot\left[-\frac{\rho_w kk_{rw}}{\mu_w}\nabla P_{fw}\right]+\frac{\partial\left[S_g\varphi_f\rho_{fv0}\exp\left(\frac{P_{fg}-P_{fw}}{\rho_w R\nu T}\right)\right]}{\partial t}+$$

$$\nabla\cdot\left[-\rho_{fv0}\exp\left(\frac{P_{fg}-P_{fw}}{\rho_w R\nu T}\right)\sum_{i=1}^{2}\frac{kk_{rg}}{\mu_i}\left(1+\frac{B_k}{P_{fi}}\right)\nabla P_{fi}\right]=0 \tag{6-86}$$

(三) 煤体变形控制方程

煤体变形是在应力、气体压力、气体吸附与煤体温度等多因素共同作用下形成的，基于多孔介质弹性理论可推导出含吸附作用的煤的本构方程。

$$\varepsilon_{ij}=\frac{1}{2G}\sigma_{ij}-\left(\frac{1}{6G}-\frac{1}{9K}\right)\sigma_{kk}\delta_{ij}+\frac{\alpha_m P_m+\alpha_f P_f}{3K}\delta_{ij}+\frac{\varepsilon_s}{3}\delta_{ij}+\frac{\alpha_T\Delta T}{3}\delta_{ij} \tag{6-87}$$

式中 ε_{ij}——应变张量分量；

σ_{ij}——应力张量分量；

δ_{ij}——Kronecker 符号；

σ_{kk}——正应力分量；

G——剪切模量，MPa；

v——泊松比；

D——有效弹性模量，Pa；

E——弹性模量，Pa；

m——裂隙宽度，m；

K_n——裂隙刚度，Pa/m；

K——煤的体积模量，MPa；

α_m——煤基质的 Biot 有效应力系数($\alpha_m=1-K/K_s$)；

K_s——煤体骨架的体积模量，MPa；

E_s——骨架弹性模量，Pa；

α_f——煤体裂隙的 Biot 有效应力系数[$\alpha_f=1-K/(mK_n)$]；

P_m——基质内的混合气体压力($P_m=P_{m1}+P_{m2}$)，Pa；

P_f——裂隙内的气-水混合压力[$P_f=S_wP_{fw}+S_g(P_{f1}+P_{f2})$]，Pa；

α_T——热膨胀系数，K^{-1}；

ε_s——气体吸附/解吸引起基体膨胀/收缩的体积应变。

应变分量与位移分量满足式(6-88)、式(6-89)。

$$\sigma_{ij,j}+F_i=0 \tag{6-88}$$

$$\varepsilon_{ij}=\frac{1}{2}(\mu_{ij}+\mu_{ji}) \tag{6-89}$$

式中 F_i——体积力分量；

μ_{ij}——位移分量。

CO_2-ECBM 过程中表征煤储层应力场的 Navier-Stokes 方程如式(6-90)所示。

$$Gu_{i,jj}+\frac{G}{1-2v}u_{j,ji}+F_i=\alpha_mP_{m,i}+\alpha_fP_{f,i}+\alpha_TKT_i+K\varepsilon_{s,i} \tag{6-90}$$

(四) 热量守恒控制方程

在 CO_2-ECBM 过程中，储层能量变化主要表现为温度变化引起的内能变化、煤的体积变形产生应变能变化、气体吸附引起的热能变化以及固-流两相之间的热对流和热传导变化。因此，煤储层的热平衡状态方程可定义见式(6-91)。

$$\frac{\partial[(\rho C_P)_{eff}T]}{\partial t}+\eta_{eff}\nabla T-\nabla\cdot(\lambda_{eff}\nabla T)+K\alpha_TT\frac{\partial\varepsilon_v}{\partial t}+\sum_{i=1}^{2}q_{sti}\cdot\frac{\rho_s\rho_{si}}{M_i}\cdot\frac{\partial V_{si}}{\partial t}=0 \tag{6-91}$$

式中 $(\rho C_P)_{eff}$——煤的有效比热容，J/(m^3·K)；

η_{eff}——流体混合物的有效对流系数，J/(m^2·s)；

λ_{eff}——有效热导率，W/(m·K)；

q_{sti}——气体组分 i 的吸附等容热，kJ/mol。

$$\begin{aligned}(\rho C_P)_{eff}=&(1-\varphi_f-\varphi_m)\rho_sC_s+\sum_{i=1}^{2}(S_g\varphi_f\rho_{fi}+\varphi_m\rho_{mi}+S_w\varphi_fH_i\rho_{fi})\\&C_i+S_w\varphi_f\varphi_wC_w+S_g\varphi_f\rho_{fv0}\exp\left(\frac{P_{fg}-P_{fw}}{\rho_wR_vT}\right)C_v\end{aligned} \tag{6-92}$$

$$n_{eff}=-\sum_{i=1}^{2}\left[\frac{\rho_{fi}C_ikk_{rg}}{\mu}\left(1+\frac{B_k}{P_{fi}}\right)\nabla P_{fi}+\frac{H_iC_i\rho_{fi}kk_{rw}}{\mu_w}\nabla P_{fw}\right]-$$

$$\rho_{fv0}\exp\left(\frac{P_{fg}-P_{fw}}{\rho_w R_v T}\right)\sum_{i=1}^{2}\frac{C_w k k_{rg}}{\mu_i}\left(1+\frac{B_k}{P_{fi}}\right)\nabla P_{fi}+\frac{C_w\rho_w k k_{rw}}{\mu_w}\nabla P_{fw} \tag{6-93}$$

$$\lambda_{eff}=(1-\varphi_f-\varphi_m)\lambda_s+\varphi_m\lambda_{mgm}+\lambda_f(S_g\lambda_{fgm}+S_w\lambda_{fw}) \tag{6-94}$$

式中　C_s、C_i、C_j、C_w 及 C_v——煤骨架、CH_4、CO_2、水及蒸汽的比热容，J/(kg·K)。

λ_s、λ_{mgm}、λ_{fgm} 及 λ_{fw}——煤骨架、基质内混合气体、裂隙内混合气体及裂隙内水相的热传导系数，W/(m·K)。

综上，式(6-77)、式(6-78)、式(6-84)、式(6-85)、式(6-86)、式(6-90)及式(6-91)组成了 CO_2-ECBM 过程中温度场(T)、渗流场(H)及应力场(M)的全耦合控制方程。

(五) 孔隙度与渗透率动态计算

图 6-4 为煤层气储层简化示意图。在开发过程中储层孔隙度、渗透率发生动态变化。根据多孔介质的有效应力原理，煤储层基质系统与裂隙系统的有效应力可分别由式(6-95)、式(6-96)表达。

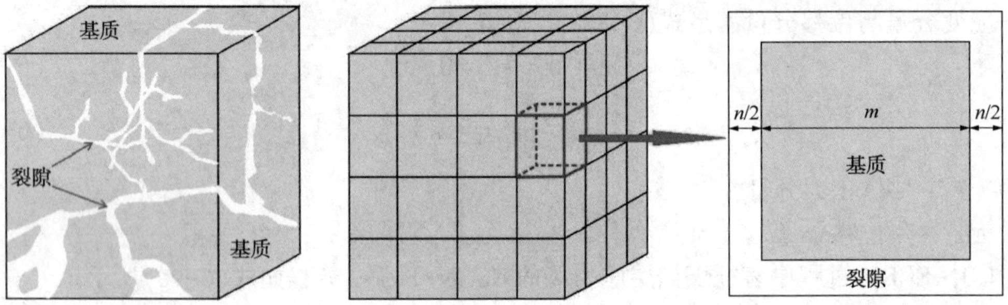

(a) 真实基质-裂隙系统　(b) 简化双重介质模型　(c) 系统单元体

图 6-4　煤层气储层简化示意图

$$\sigma_m=\sigma-(\alpha\cdot P_m+\beta\cdot P_f) \tag{6-95}$$

$$\sigma_f=\sigma-\beta\cdot P_f \tag{6-96}$$

式中　σ_m、σ_f——基质与裂隙中的有效应力；

σ——煤储层的平均有效应力；

α、β——基质与裂隙的有效应力系数。

$$\sigma=(\sigma_{11}+\sigma_{22}+\sigma_{33})/3 \tag{6-97}$$

$$\alpha=K/K_m \tag{6-98}$$

$$\beta=K/K_f \tag{6-99}$$

在图 6-4(c)的代表性体积单元中，定义单元体长度 s 为：

$$s=m+n \tag{6-100}$$

式中　m、n——储层基质宽度、裂隙半径，m。

在代表性体积单元中，煤储层所受体积应变量可由式(6-101)计算。

$$\Delta\varepsilon_v=-\frac{m^3}{\varepsilon^3K_m}\Delta\sigma_m-\frac{s^3-m^3}{s^3K_f}\Delta\sigma_f+\frac{m^3}{s^3}\Delta\varepsilon_s \tag{6-101}$$

将式(6-95)和式(6-96)代入式(6-101)可得：

$$\Delta\varepsilon_{\mathrm{v}}=-\frac{m^3}{\varepsilon^3K_{\mathrm{m}}}[\Delta\sigma-(\alpha\cdot\Delta P_{\mathrm{m}}+\beta\cdot\Delta P_{\mathrm{f}})]-\frac{s^3-m^3}{s^3K_{\mathrm{f}}}(\Delta\sigma-\beta\cdot\Delta P_{\mathrm{f}})+\frac{m^3}{s^3}\Delta\varepsilon_{\mathrm{s}} \tag{6-102}$$

1. 裂隙渗透率

基于式(6-102)，储层裂隙系统中有效应力的改变量可按式(6-103)计算。

$$\Delta\sigma_{\mathrm{f}}=\Delta\sigma-\beta\cdot\Delta P_{\mathrm{f}}=\frac{\dfrac{m^3}{s^3}\Delta\varepsilon_{\mathrm{s}}-\Delta\varepsilon_{\mathrm{v}}+\dfrac{m^3\cdot\alpha}{s^3K_{\mathrm{m}}}\Delta P_{\mathrm{m}}}{\dfrac{m^3}{s^3K_{\mathrm{m}}}+\dfrac{s^3-m^3}{s^3K_{\mathrm{f}}}} \tag{6-103}$$

储层裂隙的变形量可由式(6-104)计算。

$$\Delta n=-\frac{n_0}{3K_{\mathrm{f}}}(\Delta\sigma-\beta\cdot\Delta P_{\mathrm{f}}) \tag{6-104}$$

裂隙系统中的孔隙度改变量可由式(6-105)计算得到。

$$\frac{\varphi_{\mathrm{f}}}{\varphi_{\mathrm{f0}}}=1+\frac{\Delta n}{n_0}=1-\frac{\dfrac{m^3}{s^3}\Delta\varepsilon_{\mathrm{s}}-\Delta\varepsilon_{\mathrm{v}}+\dfrac{m^3\cdot\alpha}{s^3K_{\mathrm{m}}}\Delta P_{\mathrm{m}}}{3\cdot K_{\mathrm{f}}\cdot\left(\dfrac{m^3}{s^3K_{\mathrm{m}}}+\dfrac{s^3-m^3}{s^3K_{\mathrm{f}}}\right)} \tag{6-105}$$

假定储层孔隙度与渗透率之间符合立方定律，可计算储层的裂隙渗透率。

$$\frac{k_{\mathrm{f}}}{k_{\mathrm{f0}}}=\left(\frac{\varphi_{\mathrm{f}}}{\varphi_{\mathrm{f0}}}\right)^3=\left[1-\frac{\dfrac{m^3}{s^3}\Delta\varepsilon_{\mathrm{s}}-\Delta\varepsilon_{\mathrm{v}}+\dfrac{m^3\cdot\alpha}{s^3K_{\mathrm{m}}}\Delta P_{\mathrm{m}}}{3\cdot K_{\mathrm{f}}\cdot\left(\dfrac{m^3}{s^3K_{\mathrm{m}}}+\dfrac{s^3-m^3}{s^3K_{\mathrm{f}}}\right)}\right]^3 \tag{6-106}$$

2. 基质渗透率

储层基质系统中有效应力的改变量可由式(6-107)计算。

$$\Delta\sigma_{\mathrm{m}}=\Delta\sigma-(\alpha\cdot\Delta P_{\mathrm{m}}+\beta\cdot\Delta P_{\mathrm{f}})=\frac{\dfrac{m^3}{s^3}\Delta\varepsilon_{\mathrm{s}}-\Delta\varepsilon_{\mathrm{v}}+\dfrac{m^3\cdot\alpha}{s^3K_{\mathrm{m}}}\Delta P_{\mathrm{m}}}{\dfrac{m^3}{s^3K_{\mathrm{m}}}+\dfrac{s^3-m^3}{s^3K_{\mathrm{f}}}}-\alpha\cdot\Delta P_{\mathrm{m}} \tag{6-107}$$

如果考虑基质中气体吸附、解吸所引起的基质体积应变的改变量，则基质系统中总的体积应变量如式(6-108)所示。

$$\varepsilon_{\mathrm{v-m}}=-\frac{\Delta\sigma-(\alpha\cdot\Delta P_{\mathrm{m}}+\beta\cdot\Delta P_{\mathrm{f}})}{K_{\mathrm{m}}}+\Delta\varepsilon_{\mathrm{s}} \tag{6-108}$$

将式(6-107)代入式(6-108)，得到式(6-109)。

$$\varepsilon_{\mathrm{v-m}}=-\frac{1}{K_{\mathrm{m}}}\left[\frac{\dfrac{m^3}{s^3}\Delta\varepsilon_{\mathrm{s}}-\Delta\varepsilon_{\mathrm{v}}+\dfrac{m^3\cdot\alpha}{s^3K_{\mathrm{m}}}\Delta P_{\mathrm{m}}}{\dfrac{m^3}{s^3K_{\mathrm{m}}}+\dfrac{s^3-m^3}{s^3K_{\mathrm{f}}}}-\alpha\cdot\Delta P_{\mathrm{m}}\right]+\Delta\varepsilon_{\mathrm{s}} \tag{6-109}$$

在煤储层基质中，基质内孔隙的体积随着基质体积的变化而变化，且孔隙与基质具有相同的体积应变变化率，基质内孔隙的体积应变量可由式(6-110)计算。

$$\varepsilon_{v-m-p}=-\frac{1}{K_{m-p}}\left[\frac{\frac{m^3}{s^3}\Delta\varepsilon_s-\Delta\varepsilon_v+\frac{m^3\cdot\alpha}{s^3K_m}\Delta P_m}{\frac{m^3}{s^3K_m}+\frac{s^3-m^3}{s^3K_f}}-\alpha\cdot\Delta P_m\right]+\Delta\varepsilon_s \tag{6-110}$$

式中 K_{m-p}——基质系统中孔隙的体积模量，Pa。

$$K_{m-p}=\frac{K_m\varphi_m}{\alpha}=\frac{K_m}{\alpha}\frac{V_{m-p}}{V_m} \tag{6-111}$$

式中 φ_m——基质孔隙度；

V_m——基质体积，m^3；

V_{m-p}——基质中的孔隙体积，m^3。

联合式(6-107)至式(6-111)，得到基质孔隙度的改变量。

$$\frac{\varphi_m}{\varphi_{m0}}=1+\frac{\varphi_{m0}-\alpha}{K_m\varphi_{m0}}\left[\frac{\frac{m^3}{s^3}\Delta\varepsilon_s-\Delta\varepsilon_v+\frac{m^3\cdot\alpha}{s^3K_m}\Delta P_m}{\frac{m^3}{s^3K_m}+\frac{s^3-m^3}{s^3K_f}}-\alpha\cdot\Delta P_m\right] \tag{6-112}$$

基质渗透率可按式(6-113)计算。

$$\frac{k_m}{k_{m0}}=\left(\frac{\varphi_m}{\varphi_{m0}}\right)^3=\left[1+\frac{\varphi_{m0}-\alpha}{K_m\varphi_{m0}}\left(\frac{\frac{m^3}{s^3}\Delta\varepsilon_s-\Delta\varepsilon_v+\frac{m^3\cdot\alpha}{s^3K_m}\Delta P_m}{\frac{m^3}{s^3K_m}+\frac{s^3-m^3}{s^3K_f}}-\alpha\cdot\Delta P_m\right)\right]^3 \tag{6-113}$$

二、温度场-流体场-应力场交叉耦合模型

式(6-77)、式(6-78)、式(6-84)、式(6-85)、式(6-86)、式(6-90)及式(6-91)共同构成含 CH_4 煤层 CO_2-ECBM 过程 THM 场全耦合模型。应力场方程含有效应力项、气体压力项、温度项及吸附项，即有效应力、压力、温度的改变及气体的竞争吸附引起储层的变形。渗流场方程含体积应变和气体压力、温度共同表述的孔隙度和渗透率方程，即气体流动受到煤岩变形影响。有效应力、气体压力以及吸附应力变化所导致的煤储层、孔隙体积改变使煤储层及气体内能发生变化，从而引起温度场的变化，模型自身完全耦合。

CO_2-ECBM 过程 THM 场的全耦合关系为：

① 储层受应力变化的影响，引起储层孔隙度、渗透率的变化，继而改变储层流体场等变化。

② 储层流体场的变化引起储层有效应力及吸附变形的影响，继而改变储层应力场的变化。

③ 流体场的气相与液相之间可通过相对渗透率产生影响。

④ 储层流体场的变化引起储层热传递、热转换，继而引起储层温度场的变化。

⑤ 储层温度场的变化引起储层水分子的变化，继而引起储层流体场的变化。

⑥ 储层流体场的变化引起储层热传递、热传导及气体吸附/解吸能，继而引起储层温度场的变化。

⑦ 储层温度场的变化引起气体吸附/解吸及气体浓度的变化，继而引起储层流体场的变化。

⑧ 储层应力场的变化引起储层热传递及应变能的变化，继而引起储层温度场的变化。

⑨ 储层温度场的变化引起储层热应力的变化，继而引起储层应力场的变化。

思考题

1. 数值模拟的主要作用是什么？

2. 盐水层封存 CO_2 数值模拟、CO_2 驱油数值模拟、CO_2-ECBM 数值模拟的主要区别有哪些？

3. 深部不可开采煤层封存 CO_2 数值模拟与 CO_2-ECBM 数值模拟有何区别？

4. 盐水层封存 CO_2 数值模拟与深部不可开采煤层封存 CO_2 数值模拟的区别有哪些？

第七章　环境监测及评价

环境监测及评价对于确定 CO_2 地质封存与利用的安全性、对环境的影响有着重要的作用。CO_2 地质封存与利用环境监测及评价的理论基础是环境风险和环境影响。环境风险是一种潜在的环境影响，并不一定发生；而环境影响往往由于项目实施而不可避免会产生。环境风险和环境监测直接决定了地质封存与利用环境监测的监测对象、监测频率、监测布点和主要监测技术。按照监测对象细分，在本章中，重点对地下水、近地表系统、大气监测及评价进行阐述。

第一节　环境风险与环境影响

一、环境风险

环境风险分为自然环境风险和社会环境风险。自然环境风险是指由于企业把产生的污染物释放到空气中(重点指 CO_2 泄漏)，或在陆地或水道处理工业废料而造成了物质损害和人身伤害的风险。社会环境风险是指企业遇到的来自其经营环境的法律、社会、政治和经济等各方面的风险，如政策、法律的改变使企业的生产经营受到冲击，使企业的利润减少。

环境风险可按风险的空间尺度、污染受体、作用时间进行分类。①按风险的空间尺度分为微观环境风险、系统环境风险、宏观环境风险；②按污染受体分为人群健康风险、生态风险、综合环境风险；按作用时间分为突发性事故(如火灾、爆炸、泄漏、倾倒等，其特点表现为突发性、大剂量、短时间爆发)、积累性事故(如缓慢释放、排放、渗漏等，其特点表现为低剂量、长时间、反复作用)。

广义的环境风险评价是评价由于人类的各种社会经济活动所引发或面临的危害(包括自然灾害)对人体健康、社会经济、生态系统等可能造成的损失，并据此进行管理和决策的过程。

狭义的环境风险评价是对有毒有害物质(包括环境化学物、放射性物质等)危害人体健康和生态系统的影响程度进行概率估计，并提出减小环境风险的方案和对策。

环境风险评价的目的是确定各种政策法规或生态环境的风险大小，确定什么样的风险水平是社会和公众可接受的，以及如何将无法接受的风险水平降至社会可接受的最低限度。环境风险评价的基本内容包括：源项分析(危害识别、确定危害类型)，事故频率和后果计算，风险表征，风险管理。

对于CO_2的地质封存与利用，如果使用枯竭油气藏，环境风险是CO_2可能通过井况差(老化、封隔器失效、水泥性能退化等)的井发生泄漏；深部盐水层封存CO_2的泄漏途径也包括通过井发生泄漏。此外还有盖层密闭性、是否有足够的空间储存CO_2(当CO_2注入时会引起储层压力的增加，只有将盐水层岩石孔隙中的盐水挤压出来，才有空间储存CO_2)也会对CO_2是否泄漏产生影响。对于煤层封存，储层压力大幅降低时，吸附于煤基质颗粒表面的CO_2会解吸出来，通过割理系统自由流动，地质断层、地层裂隙成为CO_2泄漏出来的途径。

二、环境影响

环境影响是指人类活动(经济活动、政治活动和社会活动)对环境的作用和导致的环境变化，以及由此产生的对人类社会和经济的效应。环境影响的概念包括人类活动对环境的作用和环境对人类的反作用两个层次，即认识和评价人类活动使环境发生或将发生哪些变化；这些变化会对人类社会产生什么样的效应。研究人类活动对环境的作用是认识和评价环境对人类反作用的手段，是基础和前提条件；而认识和评价环境对人类的反作用是为了制定出缓和不利影响的对策措施，改善生活环境，维护人类健康，保证和促进人类社会的可持续发展。

环境影响分类包括：

1. 按影响的来源

可分为直接影响、间接影响和累积影响。直接影响与人类的活动同时同地；间接影响在时间上推迟、在空间上较远，但在可合理预见的范围内；累积影响是指一项活动的过去、现在及可以预见的将来的影响产生的累积效应，或多项活动对同地区可能叠加的影响。

2. 按影响的效果

可分为有利影响和不利影响。有利影响是指对人群健康、社会经济发展或其他环境的状况有积极促进作用的影响，不利影响是指对人群健康、社会经济发展或其他环境的状况有消极的阻碍或破坏作用的影响。需注意的是，不利与有利是相对的，可以相互转化的，而且不同的个人、团体、组织等由于价值观念、利益需要的不同，对同一环境变化的评价会不尽相同，导致同一环境变化可能产生不同的环境影响。因此，关于环境影响是否有利的确定，要综合考虑多方面的因素，是环境影响评价工作中经常需要认真考虑、调研和权衡的问题。

3. 按影响的程度

可分为可恢复影响和不可恢复影响。可恢复影响是指人类活动造成环境某特性改变或价值丧失后可逐渐恢复到以前面貌的影响；不可恢复影响是指造成环境的某特性改变或价值丧失后不能恢复的影响。一般认为，在环境承载力范围内对环境造成的影响是可恢复的；超出了环境承载力范围，则为不可恢复影响。

另外，环境影响还可分为短期影响和长期影响；地方、区域影响或国家和全球影响；

大气环境影响、水环境影响、声环境影响、土壤环境影响、海洋环境影响等。

环境影响减缓对策和措施包括影响预防、影响最小化及对造成的影响进行全面修复补救三方面的内容：

① 预防对策和措施可从建立健全环境管理体系、建议发布的管理规章制度、划定禁止和限制开发区域、设定环境准入条件、建立环境风险防范与应急预案等方面提出。

② 影响最小化对策和措施可从环境保护基础设施和污染控制设施建设方案、清洁生产和循环经济实施方案等方面提出。

③ 修复补救措施主要包括生态修复与建设、生态补偿、环境治理、清洁能源与资源替代等措施。如果规划方案中包含具体的建设项目，那么还应针对建设项目所属行业特点及其环境影响特征，提出建设项目环境影响评价的重点内容和基本要求，并依据本规划环境影响评价的主要评价结论提出相应的环境准入(包括选址或选线、规模、清洁生产水平、节能减排、总量控制和生态保护要求等)、污染防治措施建设和环境管理等要求。同时，在充分考虑规划编制时设定的某些资源、环境基础条件随区域发展发生变化的情况下，提出建设项目环境影响评价内容的具体简化建议。

第二节　地下水监测

我国规定的饮用水 pH 值为 6.5~8.5，CO_2 一旦发生泄漏，地下水中钙离子和镁离子等离子浓度会显著增加，导致地下水硬度升高，进而对人类生产生活产生不利影响。CO_2 泄漏对含水层的影响主要是通过 pH 值与离子浓度两个评价指标得以体现，离子浓度主要包括以钙离子和镁离子为主的水的硬度等指标。

一、地下水理化参数监测

通过不定期/定期对地下水取样，在实验室进行水质测试，分析评估地下水受 CO_2 影响的程度，实现对地下水的监测。

(一) 间接监测

1. 监测指标

地下水非金属类指标主要包括：pH 值、溶解氧(DO)、碳酸氢根含量、碳酸根含量，化学需氧量(COD)、总矿化度、硫酸盐含量、总硬度、氯含量。

金属类指标主要指的是水样中不同金属离子(钙、镁、钾、钠、铅、铁、锰、铬、铜、锌)的浓度。

溶解氧：溶解于水中的分子态氧称为溶解氧，通常记作 DO，用每升水里氧气的毫克数表示。水中溶解氧的多少是衡量水体自净能力的指标。

化学需氧量：在一定的条件下，采用一定的强氧化剂处理水样时，所消耗的氧化剂量，单位为 mg/L。它反映了水受物质污染的程度，化学需氧量越大，说明水中受有机物的污染越严重。

总矿化度：水中离子、分子和各种化合物的总含量，也称为地下水的总溶解固体，通常是以水烘干后所得残渣来确定，单位为 g/L。

总硬度：水中钙离子和镁离子的含量，包括暂时硬度和永久硬度。水中钙离子、镁离子以酸式碳酸盐形式存在的部分，因其遇热即形成碳酸盐沉淀而被除去，称之为暂时硬度；而以硫酸盐、硝酸盐和氯化物等形式存在的部分，因其性质比较稳定，不能够通过加热的方式除去，故称为永久硬度。

2. 分析技术

现场分析技术是取样后在现场直接测试样品的各项指标，该方法避免了地下水样品运输过程中由于 CO_2 脱气所产生的误差，主要有以下几种方法：

pH 计、哈希多参数数字化分析仪等离子选择性电极法，适用于水中 pH 值、溶解性固体总量(TDS)、盐度、DO、电阻率的测定。其原理是将饱和甘汞参比电极和对应离子选择电极组合插入被测溶液中，构成原电池，离子电极电位与溶液中的所测值符合能斯特关系式。该方法具有最大的检测灵活性，电极更换操作简单，仪器方便携带，缩短了分析时间，能有效地避免误差产生，既可用于实验室分析，又可用于现场分析。

现场滴定法，适用于水中 pH 值、碳酸盐、碳酸氢盐、总硬度、氯化物的测定。其原理是通过未知样品滴定突跃前后消耗滴定液的质量与已知浓度的标准样品滴定突跃前后消耗滴定液质量的比值，求得未知样品的浓度。该方法简便快速，适用范围较广，但容易受到水样浊度、色度的干扰。滴定突跃是分析化学中，在化学计量点前后±0.1%(滴定分析允许误差)范围内，溶液参数将发生急剧变化，这种参数(如酸碱滴定中的 pH 值)的突然改变就是滴定突跃。

便携式分光光度计法，适用于水中 Ca^{2+}、Mg^{2+}、Cl^-、硝酸盐、铬(六价)、游离余氯、氨氮、硫化物、硼、亚硝酸盐和偏硅酸的测定。其原理是根据各指标国标比色方法的原理，等比例缩小取样量、缓冲溶液以及显色液的体积从而进行测定。

实验室测试技术是在取样后进入实验室测试样品的各项指标，可以获取水样更全面的信息，弥补现场快速检测技术无法检测的指标。主要有以下几种检测方法：

离子色谱法(IC)，适用于水中的 F^-、Cl^-、SO_4^{2-}、NO_3^- 等阴离子浓度的测定。其原理是利用离子交换树脂可离解的离子，以及流动相中具有相同电荷的溶质离子之间进行的可逆交换。该方法仅适用于亲水性阴、阳离子的分离。

原子吸收光谱法(AAS)，适用于水中钾、钠、钙、镁、铁等多种金属元素的测定。其原理是通过基态原子外层的电子对紫外光和可见光范围内的相对应原子共振辐射线的吸收强度来定量被测元素的含量。该方法能够测定多种金属元素，但是测定不同元素需要切换不同的元素灯，不能满足多元素同时快速测定的要求，分析大多数的痕量元素灵敏度偏低。

原子荧光光谱法(AFS)，适用于水中砷、汞、硒等重金属元素的测定。其原理是以氩为载气，将形成氢化物的元素与基质分离并经辐射源辐射，气态自由原子吸收光源的特征辐射后，原子的外层电子跃迁到较高能级，然后又跃迁返回基态或较低能级，同时发射出与原激发波长相同或不同的发射即为原子荧光。发射的共振荧光的强度与元素的含量成正比关系。该方法仅适用于测定部分重金属元素。

电感耦合等离子体质谱法(ICP-MS)，适用于水中 34 种金属元素的测定。其原理是利用电感耦合等离子体使样品气化，将待测金属分离出来，然后进入质谱进行测定。与原子吸收光谱和原子荧光光谱法相比，该方法具有准确、简便、高灵敏度、多元素同时测定等优点，但在测定过程中易产生干扰，易受污染。

其他监测技术方法，如采用稳定同位素比质谱仪分析水样中稳定同位素(C、O、H)；采用火焰燃烧 TOC 分析仪对溶解的无机碳进行分析。

(二) 直接监测技术

直接监测技术是通过原位自动监测技术在典型浅层地下水监测井中直接监测流体。原位自动监测技术是监测深部地层内 CO_2 泄漏的最直接、最经济的技术手段，能够及时准确地提供含水层水质的变化数据。目前，国内外对于原位自动监测技术已经逐步建立起了一个较为完整的监测系统。

地下水水质在线自动监测系统：采用投入式、免试剂多参数水质分析仪，通过地下水监测井悬吊于待监测水层中，对地下水体实施现场原位连续自动监测。采用太阳能供电方式，通过无线通信技术实现地下水监测系统与中心监控平台之间的数据传输和远程控制。系统由供电系统、数据采集传输单元、水位水温传感器、水质多参数分析仪、地下水监测信息管理平台等组成。

多参数分层原位自动监测系统：对 CO_2 泄漏的地下水监测指标进行监测。系统由传感器采集模块和数据传送模块组成，传感器放置在专用监测井筒中，主要对 pH 值、电导率、水温和水压等指标进行原位在线监测，通过电源载波传送采集数据至数据传送模块，之后通过物联网模块将数据传送到远程服务器。

二、数值模拟软件

(一) 软件简介

TOUGHREACT 软件可以将化学反应引入非等温多相流和热传导模拟软件 TOUGH2 中，于 2004 年发布 1.0 版本。软件适用于不同温度、压力、水饱和度、离子强度、pH 值和氧化还原电位(Eh)等水文地质和地球化学条件下的热-物理-化学过程；还可以应用于一维、二维或三维非均质(物理和化学的)多孔隙或裂隙介质的相关数值模拟研究；在理论上可以容纳任意数量的以固相、液相或气相存在的化学组分(但是在实际模拟中会受到计算机计算能力和计算时间等硬件条件的限制)；并且考虑了一系列化学平衡反应，如溶液中的络合反应、气体的溶解或脱溶、离子吸附作用、阳离子交换及受平衡控制或反应动力学控制的矿物溶解或沉淀反应等。软件被广泛应用于地热开发、CO_2 地质储存、地下水污染修复和核废物地质储存等。

目前 TOUGHREACT 的版本提供了以下不同的流体特性或“状态方程”(EOS)子模块：①EOS1 适用于地热系统中的单相流或两相流问题；②EOS2 适用于地热系统中水和 CO_2 的多相混合问题；③EOS3 适用于渗流区和核废料地质储存中的水和 CO_2 的多相混合问题；④EOS4 与 EOS3 有相同的功能，但是由于考虑毛细压力的原因，EOS4 中蒸汽压的影响偏低；⑤EOS9 适用于单相流在环境温度和压力条件下的反映地球化学运移问题；⑥ECO2N 适用于二氧化碳地质储存中水-盐-气(CO_2)的多相流混合问题。

TOUGHREACT 的数值求解方法中的空间离散主要采用积分有限差(Integral Finite Difference，IFD)方法，能够对复杂的非规则地质介质进行剖分和模拟，能够满足大部分非均质和裂隙介质中的流体运移数值模拟要求。状态方程的求解主要采用连续迭代方法，在每次水流方程计算完毕后，流速和饱和度等相关参数将被应用于化学反应性迁移模型计算，且化学反应模型计算采用 Newton-Raphson 迭代方法。因此，该软件可以模拟地下液相、气相和固相间发生的复杂的热力学-水力学-化学反应过程(Thermo-Physical-Chemical process)，可以分别考虑反应过程中压力、温度、离子强度、pH 值和 Eh 等参数变化，并能够计算出矿物溶解/沉淀引起的孔隙度和渗透系数变化对地下水流的反馈。

(二) 软件涉及数学方程

软件已经实现了有关多相流、热传输和化学溶质运移的控制方程，这些方程有着相同的结构，都遵循质量或能量守恒定律基本原则。

1. 流体流动、热传输和化学运移的主要控制方程

模型总体控制方程：

$$\frac{\partial M_\kappa}{\partial t}=-\nabla F_\kappa+q_\kappa \tag{7-1}$$

H_2O 控制方程：

$$\begin{aligned} M_w&=\varphi(S_l\rho_l X_{wl}+S_g\rho_g X_{wg})\\ F_w&=X_{wl}\rho_l\mu_l+X_{wg}\rho_g\mu_g\\ q_w&=q_{wl}+q_{wg}\end{aligned} \tag{7-2}$$

CO_2 控制方程：

$$\begin{aligned} M_c&=\varphi(S_l\rho_l X_{cl}+S_g\rho_g X_{cg})\\ F_c&=X_{cl}\rho_l\mu_l+X_{cg}\rho_g\mu_g\\ q_c&=q_{cl}+q_{cg}\end{aligned} \tag{7-3}$$

热控制方程：

$$\begin{aligned} M_h&=\varphi(S_l\rho_l U_l+S_g\rho_g U_g)+(1-\varphi)\rho_s U_s\\ F_h&=\sum_{\beta=l,\ g} h_\beta\rho_\beta\mu_\beta-\lambda\nabla T\\ &q_h\end{aligned} \tag{7-4}$$

液相中的化学组分($j=1, 2, \cdots, N$)：

$$\begin{aligned} M_j&=\varphi S_l C_{jl}\\ F_j&=\mu_l C_{jl}-D_l\nabla C_{jl}\\ q_j&=q_{jl}+q_{js}+q_{jg}\end{aligned} \tag{7-5}$$

气相中的化学组分($k=1, 2, \cdots, N$)：

$$\begin{aligned} M_k&=\varphi S_l C_{kl}\\ F_k&=\mu_{gl} C_{kg}-D_g\nabla C_{kg}\\ q_k&=-q_{jg}\\ C_{kg}&=f_{kg}/RT \quad \text{气体定律}\end{aligned} \tag{7-6}$$

式中 C——总组分浓度，mol/L；

D——扩散系数，m^2/s；

F——质量通量，$kg/(m^2 \cdot s)$；

f——气体组分分压，bar；

M——质量或能量积累，kg/m^3；

N——化学组分的数量；

p——压力，Pa；

q——源/汇；

S——饱和度；

T——温度，℃；

U——内能，K/kg；

μ——达西流速，m/s；

X——质量分数；

φ——孔隙度；

ρ——密度，kg/m^3；

λ——传导率，W/(m·K)。

下角标符号：c——CO_2；

g——气相；

h——热；

j——液相中的化学组分；

k——气相中的化学组分；

l——液相；

s——固相；

w——水；

κ——控制方程指数；

β——相指数。

2. 质量作用方程、动力学反应速率表达式和质量平衡方程

总体溶解反应：

$$S_i^s = \sum_{j=1}^{N_c} v_{ij} S_j^p \tag{7-7}$$

(1) 总体质量作用方程

水溶液溶解：

$$\begin{gathered} HCO_3^- \rightleftharpoons CO_3^{2-} + H^+ \\ K_{HCO_3^-}\gamma_{HCO_3^-}c_{HCO_3^-} = \gamma_{CO_3^{2-}}c_{CO_3^{2-}}\gamma_{H^+}c_{H^+} \end{gathered} \tag{7-8}$$

矿物溶解：

$$\begin{gathered} CaCO_3(s) = CO_3^{2-} + Ca^{2+} \\ K_{CaCO_3(s)} = \gamma_{Ca^{2+}}c_{Ca^{2+}}\gamma_{CO_3^{2-}}c_{CO_3^{2-}} \end{gathered} \tag{7-9}$$

气体溶解：

$$CO_2(g)=CO_2(aq)$$

$$K_{CO_2(g)}f_{CO_2(g)}=\gamma_{CO_2(aq)}c_{CO_2(aq)} \tag{7-10}$$

（2）反应速率表达式

$$R_m=\sigma_m k_m(\Omega_m^n-1)^p \tag{7-11}$$

方解石溶解速率表达式（一级）：

$$r_{CaCO_3(s)}=k_{CaCO_3(s)}A\left(1-\frac{Q_{CaCO_3(s)}}{K_{CaCO_3(s)}}\right) \tag{7-12}$$

平衡条件：

$$Q_{CaCO_3(s)}=\gamma_{Ca^{2+}}c_{Ca^{2+}}\gamma_{CO_3^{2-}}c_{CO_3^{2-}}=K_{CaCO_3(s)} \tag{7-13}$$

（3）在封闭化学系统中化学组分的守恒

碳酸盐组分 CO_3^{2-}：

$$T_{CO_3^{2-}}=C_{CO_3^{2-}}+c_{CO_2(g)}+c_{CaCO_3(s)}$$

$$C_{CO_3^{2-}}=c_{CO_3^{2-}}+c_{HCO_3^{-}}+c_{CO_2(aq)} \tag{7-14}$$

式中 A——反应表面积，m^2/kg；

a——热力学活度；

C——总的组分溶解浓度，mol/L；

c——各组分浓度，mol/L；

f——气体组分的分压，bar；

Q——离子活度积；

K——平衡常数；

k——动力学速率常数，mol/（m^2·s）；

N_c——基本组分的数量；

r——净溶解速率，mol/（L·s）；

S——各组分化学式；

T——组分的总浓度，mol/L；

S^p——基本组分；

S^s——次要组分；

γ——热力学活度系数；

v——化学计量系数。

下角标符号：i——次要组分指数；

j——基本组分指数。

（三）数学方程求解方法

使用积分有限差的方法解决多相流动和多组分化学运移模拟中的空间离散化问题。该方法在对地质介质的离散化上是比较灵活的，允许使用不规则的网格，适合对多区域非均质系统和破碎岩石系统中流体流动、运移和水岩相互作用的模拟。而对于规则的网格剖分，积分有限差方法相当于传统的有限差分。

对于所有网格单元中未知的热动力学状态变量，流体和热传输的时间离散化会产生一系列耦合非线性代数方程。这些方程可以使用 Newton-Raphson 迭代法进行求解，在每个迭代步骤中所产生的耦合线性方程可以通过预处理共轭梯度法进行求解。

由流动和热传输方程计算所得的流动速度、相饱和度和温度分布被用于对化学运移的模拟。该化学运移模拟将逐个计算模型中的基本组分，所得到的组分浓度被用于化学反应模型的下一步数值模拟。即以每个网格单元作为基础，使用 Newton-Raphson 迭代法对不同的化学反应方程求解。通过 Newton-Raphson 迭代法对每个网格中的平衡-动力学化学反应运移方程进行迭代计算，直到收敛。在 TOUGHREACT 中使用了自动时间步长的设置，它包含一个“准稳定状态”的选项，会使模拟在接近准稳定状态结束之前采用较长的时间步长。

当对流经部分饱和孔隙介质的水流进行分析时，气相常被作为一个次要的因素，因此不被明确地表示出来。这意味着为了解决水体流动，假设整个气相在相同的压力条件下(通常为大气压)。而 TOUGHREACT 则提供了一个关于饱和-非饱和液相流动的选择，其中对于气相组分的迁移只考虑了分子扩散。

三、地下水监测实例

前人对美国得克萨斯州 Gulf Coast 地区实际含水介质进行了 9 组室内实验研究，研究结果表明水的 pH 值在 CO_2 注入初期急剧减小，并随着碳酸盐矿物溶解的缓冲作用，pH 值逐渐恢复到稳定值。随着 CO_2 的注入，水中各金属组分表现出两种变化规律：①在 CO_2 注入开始时组分浓度快速增加(1 个数量级以上)，随后开始趋于稳定，该类组分主要有 Ca、Mg、Si、K、Sr、Mn、Ba、Co、B、Zn 等，且认为方解石和白云石的溶解是这类组分浓度增加的主要原因。②在 CO_2 注入开始组分浓度增加，并随后组分浓度开始变小并低于实验前水平，该类组分主要有 Fe、Al、Mo、U、V、As、Cr、Cs、Rb、Ni、Cu 等，主要受到吸附/解吸作用控制。

学者利用美国 17 个地区的含水介质进行了 300 多天的室内注入实验，结果表明所有含水介质样品中的 H^+ 浓度均增加了 1～2 个数量级，水中碱金属元素、碱土金属元素、Mn、Co、Ni 和 Fe 等元素浓度均增大了 2 个数量级以上，个别介质样品中 U 和 Ba 浓度明显增加，微量金属元素的迁移性、碳酸盐矿物的缓冲作用和浅层含水层的氧化还原条件等对 CO_2 侵入的影响效果有控制作用，且由于 Mn、Fe、Ca 浓度和 pH 值在开始阶段有增大趋势，可将它们作为 CO_2 泄漏的判定标志。

美国劳伦斯伯克利国家实验室结合美国饮用含水层特征，利用 TOUGHREACT 软件开展了 CO_2 侵入对地下水水质影响的数值模拟研究，分析了 CO_2 侵入对地下水水质的影响，并重点考虑了地下水中 Pb 和 As 的影响效果。结果表明，随着 CO_2 的侵入，地下水中的 Pb 和 As 浓度会增大；当地下水中有气相 CO_2 存在时，2D 和 3D 的模拟结果差别较大，研究发现矿物表面发生的吸附/解吸作用对地下水中 Pb 和 As 浓度影响效果明显。

以我国江汉盆地为例，学者利用 TOUGHREACT 软件建立了江汉盆地 CO_2 地质封存的模型，进行了 CO_2 封存对地下水的环境影响研究。结果表明：①CO_2 注入深部储层中后，将引起储层的水化学成分的显著变化。CO_2 溶于水，导致地下水的酸度增强，使母岩矿物质的溶解度增加，这一变化对水岩相互作用产生了较大的影响，使主要矿物石英、高岭石、方解石和伊利石发生了沉淀作用。由于矿物的溶解以及沉淀作用，使储层水中部分液态组分的浓度发生了变化。在 CO_2 停止注入后，酸性有所上升，但主要矿物的溶解和次要矿物的沉淀作用及液态组分浓度的变化仍然持续进行。②随着 CO_2 的泄漏，方铅矿的溶解作用不断增强，但这一变化并没有导致 Pb^{2+}浓度显著变化，发现 Pb^{2+}浓度的增加主要是由解吸作用造成的。③由于主要矿物的溶解，使得地下水中相应的液态组分的浓度显著增加，其中 Ca^{2+}和 Mg^{2+}浓度升高，将直接导致地下水硬度升高，硬度过高(>20)的地下水将对人类的生产生活产生不利的影响。

第三节 近地表监测

一、土壤

土壤生态系统是陆地生态系统十分重要的组成部分。泄漏的 CO_2 进入土壤，使土壤中 CO_2 浓度与通量升高，形成缺氧环境，导致土壤中气体组分、物理化学性质及土壤生物发生改变，使得土壤中还原矿物增加，同时还原性气体通量逐渐增加。当农作物根际 CO_2 达到一定浓度后会抑制作物生长，对作物株高、茎块产量、叶片光合作用和果实发育带来消极影响。

土壤监测项目包括非金属指标、金属指标，主要是定期对土壤采样，通过实验室测试获取不同指标的数值，从而掌握土壤性质的变化。

（一）CO_2 侵入对土壤的影响

土壤 pH 值是土壤所有化学性质中最重要的指标之一，也是决定土壤内各种离子迁移转化的主要因素，它直接影响土壤营养元素特别是有机质的含量及其转化、土著微生物的代谢活性、矿物的溶解与沉淀等。各地土壤的 pH 值由于其地球化学性质、土地利用方式、田间管理等差异而不同，一般土壤 pH 值在 6.5~7.5 之间最有利于土壤动植物的生长，过高或过低都会导致某些不良反应。例如，酸性土壤会使土壤养分缺失、肥力下降，从而妨碍作物生长；碱性土壤易吸附或取代铁、镁、钙等金属元素，特别是磷会与土壤中的 Ca^{2+}，Mg^{2+}等形成沉淀，使土壤丧失肥效。总之，过高或过低的 pH 值都会限制土壤功能的正常发挥，进而威胁土壤微生物种类的多样性及作物的生长等。土壤 pH 值对于 CO_2 的泄漏较为敏感，受到侵入的 CO_2 的影响土壤 pH 值开始都会有明显的下降，随着植物光合作用消耗大量 CO_2，土壤 pH 值有一个明显的上升过程，但随着植物营养生长逐步减弱，土壤 pH 值整体呈下降趋势。

土壤是自然界最大的碳库载体，并主要以有机碳的形式存在。通常土壤有机碳含量约占土壤有机质的 60%~80%，且随深度的增加而递减。土壤有机碳含量主要受不同植物对有机碳的吸收利用差异、土壤微生物多样性、降雨淋溶、气温等影响。CO_2 侵入后，土壤总有机碳(TOC)呈略微上升趋势；CO_2 侵入浓度的提高对土壤 TOC 有较大影响，可能是 CO_2 增加了土壤的碳汇。

土壤中具备肥效作用的物质主要包括氮、磷、钾，它们是植物生长所必不可少的，三者只有按照一定比例(一般是 120∶5∶1)组合，才能发挥其最大作用，进而促进作物的生长。氮通常以总氮、氨氮、硝氮及有机氮等形式存在于土壤中，仅凭总氮的大小并不能完全反映土壤氮素水平，土壤中氨态氮与硝态氮统称为有效氮。随着 CO_2 侵入浓度的增加，总氮含量呈现下降趋势；土壤总氮含量与 CO_2 侵入浓度有较好的相关性，即 CO_2 浓度是导致土壤总氮减少的主要因素，较高浓度 CO_2 破坏了植物根际处的营养物代谢。随着 CO_2 侵入浓度的增加，氨氮、硝氮含量均下降。

磷主要以有机磷和无机磷的形式存在于土壤之中，而有效磷是最易被作物所吸收利用的，其含量高低可决定土壤磷的丰缺、植被根系的发育好坏及农田生产力大小。随着 CO_2 浓度的提高，土壤总磷、有效磷基本是下降的，一定浓度 CO_2 减少了总磷与速效磷含量。钾在土壤中通常以有效钾的形式存在，有效钾又可分为交换性钾与水溶性钾。CO_2 侵入后，土壤全钾、有效钾整体呈下降趋势。

土壤水溶性盐是盐碱土的重要指标之一，可反映土壤盐渍化的变化趋势。随着 CO_2 侵入，K^+与 Na^+都下降，且两者的下降具有一定的协同性。Mg^{2+}对高浓度 CO_2 响应并不明显，但总体是减小的；Ca^{2+}与 Mg^{2+}呈减小趋势，与土壤 pH 值的升高而使 Ca^{2+}、Mg^{2+}形成沉淀有关。随着 CO_2 侵入，HCO_3^-含量较少且变化不大是因为 CO_2 形成 H_2CO^3，发生 $H_2CO^3 \longleftrightarrow H^+ + HCO_3^-$，$HCO_3^- \longleftrightarrow H^+ + CO_3^{2-}$系列反应。如果土壤 pH 值在 8.73~9.34 之间，并不适宜 HCO_3^-存在，因为 HCO_3^-存在的 pH 值通常在 4.4~8.0 之间，但是此时土壤的 pH 值能使少量 CO_3^{2-}存在，CO_3^{2-}与 Ca^{2+}结合导致 Ca^{2+}含量下降。另一种可能是 HCO_3^-与土壤中 Ca^{2+}形成了强碱弱酸盐物质，这类物质发生水解后会显示一定的碱性，因此导致土壤显弱碱性。土壤水溶性盐浓度随着 CO_2 侵入浓度的增加而有所下降，但 HCO_3^-无明显变化。这不仅与 CO_2 的侵入有关，也可能与土壤样品的采集均集中在距地表 25~30cm 处的植物根系附近有关。

（二）不同指标的测定

1. 土壤 pH 值的测定

称取 10g 的土壤样品于 50mL 烧杯中，加入 25mL 水，密封后剧烈振荡 5min，然后静置 1~3h。用蒸馏水清洗电极，根据土壤的 pH 值选定合适的标准液 pH = 9.186 和 pH = 6.864 校准 pH 计，清洗电极，测定土壤的 pH 值。

2. 土壤水分的测定

取空铝盒在恒温箱中 105℃烘烤 2h，在干燥器内冷却至室温，称重。取少量新鲜土壤样品置于铝盒中，准确称铝盒和土壤质量，放入已预热至 105℃左右的烘箱中烘烤 12h。取出后盖好，在干燥器内冷却至室温后立即称重，干燥前后的质量差即含水量。

3. 土壤电导率的测定

称取 20g 土壤样品于 250mL 振荡瓶中，加入 100mL 水，加盖振荡 30min，静置 30min，将上清液移至烧杯中，用电导率仪测定电导率。

4. 土壤碳酸根、碳酸氢根的测定

称取 20g 土壤试样于 250mL 振荡瓶中，加入 100mL 水，加盖振荡 30min，取下静置 30min，将上清液移至烧杯中。用 25mL 移液管从土样振荡静置后的过滤液中移取 25mL 滤液至烘干的 250mL 锥形瓶中，滴加 4 滴酚酞，若是溶液变红，则用 0.025mol/L 的盐酸滴定至无色；若是滴加酚酞无色，则加 3 滴甲基橙，溶液变为桔黄色，而后再用 0.025mol/L 的盐酸滴定，滴定终点为桔红色。记下盐酸的用量，计算碳酸根或碳酸氢根的含量。

5. 土壤有机碳的测定

准确称取 0.5000g 过筛后的土壤样品于锥形瓶中，依次加入 5mL 1mol/L 的 1/6$K_2Cr_2O_7$ 溶液和 10mL 的浓硫酸，缓慢旋转 1min 后静置 0.5h。将静置后的土壤样品溶液加水至 250mL 后滴加 3~4 滴邻菲罗啉，然后用 0.5mol/L 的 $FeSO_4$ 滴定。溶液颜色变化为绿到暗绿再到砖红，记录下溶液由暗绿刚变为砖红时 $FeSO_4$ 的用量，计算土壤中有机碳的含量。

6. 土壤硫酸根的测定

取 30g 土壤样品于 250mL 大口塑料瓶中，加入 250mL 无二氧化碳蒸馏水，用橡皮塞塞紧后振荡 3min，用移液管移取 5mL 振荡静置后的滤液于 250mL 锥形瓶中，加入 2 滴(1+1)的盐酸加热煮沸，然后趁热加入 0.01mol/L 钡镁混合液 15mL，继续煮沸 3min，放置 2h 后，加入氨缓冲液 5mL 和一小勺铬黑 T，摇匀后立即用 0.02mol/L 乙二胺四乙酸(EDTA)滴定溶液。滴定终点是酒红色变为纯蓝，记录消耗 EDTA 的体积，结合待测液中钙镁离子的含量及空白标定计算土壤中硫酸根浓度。

7. 土壤全氮的测定

土壤样品消煮：称取过筛后 0.5000g 样品于已烘干的消化管中，然后加入 5g 催化剂和 10mL 硫酸。将消化管置于消化架各孔内，放于消化炉上，然后打开连接抽气阀的水龙头，保持三通阀处于吸气状态；随后连接电源，当温度达到 200℃ 时开始计时，消化 40min 左右(200℃ 15min，400℃ 25min)。

氨的蒸馏：40min 后，将消化管冷却至室温，连好仪器管路，启动仪器，打开自来水，选取手动模式，按照仪器提示操作，当蒸汽稳定后，关闭蒸汽开关，将消化管放入左侧卡槽，同时将 250mL 接收瓶放于右侧托盘上，按仪器提示操作，分别加入 50mL 氢氧化钠，15mL 蒸馏水和 50mL 硼酸，然后打开右侧蒸汽开关，开始蒸馏计时，计时结束后发出蜂鸣声，此时蒸馏完毕，取下接收瓶等候滴定。

滴定：将接收瓶冷却至室温，加入 5mL 指示剂。用 0.1mol/L 的盐酸滴定样品由蓝绿色至刚变为淡紫色为止。记下消耗 HCl 的用量，计算蛋白含量。

8. 土壤磷的测定

称取 1g 土壤样品于 250mL 容量瓶中，加入 20mL 碳酸氢钠(0.5mol/L)，再加入 1/5 小勺的无磷活性炭，手摇 1min 后静置，20min 后再手摇 1min，立刻过滤，得到土壤滤液。

在三个编好号的 50mL 容量瓶中依次吸取 0mL、3mL、5mL 的 5mg/kg 磷标准液(现配)，再逐个加入 10mL 的 0.5mol $NaHCO_3$。另外，吸取 10mL 土壤滤液于 50mL 容量瓶中。随后在四个容量瓶中逐个加入 5mL 现配的硫酸钼锑显色剂，晃动容量瓶以排出瓶中的 CO_2 气体，注意不要晃动太剧烈而溅出溶液，然后加水定容摇匀，显色 30min。然后将紫外分光光度计波长调为 680mm，按照仪器提示测定土壤样品中磷浓度，记录读数。三个标准液的浓度分别为 0mg/kg、0.30mg/kg、0.50mg/kg。

9. 土壤金属的测定

金属含量可利用萃取法进行测定，调节火焰原子吸收仪和石墨原子吸收仪至最佳工作条件，先用待测金属的标准液测出其标准曲线，然后再测出金属的吸光度，计算金属含量。

（三）CO_2 在土壤中扩散的数值模拟

CO_2 气体在浅地表的运移过程受时间因素与空间因素共同影响，土壤空间的非均质性以及气象条件的时间变化性决定了 CO_2 在土壤中的运移问题是一个相当复杂的非均质非线性问题。利用 COMSOL Multiphysics 软件中的多物理场耦合方法以及基于方程的建模方式对 CO_2 的运移过程进行刻画，分析土壤非均质以及温湿度的时间变化对 CO_2 泄漏至地表浓度的影响。无论对于深化土壤气体尤其是有毒气体的扩散研究，还是对 CO_2 地质封存泄漏的土壤环境影响与监测研究，均具有极为重要的理论和应用价值。

COMSOL Multiphysics 作为一款多物理场仿真软件，拥有模拟单个物理场以及多个物理场耦合的功能。软件自带模型开发器可以提供建模流程中所需的几何、参数设置、物理场选择以及结果后处理所有步骤对应的工具。在模拟和计算实际问题时，常常需要考虑多个物理场的相互作用以准确地分析与模拟。通过 COMSOL Multiphysics 这个多物理场耦合工具，可以根据实际问题对多个物理场灵活应用组合，实现在同一软件中分析各种具有挑战性的科学问题，实现通过传统计算方法难以或无法实现的模拟分析。

COMSOL Multiphysics 可提供多种类型的求解器，包括稳态、瞬态、特征值、参数化、稳态分离式及瞬态分离式。从求解原理上可以分为直接式线性系统求解器和迭代式线性系统求解器。通过有限元方法将求解域离散为一系列相互关联的小单元，最终形成一个离散的线性代数方程组，从而通过求解器求解这个方程组得到单元节点上的解。这种先进的求解器用于处理土壤中气体运移这种非线性问题，能大大地减少求解时间并得到较为精确的结果。

CO_2 气体在土壤中的流速低，属于层流区域，可以采用达西定律用于描述黏性流。黏性流也被称为对流，即当扩散系统内存在压差或外力作用时，气体会发生对流，从而产生黏性流。在描述多孔介质中的黏性流时，通常采用达西定律来计算流体速度。

法国工程师亨利．达西利用均质砂柱进行了单相流体的一维渗流实验总结，得到适用于多孔介质中描述流体层流运动的达西定律，其通常用于饱和土壤内流体的运动。1931年，Richards 通过实验，证明非饱和土壤的流体运动仍然适用于达西定律，并由此推导出 Richards 方程。CO_2 气体流量小且流速低，土壤条件处于非饱和状态，符合 Richards 方程的基本条件。达西速度与质量守恒控制方程如式(7-15)所示。

$$
\begin{aligned}
v &= -\frac{K_s K_r S_e}{\mu}(\nabla p + \rho g) \\
\frac{\partial}{\partial t}(\varphi\rho) &+ \nabla \cdot (\rho v) = Q_m
\end{aligned}
\tag{7-15}
$$

式中　v——达西速度，m/s；

K_s、K_r——土壤绝对渗透率、流体相对渗透率，m^2；

S_e——土壤有效饱和度，无量纲；

p——压力，Pa；

ρ——流体密度，kg/m^3；

g——重力加速度，$9.8m/s^2$；

φ——土壤孔隙度,%。

可以通过使用 COMSOL Multiphysics 软件中自带的 Richard's 方程物理模块，非饱和土壤中的水力传导率，以及采用 Van Genuchten 方程提出的相对渗透率模型和毛细管函数进行计算。

土壤孔隙度随时间变化关系式可以由式(7-16)所示。

$$\frac{d\varphi}{dt}+\lambda cv_g\varepsilon=\lambda cv_g \tag{7-16}$$

式中　v_g——气体流速，m/s；

λ、c——常数，分别取 5×10^{-10}、0.5。

在土壤温度、含水量随时间变化的情况下，地表与大气环境发生热量交换，土壤温度的升高或降低，都会导致土壤中的水分发生变化从而引起土壤孔隙度发生变化，因此，在计算中采用式(7-17)表示孔隙度随土壤中水分情况的变化。

$$\varphi=1-\theta_1-\theta_s \tag{7-17}$$

式中　θ_1、θ_s——液体、固体骨架体积百分数。

液体体积百分数 θ_1 的求解需在 COMSOL Multiphysics 软件中添加系数型偏微分方程，如式(7-18)所示。

$$\begin{aligned}&\frac{\partial\theta_1}{\partial t}=\nabla\cdot(D_L\nabla\theta_1)-\frac{v_1}{\rho}\\&v_1=K_{vap}\rho(P-P_G)/P_G\quad\theta_1\text{ 大于 }0\\&v_1=0\quad\theta_1=0\text{ 或 }P\leqslant P_G\end{aligned} \tag{7-18}$$

式中　v_1——液体蒸发速率；

K_{vap}——蒸发速率常数，1/s；

P、P_G——平衡蒸气压、实际蒸气压，Pa；

D_L——扩散系数，m^2/s。

土壤中的水分完全蒸发时或平衡蒸气压与实际蒸气压相等时，水分将不再蒸发，蒸发速率为 0。以菲克第二扩散定律为基础，考虑土壤中 CO_2 气体运移的对流作用，得到 CO_2 气体在多孔介质中的对流扩散方程。

二、植被系统

CO_2 泄漏对植被的影响，主要是泄漏的 CO_2 影响了植物生理生态指标，植物对 CO_2 浓度的变化敏感性较强，且分布广泛，因此常以植被的生理生态指标作为 CO_2 泄漏的监测指标，主要包括水分、矿质营养、光合作用、呼吸作用、物质代谢、植物激素、生长发育、植物与环境、分子生物学。植被的许多生理过程，诸如蒸发、蒸腾、初级生产、废物分解等都与植被生化组分的含量密切相关，如叶绿素浓度通常是植物光合作用能力、营养胁迫和发育阶段指标之一，氮素是植物生长的重要养分，在植物营养中有着极其重要地位，也是农田中主要缺少的养分之一，氮素是与植被健康生理情况最密切的影响胁迫因子之一。

地表植被在外界因素胁迫作用下，其光谱特征会发生变化，利用高光谱遥感可以识别出遭受胁迫的植被。

（一）高光谱遥感技术

在物理学的定义上，光是一种电磁波谱。光的基本粒子是光子，同时具有波动性和微粒性，也就是波粒二象性。人眼可以观察到的光称为可见光，它是整个光谱的一部分，其波长范围为390~760nm。除可见光谱之外，整个光谱还包括红外波段和紫外波段，这两种均是人的眼睛看不到的。

按照物质和光作用方式的不同，可以把光谱分为发射光谱、吸收光谱、散射光谱和拉曼光谱等。当物质吸收外来能量之后，低能级的原子受到激励作用会跃迁至高能级，会释放出光子，辐射出光能，产生的光谱称为发射光谱。如果物质吸收外来能量之后并没有辐射出光能，而是转变成热能或者其他的能量，产生的光谱呈现为一个或几个吸收带，称为吸收光谱。当物质之间由于粒子的互相碰撞，产生散射作用导致的光谱称为散射光谱。拉曼光谱是散射光谱的一种，物质互相作用产生了新频率的光谱，称为拉曼光谱。

1）基本概念及原理

遥感：通过电磁波与地物的相互作用，以波谱和空间两维成像方式来探测地物特性的技术。

遥感技术：狭义理解是应用探测仪器，不与探测目标相接触，从远处把目标的电磁波特性记录下来，通过分析，揭示出物体的特征性质及其变化的科学及综合性探测技术。遥感技术广义理解是指一切无接触的远距离探测，包括对电磁场、力场、机械波(声波、地震波)等的探测(见图7-1)。在实际工作中，重力、磁力、声波、地震波等的探测被划为物探(物理探测)的范畴。因而，只有电磁波探测属于遥感的范畴。

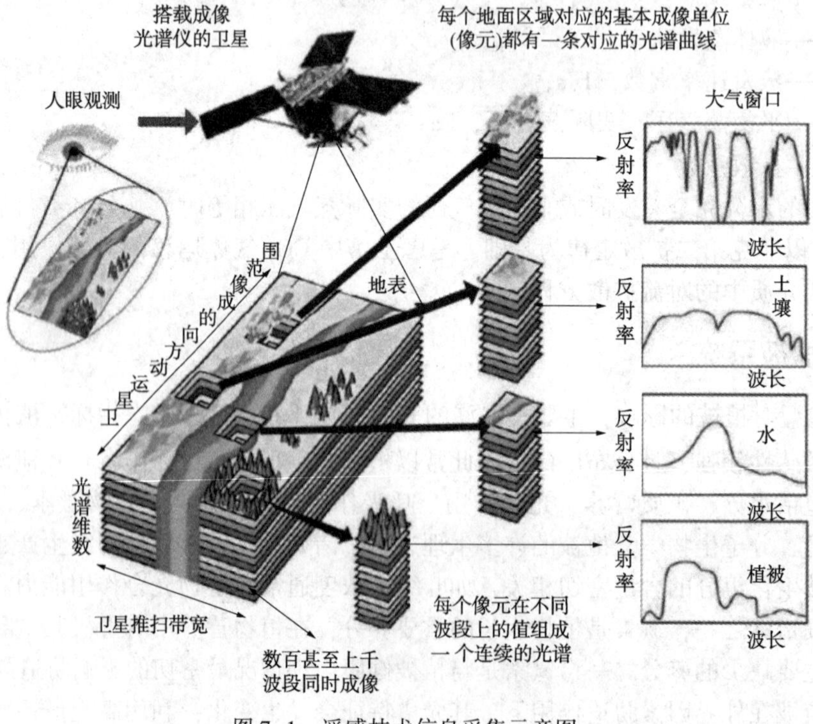

图7-1　遥感技术信息采集示意图

高光谱遥感一般指高光谱分辨率遥感，是用很窄(10^{-2}波长)而且连续的光谱通道对地物持续遥感成像的技术，光谱分辨率在$10^{-2}\lambda$数量级范围内的遥感为高光谱遥感。与传统的遥感相比，高光谱分辨率的成像光谱仪为每一个成像像元提供很窄(一般小于10nm)的成像波段，并且在某个光谱区间是连续分布的。高光谱遥感的发展，使得遥感的波段宽度从早期的0.4μm(黑白摄影)、0.1μm(多光谱扫描)到5nm(成像光谱仪)。高分辨率传感器所获得的地物光谱曲线是连续的光谱信号。这不只是简单的数据量的增加，而是有关地物光谱空间信息量的增加，为利用遥感技术手段进行对地观测，监测地表的环境变化提供了更充分的信息，从而也使得传统的遥感监测目标发生了本质的变化。

对于高光谱数据中的每一个点，最直观的表达方式是二维光谱曲线，以波长作为横坐标，反射率作为纵坐标，通过对不同波长离散点的插值，获取到光滑的曲线(见图7-2)。

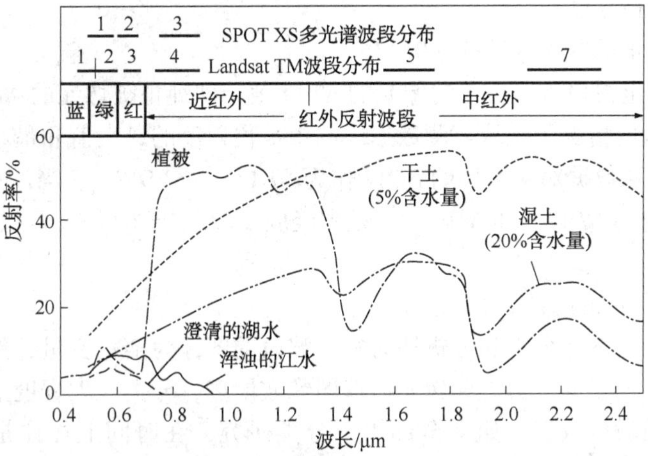

图7-2 高光谱影像地物光谱曲线示意图

2）高光谱遥感数据处理

(1) 基于纯像元的分析方法

① 基于成因分析的光谱分析方法。

基于成因分析的光谱分析方法主要是从地物光谱特征上发现表征地物的特征光谱区间和参数，最常用的是各种各样的植被指数。

植被指数是根据植被的光谱特性，将卫星可见光和近红外波段进行组合，形成了各种植被指数。植被指数是对地表植被状况的简单、有效和经验地度量，广泛地应用在全球与区域土地覆盖、植被分类和环境变化、作物和牧草估产、干旱监测等方面。植被指数主要反映植被在可见光、近红外波段反射与土壤背景之间差异的指标，各个植被指数在一定条件下能用来定量说明植被的生长状况。

植被指数可分为归一化植被指数(*NDVI*)、绿度植被指数、垂直植被指数、土壤调节植被指数、差值环境植被指数等，常用的植被指数为归一化植被指数。可以利用归一化植被指数计算植被盖度，植被盖度可以比较直观地反映植物的生长状况。

*NDVI*长期以来被用来监测植被变化情况，也是遥感估算植被覆盖度研究中最常用的植被指数。其原理为植物叶面在可见光红光波段有很强的吸收特性及其在近红外波段有很

强的反射特性，利用植物光谱中的近红外与可见光两个波段值的组合计算植被的光谱特征，从而识别植被种类及其长势差异，反映周边环境背景对植被生长的影响。NDVI 对土壤背景的变化较为敏感，它是单位像

元内的植被类型、覆盖形态、生长状况等的综合反映，其大小取决于植被覆盖度和叶面积指数等要素，计算公式如式(7-19)所示。

$$NDVI=(NIR-RED)/(NIR+RED) \tag{7-19}$$

式中 NIR——近红外波段；

RED——红光波段。

采用植被指数转换模型可将植被指数反算为植被盖度，计算公式如式(7-20)所示。

$$VFC=(NDVI-NDVI_{min})/(NDVI_{max}-NDVI_{min}) \tag{7-20}$$

式中 VFC——植被盖度；

$NDVI_{min}$——无植被覆盖区域的 $NDVI$ 值；

$NDVI_{max}$——完全被植被所覆盖的像元的 $NDVI$ 值，即纯植被像元的 $NDVI$ 值。

当有实测数据的情况下，取实测数据中的植被覆盖度的最大值和最小值作为 VFC_{max} 和 VFC_{min}，这两个实测数据对应图像的 $NDVI$ 作为 $NDVI_{max}$ 和 $NDVI_{min}$；当没有实测数据时，取一定置信度范围内的 $NDVI_{max}$ 和 $NDVI_{min}$，根据经验一般取95%与5%累积概率下的 $NDVI$ 值代替。

② 基于统计分析的图像分类和分析。

基于统计分析的图像分类和分析视为每一波段的图像为随机变量，然后利用概率统计理论进行多维随机向量的分类。成像光谱仪图像波段多，分类很大程度上受限于数据的维数。面对数百个波段的数据，如果全部用于分类研究，在时间上往往是无法接受的。因此，在图像分类之前必须压缩波段，即进行"降维"的研究。

(2) 基于混合像元的分析方法

由于传感器空间分辨率的限制以及地物的复杂多样性，混合像元普遍存在于遥感图像中，地面地物分布比较复杂的区域尤其如此。如果将该像元归为一类，势必会带来分类误差，导致分类精度下降，不能反映地物的真实覆盖状况。

混合模型概括起来主要有两类，即线性光谱混合模型和非线性光谱混合模型。线性混合模型是迄今为止最受欢迎且使用最多的一种模型，突出优点是简单。

线性光谱混合模型忽略地物间的多次散射，认为混合光谱是端元光谱及其丰度的线性组合。线性光谱混合模型一般可以分为三种情形：无约束的线性混合模型、部分约束混合模型和全约束模型。线性解混就是在已知所有端元的情况下求出它们图像的各个象元中所占的比例，从而得到反映每个端元在图像中分布情况的比例系数图。

从物理学的角度，象元的混合光谱是象元内部各物质成分的"纯"光谱的面积加权平均，即在一定空间尺度被认为其物质组成是单一的。从代数学的角度，混合光谱的数学模型是指象元光谱矢量是其所含所有端元光谱矩阵与各端元光谱丰度矢量的乘积。从几何学的角度，高光谱图像可以视为一个凸面单形体，由于图像中所有象元都可以视为由其端元线性组合而成，这些端元就坐落于这个凸面单形体的顶面上，凸面几何学模型正是以高光谱数据在特征空间的这一特殊的几何特性为基本依据。

（二）高光谱遥感应用

青海省水文地质工程地质环境地质调查院为了动态监测植被变化情况，选用 Landsat 卫星影像作为主要监测对比数据源，收集了 1999 年至 2013 年共 6 期 Landsat ETM、TM、OLI 遥感数据作为植被长势长周期监测数据源。成像时间均为 7、8 月份植被较为茂密的季节且无云层遮盖，影像能够反映植被良好的生长状态。

工作区 6 期 Landsat 卫星影像的归一化植被指数值均分布于[-1，1]之间，根据 1999～2013 年植被盖度对比，植被盖度分布范围为[0，1]，由于影像分辨率、同物异谱等诸多因素的影响，植被盖度变化趋势不明显。1999 年、2002 年间整体植被盖度较高；2005 年、2007 年除沟谷内由于农田种植仍为高植被覆盖区，两侧山坡植被盖度均明显降低；2010 年、2013 年观测基地内部可见明显的低植被覆盖。

2005 年之后，观测基地内部的植被盖度呈急速减少的趋势，推测为基地内部 CO_2 泄漏所致。

第四节　大 气 监 测

传统大气中 CO_2 浓度监测方式主要包括地面传感器观测和卫星遥感观测。地面传感器观测有两种方式，定点观测和移动观测。地面传感器定点观测，通过在不同地面点的不同高度架设 CO_2 浓度监测设备，实现对固定点不同高度 CO_2 浓度长期监测。定点架设观测方法只适用于 CO_2 分布均匀区域，为准确测量 CO_2 分布不均匀区域的 CO_2 浓度，有相关研究将 CO_2 浓度监测传感器布设到了移动车上，对 CO_2 分布不均匀区域的浓度进行监测。

地面定点观测方式只能对 CO_2 浓度分布均匀的小范围区域进行观测。地面移动监测方式虽能提高 CO_2 浓度采样精度，但在获取大范围不同高度 CO_2 浓度方面具有局限性。

一、卫星遥感反演 CO_2 浓度

卫星遥感反演 CO_2 浓度，主要包括：获取 CO_2 浓度遥感数据和监测数据的反演。其中，获取 CO_2 浓度监测遥感数据，需获取有能力监测 CO_2 浓度卫星的信息。日本、美国和中国先后研发了可以监测 CO_2 浓度的卫星，日本在 2009 年和 2018 年先后发射了 GOSAT 和 GOSAT-2 卫星，可监测大气中 CO_2、CH_4、CO、NO_2、O_3 和水蒸气的含量。2014 年，美国发射了一颗用于绘制地球大气中 CO_2 分布图的卫星 OCO-2，该卫星上装载 3 台高分辨率光谱仪，可通过这三台仪器估算大气中 CO_2 等物质的相对浓度，从而提高地球大气 CO_2 的预测水平，并对气候变化进行更准确预测。2016 年，我国也成功发射一颗全球 CO_2 监测科学实验卫星 TANSAT，该卫星的成功发射和稳定运行，标志着我国成为全球第三个具有对大气 CO_2 浓度卫星遥感监测能力的国家，这对充分了解全球碳循环过程及其对了解全球气候变化的影响具有重要意义。具备 CO_2 浓度卫星遥感监测能力后，后续研究方向是根据卫星遥感数据准确反演出 CO_2 浓度数据。

基于 GOSAT 卫星观测反演的大气 CO_2 浓度的精度已可以达到 1μg/g 左右。利用卫星遥感监测大气 CO_2 浓度，卫星遥感测量方式周期长、成本高，且受天气云层影响较大、数

据共享效果差、实用性较低，难以实现快速、准确、低成本的获取 CO_2 浓度。

二、无人机实时监测

随着科学的发展，无人机应运而生。无人机具有灵活性高、机动性强、成本低、监测面积大等优点，可以实现对不同高度 CO_2 浓度的实时、大面积监测。无人机作为环境监测平台应用正变得越来越普遍，其作为高分辨率图像和测量等任务的成本效益工具的适用性已得到证明。无人机气体监测的研究主要包括：无人机搭载平台研究，机载传感器的集成研究，CO_2 浓度监测传感器研究，信息数据传输研究与无人机外流场分布研究。

（一）无人机搭载平台

无人机大小可根据参数和无人机有效载荷进行分类，可以根据其设计飞行高度和续航时间（例如低/高海拔和短/长续航时间）来进行选择。根据其质量将不同类型的无人机分为4类：微型（100g~2kg）、小型（2~25kg）、中型（25~150kg）和大型（>150kg）。根据外形设计，大多数无人机可以分为以下四类：

① 小飞艇：特点是低行驶速度、高机动性、低维护成本、低噪音和振动水平、低环境干扰、悬停和飞行耐力长。

② 扑翼飞行器：受昆虫和鸟类翅膀运动的启发而设计，飞行距离和耐力比其他的无人机类型低。

③ 固定翼无人机：固定翼无人机在翼展的尺寸和设计上与其他无人机相比有很大的不同。固定翼无人机更适合于长距离飞行和载荷较大的任务。当无人机在空中滑行时，它们运行所需的动力较小，续航时间更长，作业区域更大。但是，由于固定翼不能在设定点上悬停，因此不推荐用于高精度数据记录。固定翼无人机起飞和降落对场地要求较高，需要在开阔区域，所需的净空高度约100m，安全飞行高度最低为30~35m。同时起飞时需要额外的装置，如弹射架、弹射绳等用于弹射起飞的装置，降落时也需要额外的辅助装置，如降落伞。

④ 旋转翼无人机：巡航速度较低，具有易手动操控和定点悬停能力的特点，使旋翼无人机有利于进行小面积作业。与其他类型的无人机相比，旋转翼对于外界风速的承受能力更强。旋翼无人机电机较多，供电电池更大，因此续航时间较固定翼无人机更短。旋翼无人机以其易操作、起降要求低、高稳定性的优点多被用于工业排污检查和定点监测。由于旋翼无人机体积参数较小，因此更适合用于科学研究和民用飞行。

无人机搭载平台的研究，目前主要集中在固定翼和旋转翼无人机的开发和研制。我国无人机平台研发机构也不断努力，推陈出新。大疆公司、中科院遥感所、中国科学院沈阳自动化研究所、中国农业机械化科学研究院、黑龙江农业信息化工程研究中心先后研制了多款无人机，分别应用于民用的各个领域中。

（二）机载传感器集成

现已集成在无人机上的监测传感器主要包括数码相机、多光谱传感器、热像仪、高光谱传感器及激光雷达。其中，数码相机和多光谱相机由于成本低、类型多，是目前人们在无人机平台上集成最广泛的传感器。目前，关于机载传感器集成技术，大都是关于对地观测光学仪器的研究，且已基本达到应用水平，可为后续机载 CO_2 浓度监测系统的集成提供技术支持。

（三）CO_2 监测传感器

气体传感器是在目标气体存在时产生电信号的小型装置，主要用于识别和量化气体挥发物，通常是安全系统的一部分，可以是移动的或固定的。气体传感器可以根据其工作原理进行分类，最常见的有半导体气体传感器、电化学气体传感器、催化燃烧式气体传感器、热导式气体传感器、红外气体传感器、固体电解质气体传感器等。

电化学气体传感器是最大和最古老的化学传感器，由电解液(固体或液体)组成，电解液包含三个电极：传感电极、对比电极和参比电极。电子恒定电路确保传感电极和参比电极之间的恒定电压，通过选择相应的电极和电解液的材料以及电压，可以保证目标气体在传感电极上发生电化学转化(通过氧化或还原)。同时，环境空气中的氧气在电极上发生电化学反应，通过感应电极和反电极之间的电子流动比值可以确定目标气体的浓度。该传感器的优点是：商业可用性、低功耗(在所有可用于气体监测的传感器中功耗最低)、低质量、线性稳定性好和 1~3 年的有效寿命。

红外气体传感器通常由红外源、带通滤波器和探测器元件组成，有两个带通滤光片和探测器元件与可选反射镜组合作为参考，以补偿传感器中发生的变化(例如，光源强度和反射表面的腐蚀)。来自红外源的辐射含有很宽的光谱数据，当这种光谱与气体分子相互作用时，一部分光谱频率与气体分子的自然频率相同，被气体分子吸收，而其余的光谱则被传输。这种吸收的光谱使气体分子获得能量，气体分子开始振荡，导致气体分子的温度上升，温度的升高量与目标气体的浓度成正比。被吸收的光谱还导致(目标气体)特定波长处原始光源的强度降低，通过探测器监测温度和吸收能量来确定气体浓度。红外气体传感器的优势在于其商业可用性、高选择性、广泛的灵敏度、长期稳定性和 3~5 年的有效寿命。

（四）数据传输

数据传输技术，通过控制模拟或数字信号的方式，对远距离作业无人机进行姿态和数据采集方面的操控。实现无人机远距离控制和数据的实时传输是无人机遥感信息获取技术的难点。在无人机信息数据传输方面的研究，目前国内外已经相对成熟，几乎能满足无人机 CO_2 浓度实时监测系统的要求。

（五）监测实例

延长石油集团 CCUS 项目采用无人机对大气实施实时监测，无人机 CO_2 探测系统由无人机载 CO_2 探测器、其他传感器、数据采集传输模块、地面显示端、无人机飞行系统五部分组成。无人机载 CO_2 探测器的任务是测量 CO_2 浓度信息；数据采集传输的任务是测量位置，对采集的数据进行处理、存储，之后经无线传输模块传送到地面显示端；CO_2 地面显示端接收无人机载 CO_2 探测器发送的 CO_2 实时浓度数据和位置信息，对数据进行解译后完成显示与存储，同时地面显示端控制无人机载 CO_2 探测器的采样、标定等功能。其他传感器包括可见光相机、热红外成像仪等，以完成高分辨率光学影像、目标温度等多维度信息的同时获取；无人机飞行系统的主要任务是搭载无人机载 CO_2 探测器及其他传感器，到达指定地点，按航线规划自动或者手动遥控的方式进行 CO_2 浓度信息测量、光学、热红外数据获取等。

选择四旋翼无人机，无人机飞行平台系统由飞行器、遥控器以及配套使用的地面站软件组成，云台接口可适配多种型号的三轴稳定云台相机。集成飞控系统、下视及前视视觉系统、红外感知系统和 FPV 摄像头，可在室内外稳定悬停、飞行，并具备障碍物感知功能。双频高清图传整合于机身内部，可提供高效稳定的高清图像传输。

CO_2 传感器采用非色散红外光谱技术（NDIR）的传感器。

三、可调谐半导体激光吸收光谱技术

（一）基本原理

可调谐半导体激光吸收光谱（TDLAS）技术是把激光应用在气体分子吸收光谱测量的技术，通过控制激光二极管的温度以及注入电流，改变发射激光束的波长，并用激光扫描通过气体分子的特征吸收线，获得被测气体的吸收光谱，进而实现对探测气体定性或者定量分析。与其他气体测量方法相比，TDLAS 主要有探测灵敏度高、精度高、在线实时非接触测量、选择性好、不需要对气体进行预处理等优点。

利用 TDLAS 根据气体分子对激光的选择吸收，实现外场大气 CO_2 的监测系统，相比于其他气体分析方法，该系统不再是单点测量，监测范围可达几百米，可准确获得局部范围内 CO_2 含量的变化，同时探测响应时间更快、灵敏度更高，能实现快速在线高精度的测量。利用对激光二极管的波长调制技术和锁相放大技术，在接收端提取谐波信号，可以有效减小系统的噪声。在系统光路中设计一个校准光路，避免了温度和压力对系统的影响，提高了测量的精度。不同的器件之间通过光纤直接连接，避免了传统的激光雷达光路准直以及光路调节的复杂性，减轻光路调节的工作量，同时改进了光路容易受干扰发生改变的缺点，提高了整个系统的稳定性。

根据朗伯-比尔定律，设半导体激光器发射激光的初始光强为 I_0，激光束穿过的长度为 L，穿过待测气体被吸收之后的能量为 I，则两个能量的关系表达式如(7-21)所示。

$$\begin{aligned} I(v) &= I_0 \exp[-\alpha(v)PCL] \\ \alpha(v) &= S(T)f(v-v_0) \end{aligned} \qquad (7-21)$$

式中 C——气体浓度；

$\alpha(v)$——摩尔吸收系数，cm^2/mol；

P——气体压力；

$S(T)$——吸收谱线强度；

$f(v-v_0)$——线性函数；

L——光程。

气体浓度表达式如式(7-22)所示。

$$C = \frac{-\ln\left(\frac{I}{I_0}\right)}{S(T)f(v-v_0)PL} \qquad (7-22)$$

在利用 TDLAS 技术检测气体时，对半导体激光器在一定波长范围内进行调谐，这样可以完整地检测出一条吸收线，而把线性函数$f(v-v_0)$在整个频域内进行积分后可得到1，所以对公式(7-22)进行积分，得到式(7-23)。

$$C=\frac{\tau}{S(T)PL} \tag{7-23}$$

式中　τ——透射率的积分，可看作气体的吸光度。

只要计算出吸光度τ、吸收谱线的强度$S(T)$、气体压力P和光程L，就可以计算出气体的浓度C。

（二）CO_2气体吸收谱线

根据气体吸收光谱的形成机制，气体分子对不同频率的光波吸收能力是不同的，所以利用连续光波通过待测气体时，会形成连续的吸收带，在整个光谱范围中观察可以看到各种气体的吸收强弱变化，以便选择出一条合适的吸收谱线分析气体的浓度。大气中CO_2的强吸收波长为2.7μm、4.3μm、14.7μm，弱吸收波长为1.4μm、1.6μm、2.0μm、5.0μm、9.4μm、10.4μm。目前可以通过高分辨率透射分子吸收数据库（High-resolution Transmission Molecular Absorption Database，HITRAN），查到大气中多达38种的气体分子，以及它们的同位素的吸收光谱。HITRAN数据库包含了气体分子吸收谱线的多种信息，包括吸收线的位置、吸收线强度、吸收系数和吸收线加宽系数等重要参数，能够准确模拟出气体分子的吸收谱线，在大气温室气体、卫星遥感、气候环境评估和大气臭氧层耗竭等领域都有广泛应用。

TDLAS技术是利用待测物质的特征吸收线进行浓度的测量，选择的光谱频率不同，气体的吸收会有很大变化。光谱的频率对吸收光谱的线性函数有重大影响，因此需要选择合适的吸收线，才能有效提高测量精度和灵敏度。首先，要选择一条强吸收线，使气体的吸收效果明显；尽量选择一条与水汽、甲烷等气体吸收线分开的线，这样才能避免其他气体对吸收信号造成干扰，同时也要考虑邻近吸收线的影响，选择的吸收线同样要尽量与邻近吸收线分开，以提高灵敏度。

根据CO_2的吸收带，结合上述吸收线的选择因素，需要选择强吸收线，但是2.7μm处有水汽的干扰，在选择波段时，还要考虑波段对应的半导体激光器的技术和成本等因素。目前近红外波段的半导体激光器技术和工艺更加成熟，而且成本更低，所以综合各个因素最后选择1.6μm附近的吸收线。另外，查看其他气体如水汽和CO等常见气体在1.6μm的HITRAN数据，以确定是否受到这些气体的干扰。对比1.6μm附近的各个吸收线，最终可选择波长1572nm处的特征吸收线作为测量CO_2浓度的吸收波长。

（三）TDLAS技术检测气体的关键技术

1. 直接吸收光谱技术

根据Lambert-Beer定律，测量出经气体吸收后的光强信号和激光的原始光强信号，同时根据选定的特征吸收线，计算出实际测量的谱线线强和线型，就可以推导出气体的浓度，直接吸收光谱技术就是直接运用了该基本原理测量出待测气体的浓度。

半导体激光器具有可调谐的特性，将一个锯齿波信号叠加到半导体激光器上，就可以输出波长在一定范围内变化的激光。这样通过一个合适的锯齿波信号，使激光器输出的激光波长和选择好的气体吸收线的频率相匹配，然后把激光穿过待测气体，就可以扫描出实际的气体吸收谱线。为了有效检测到气体的吸收信号，采用信号平均器进行吸收谱线的累加平均，同时结合合理的数据处理方法，最大程度地降低了背景噪声和邻近吸收谱线的干扰，提高了信噪比。

直接吸收光谱技术的方法简单，系统更容易实现，只要测量出气体的吸收谱线，不需要浓度定标就可以直接得到气体的浓度。直接吸收光谱技术是直接测量气体吸收后的信号，将其和激光的原始信号做比值推理出气体的信息，但实际测量时，该吸收信号远远小于激光本身的强度，并不能有效地检测出微弱信号，所以测量出的结果容易受到激光器噪声、探测器噪声和电路系统噪声等背景噪声的影响，探测过程中信号的波动会严重干扰测量结果。

2. 调制光谱技术

为了提高测量的灵敏度，发展了激光调制技术，即通过对半导体激光器施加高频的调制信号，当带有调制信号的激光穿过待测气体时，与气体分子的相互作用将产生吸收光谱。与直接吸收光谱技术不同的是，该吸收光谱包括了调制频率和各次谐波的信号，故称为调制光谱技术。

目前有波长调制光谱技术（WMS）和频率调制光谱技术（FMS）两种调制技术。两者的原理是一样的，都是对半导体激光器的波长或频率进行调制，只是调制的频率和幅度不一样。

3. 谐波检测技术

对激光器输出波长进行调制后，激光穿过待测气体后，将会产生与气体浓度成正比的谐波信号，检测出谐波信号即可分析待测气体的浓度，这就是谐波检测技术。

第五节　环境监测法规

环境监测是环保工作的重要基础和技术支撑，具体体现在为管理决策提供科学依据、为监督执法提供有效证据、为环境科研提供翔实数据、为社会公众提供准确环境信息。CO_2 地质封存与利用涉及工业、环境、市场、知识管理以及财税等各领域的多方面国际公约和国内相应法规。

一、国外环境监测法规

欧盟层面与环境相关的主要法条分散在各种指令和法规中，包括：《工业排放指令》（指令 2010/75/EU）、《环境空气质量指令》（指令 2008/50/EC）、《水框架指令》（指令 2000/60/EC）、《海洋战略框架指令》（指令 2008/56/EC）、《环境影响评估指令》（指令 2011/92/EU）、《环境责任指令》（2004/35/EC）等。

美国与环境监测相关的法律法规主要有：《美国环境保护法》《清洁水法》《安全饮用水法》《清洁大气法》《联邦水污染控制修正案》《海洋环境保护研究和保护区法》等。

日本与环境监测相关的法律法规主要有：《环境保护法》《水污染防治法》《土壤污染对策法》《海洋污染与海上灾害防治法》等。

CO_2 海洋地质封存涉及的主要国际公约包括《联合国海洋法公约》和《伦敦公约》。此外，还有一些地区性的公约，如《东北大西洋海洋环境保护公约》和涉及北海沿岸国家在防止石油和其他有害物质污染方面合作的《波恩公约》等。

欧盟、美国等一些发达国家根据国际能源署(IEA)制定的路线图开始对现行法律框架是否适用于 CO_2 地质封存活动进行评估和审查，在监管机构的设置及其职责、竞争性不动产物权的效力顺位等方面开始了初步立法工作。

二、国内环境监测法规

我国与 CO_2 地质封存及利用相关的环境监测法律法规主要有：《中华人民共和国环境保护法》《环境监测管理办法》《全国环境监测管理条例》《中华人民共和国水污染防治法》《中华人民共和国海洋环境保护法》《中华人民共和国大气污染防治法》《生态环境监测网络建设方案》等。

我国相关的法律法规主要是有效预防和减少在 CO_2 地质封存及利用方面出现的风险，合理分配碳地质封存活动可能引起的法律责任，确保碳地质封存活动的顺利、安全、可持续发展以及充分发挥所涉不动产的经济和社会效用。

思考题

1. CO_2 地质封存与利用的环境风险、环境影响有哪些？
2. CO_2 泄漏对地下水的具体影响有哪些？
3. 通过文献阅读，学习土壤监测技术的实际应用。
4. 通过文献阅读，学习无人机监测技术在大气 CO_2 浓度监测中的实际应用。

扫码获取更多学习资料

第八章　监测设备仪器

CO_2 地质封存与利用的安全性是 CCUS 的关键性问题，监测技术的种类方法繁多，按照监测位置的不同分为大气监测、地表监测和地层监测。与监测技术紧密相关的是监测设备的选择、研制或开发，本章重点介绍监测的设备仪器，例如传感器、监测系统等。

第一节　高精度传感器

传感器是能感受到被测量的信息，并能将感受到的信息，按一定规律变换成为电信号或其他所需形式的信息输出，以满足信息的传输、处理、存储、显示、记录和控制等要求的检测装置(见图 8-1)。传感器具有微型化、数字化、智能化、多功能化、系统化、网络化等特点，它是实现自动检测和自动控制的首要环节。传感器一般由敏感元件、转换元件、变换电路和辅助电源四部分组成。

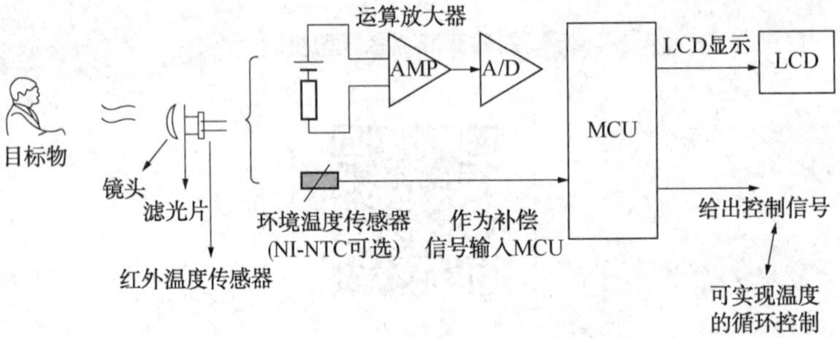

图 8-1　传感器工作原理示意图

一、气体传感器

气体传感器是一种将某种气体体积分数转化成对应电信号的转换器。探测头通过气体传感器对气体样品进行处理，通常包括滤除杂质和干扰气体、干燥或制冷处理。

气体传感器是化学传感器的一大门类，气体传感器的主要特性：

(1) 稳定性

稳定性是指传感器在整个工作时间内基本响应的稳定性，其好坏取决于零点漂移和区间漂移。零点漂移是指在没有目标气体时，整个工作时间内传感器输出响应的变化。区间漂移是指传感器连续置于目标气体中的输出响应变化，表现为传感器输出信号在工作时间内的降低程度。在理想情况下，一个传感器在连续工作条件下，每年零点漂移小于10%。

（2）灵敏度

灵敏度是指传感器输出变化量与被测输入变化量之比，主要依赖于传感器结构所使用的技术。大多数气体传感器的设计都采用生物化学、电化学、物理和光学原理。选择一种敏感技术首先要考虑的是它对目标气体的阀限制或最低爆炸限的百分比的检测要有足够的灵敏性。

（3）选择性

选择性也被称为交叉灵敏度，可以通过测量由某一种浓度的干扰气体所产生的传感器响应来确定。这个响应等价于一定浓度的目标气体所产生的传感器响应。这种特性在追踪多种气体的应用中是非常重要的，因为交叉灵敏度会降低测量的重复性和可靠性，理想传感器应具有高灵敏度和高选择性。

（4）抗腐蚀性

抗腐蚀性是指传感器暴露于高体积分数目标气体中的能力。在气体大量泄漏时，探头应能够承受期望气体体积分数的10~20倍。在返回正常工作条件下，传感器漂移和零点校正值应尽可能小。

（一）TDLAS 气体传感器

TDLAS 技术是微量气体检测的一种高效方法。

1. TDLAS 测量方法

（1）直接吸收法

直接吸收法是把吸收后的激光信号直接作为最终的浓度反演依据。因为激光器的电流控制器和温度控制器可以控制激光器的中心波长在一定范围内变化，所以利用激光器发射出待检测气体吸收波段的光来检测气体吸收。由于气体的吸收谱线存在一定的线宽或者存在一定程度的吸收峰的偏移，所以对激光器外部加载一个扫描电流信号，能够让激光器的电流在一定范围内产生周期性的变化，激光器的波长从而也在一定的范围内周期性地变化，能够完整的扫描到待测气体的吸收波段。

（2）波长调制法

直接吸收法虽然具有实验结构简单、无须标定等优点，但是直接吸收法得到的吸收谱线的吸收峰很小，只有在待测气体浓度很高的情况下才能得到明显的吸收峰，而在待测气体的浓度很低时，激光器噪声、光电探测器噪声等噪声会淹没直接吸收得到的吸收峰，无法根据吸收峰进行气体浓度测量。TDLAS 的调制技术可以很好地解决这一问题。TDLAS 系统中的调制技术分为两种，一种是波长调制技术，一种是频率调制技术。这两种技术都是在激光器的调制电流中添加高频的正弦信号，让激光器出射的激光一开始就具有高频调制特性。之所以这样做，主要是让激光信号在后续的操作中掺杂的噪声没有高频调制的这一特性，便于后续锁相放大器借助于参考信号来提取谐波信号。这两种调制技术虽然都是借助于调制信号来提高精准度，但是两者的区别就在于调制信号的频率级别不同，频率调制技术所添加调制信号的频率级别通常为 MHz 或 GHz，而波长调制技术所添加的调制信号的频率通常在 1kHz 至 50kHz 范围之内。

波长调制方法是在直接吸收方法的基础上改进而来的，主要是在直接吸收法的系统结构图上增添了高频正弦波调制和锁相放大器。测量过程为在激光器上外接一个加法器，使激光器输出具有高频正弦调制的扫描信号，该扫描信号经过气体吸收池光强产生衰减。此时，光电探测器起到承上启下的作用，它将之前衰减的光信号转化成后续可以输入到锁相放大器中检测的电信号，同时，将高频正弦波的同步电平信号作为被检测信号的参考信号，将两者共同在锁相放大器中进行谐波信号检测，通过示波器观测谐波检测的结果。

2. TDLAS 检测系统

TDLAS 气体传感器基于小波变换的检测系统分为四个模块：激光器控制模块、气体吸收模块、吸收信号的相敏检波模块、二次谐波信号降噪模块。激光器控制模块是为了能够让激光器工作在指定的波长范围内，可以发射出叠加了高频正弦信号的锯齿波型的激光，能够完整地扫描气体吸收的波段。气体吸收模块是将激光器发射出的激光入射到气体吸收室，气体会吸收某一波段的激光。吸收信号的相敏检波模块是利用光电探测器和锁相放大器中进行谐波信号检测。二次谐波降噪模块能够将二次谐波信号由电信号转化为数字信号再将信号中的噪声部分进行滤除。

激光器是整个 TDLAS 系统的关键仪器，激光器输出的波长受到电流和温度起伏的影响，因此需要控制器来配合激光器进行工作，以此来控制激光器的输入电流和工作温度。激光器的控制器分为激光器热电温控仪和激光器电流控制器。

（二）光声 CO_2 传感器

1. 光声效应基本理论

光声气体传感器系统的基本原理就是气体分子因为能够吸收某种特定波长的光而被激发，当吸收光子后处在激发状态下的气体分子可以通过无辐射跃迁的方式释放出能量时，气体的温度会上升，而当入射光呈周期性输入时，气体分子也随之周期性地发生热膨胀，进而形成热声波。关于光声气体传感器系统独特选择性，这是因为每种物质分子都有其独特的吸收光谱，当待测气体被特定波长的光照射时，待测气体中只有含有目标气体成分才会对该波段的光产生强烈的吸收。通过检测被激发出的热声波的强度就可以确定待测样品中目标气体成分的含量。

光声效应，其入射能量以光的形式，但是用于反映物质浓度的信号却不对光进行检测和分析，而是直接对分子和红外光发生相互作用产生的其他形式的信号进行分析。在光声效应过程中，气体分子会吸收对应频率的光子，并以热能的形式将吸收的能量释放出来，进而产生热声波。光声系统即是通过检测该热声波来确定被气体分子吸收的能量，当输入的光功率固定时，则激发出的热声波强度和气体分子浓度成正比。

可以将整个光声效应过程之中产生的能量划分为两个阶段，第一个阶段，吸光发热过程，气体分子吸收光能跃迁至激发态，随后通过无辐射跃迁把能量转化为分子振动的能量，在此过程中光能转化为热能。第二个阶段，发声过程，气体分子吸收光子并将其转化成热能之后，分子即作为热源引起气体振动，从而将热能转化为声波。

2. 传感器

光声传感器利用气体分子对特定波段的光的吸收作用，实现对气体的周期性加热，进而产生声波。无论是谐振式光声传感器还是非谐振式光声传感器，都需要光源、光声池以及麦克风三部分。

光声池是发生光声效应的位置，当气体分子吸收光子就会激发出热声波，即使没有光声池，光声效应也依旧会发生，但在开放空间中发生的光声效应无法被检测，因此需要光声池来聚集光声信号的能量并延缓光声信号衰减。

二、温度传感器

温度传感器是指能感受温度并转换成可用输出信号的传感器。温度传感器是温度测量仪表的核心部分，品种繁多，按测量方式不同可分为接触式和非接触式两大类，按照传感器材料及电子元件特性可分为热电阻和热电偶两类。

（一）接触式温度传感器

接触式温度传感器，又称温度计，通过传导或对流达到热平衡，从而使传感器的示值能直接表示被测对象的温度。接触式温度传感器一般测量精度较高，在一定的测温范围内，也可测量物体内部的温度分布。但对于运动体、小目标或热容量很小的对象则会产生较大的测量误差，常用的温度计有双金属温度计、玻璃液体温度计、压力式温度计、电阻温度计、热敏电阻和温差电偶等，它们广泛应用于工业、农业、商业等部门，在日常生活中人们也常常使用这些温度计。随着低温技术在国防工程、空间技术、冶金、电子、食品、医药和石油化工等邻域的广泛应用和超导技术的发展，测量 120K 以下温度的低温温度计得到了发展，如低温气体温度计、蒸气压温度计、声学温度计、顺磁盐温度计、量子温度计、低温热电阻和低温温差电偶等。低温温度计要求感温元件体积小、准确度高、复现性和稳定性好。利用多孔高硅氧玻璃渗碳烧结而成的渗碳玻璃热电阻就是低温温度计的一种感温元件，可用于测量 1. 6~300K 范围内的温度。

（二）非接触式

敏感元件与被测对象互不接触，又称非接触式测温仪表。这种仪表可用来测量运动物体、小目标和热容量小或温度变化迅速（瞬变）对象的表面温度，也可用于测量温度场的温度分布。

最常用的非接触式测温仪表基于黑体辐射的基本定律，称为辐射测温仪表。辐射测温法包括亮度法（见光学高温计）、辐射法（见辐射高温计）和比色法（见比色温度计）。各类辐射测温方法只能测出对应的光度温度、辐射温度或比色温度。只有对黑体（吸收全部辐射并不反射光的物体）测的温度才是真实温度。如欲测定物体的真实温度，则必须进行材料表面发射率的修正。而材料表面发射率不仅取决于温度和波长，而且还与表面状态、涂膜和微观组织等有关，因此很难精确测量。在自动化生产中往往需要利用辐射测温法来测量或控制某些物体的表面温度，如冶金中的钢带轧制温度、轧辊温度、锻件温度和各种熔融金属在冶炼炉或坩埚中的温度。在具体情况下，物体表面发射率的测量是相当困难的。对于固体表面温度自动测量和控制，可以采用附加反射镜使与被测表面一起组成黑体空腔。附加辐射的影响能提高被测表面的有效辐射和有效发射系数。利用有效发射系数通过仪表对实测温度进行相应的修正，最终可得到被测表面的真实温度。最为典型的附加反射镜是半球反射镜。球中心附近被测表面的漫射辐射能受半球镜反射回到表面而形成附加辐射，从而提高有效发射系数。至于气体和液体介质真实温度的辐射测量，则可以用插入耐热材料管至一定深度以形成黑体空腔的方法。通过计算求出与介质达到热平衡后的圆筒空腔的有效发射系数，在自动测量和控制中就可以用此值对所测腔底温度(即介质温度)进行修正而得到介质的真实温度。

第二节　CO_2 监测系统

地层监测主要针对 CO_2 在地下运移情况的跟踪以及饱和度、渗透率、压力分布的观测；而地表监测和大气监测则不仅可以对 CO_2 泄漏的情况有很直观连续的判断，还可以确定 CO_2 的逃逸路径和数量，分析 CO_2 地质封存对周围环境的影响并提供数据支持和风险评估。

我国在 2010 年建设的首个 CO_2 地质封存示范工程项目位于人口密度相对较低的内蒙古，项目后期为了保障长期的环境数据监测投入了相对较大的人力物力。由于监测范围要在以封存井口为中心的两公里半径的广阔区域内，每次监测周期比较长，监测数据连续性不够高。

近年来，我国物联网技术得到了快速发展，搭建使用物联网技术的自动监测平台不仅会节省大量的人力资源，降低监测成本，同时也能提高测量数据的精度和连续性，还可以避免人为因素造成的数据采集误差。监测系统主要构成如下：

① CO_2 浓度监测，其他各传感器负责监测影响 CO_2 浓度的环境因子变化量，完成对数据的实时采集工作，构成感知层。

② 将各传感器采集到的数据汇总传递到最高节点，再由网络传输模块将接收到的数据转发到 Internet 网络上，达到与上位机的通信，构成传输层。

③ 上位机与 Internet 网络连接，接收到数据后，将数据保存并进行处理整合，并以表格曲线形式直观地展示给用户，构成应用层。

一、系统感知层

系统感知层主要包括以下几个部分：①传感器部分：首先系统的核心监测参数为 CO_2 浓度，可通过 CO_2 监测装置完成；其次是各个环境因子的参数测量，包括空气温湿度、土壤温湿度、大气压力、风速风向、雨量五个部分，通过不同的传感器测量完成。②数据采集部分：负责传感器部分，包括 CO_2 和所有环境因子的数据采集工作。③太阳能供电系统：考虑到系统在野外环境中工作，必须有稳定的电源，太阳能供电装置是整个感知层的基础模块。

系统感知层各个传感器在监测控制模块的协调控制下完成数据采集工作。

二、传输层

当前无线数据传输技术有以下几种：短距离的技术有 ZigBee、WiFi、HomeRF 和 Bluetooth 等；远距离的技术有 GSM、GPRS、3G、4G、5G 等。在远距离无线传输技术中，由于系统应用在野外环境中，3G、4G、5G 网络覆盖不全面、信号不稳定。

(一) ZigBee 技术

ZigBee 技术是一项发展速度非常快的短距离无线传输技术，Zigbee 技术具有以下特点：短距离传输、复杂程度低、功耗小、延时短、低数据速率、低成本、高安全度等。ZigBee 技术主要适用于自动控制和远程控制领域，非常适合帮助小型廉价设备连接无线网络并对其进行操控。ZigBee 技术的优点：

① 低功耗省电：由于发射功率很低仅为 1mW，并且采用了休眠模式，因此 ZigBee 设备非常省电，仅靠 2 节 5 号电池就可以正常工作 6 个月到 24 个月左右的时间。

② 成本低经济性高：ZigBee 模块的成本大概在 2 美元到 6 美元之间，并且没有协议的专利费用，因此非常适合小型廉价的设备使用，应用范围很广。

③ 延时短：ZigBee 设备为了降低功耗平时为休眠模式，从休眠模式到激活只需要 15ms，再到接入网络正常工作需要 30ms，在节能的基础上又能满足设备低延时高同步的要求。

④ 网络容量大：每个 ZigBee 设备可以连接 254 个从设备和一个主设备构成一个星型网络，而每个区域内又可以存在 100 个独立而又互相重叠的网络，构成一个片状或者是网状的网络结构。

⑤ 安全性能高：ZigBee 采用的是 AES-128 加密算法，提供了数据完整性的检查，支持鉴权和认证。

(二) 无线传感器网络

无线传感器网络(Wireless Sensor Networks，WSNs)是由多个传感器节点构成的自组织网络，使用了传感器技术、嵌入式计算技术、分布式信息处理技术和网络通信技术，传感器网络节点能够通过协同工作，实时地感知和采集网络区域内的各种环境数据或所监测对象的信息，对这些信息进行处理并传送给终端用户。

当前 WSNs 被广泛应用于很多领域，特别是在由于环境造成有线网络布线困难或测量人员无法到达的危险环境等应用领域，WSNs 发挥了重要作用。WSNs 的数据来源于 WSNs 中部署的传感器节点，依据测量数据采集的要求，在一个传感器节点上可以搭载一个或多个传感器，在研究和应用 WSNs 时，通常以 WSNs 为一个整体研究其获取的数据集。

从不同的研究角度，可以把无线传感器的网络结构分为体系结构、节点结构以及功能结构。

1. 体系结构

一般由传感器节点、Sink 节点、通信网络和终端构成，如图 8-2 所示。

在 WSNs 中，多个传感器节点将网络监测区域内采集到的数据通过无线通信方式发送到 Sink 节点进行数据汇集，通常 Sink 节点根据 WSNs 的数据规模不同有不同的实现方式，小规模数据通常用数据网关节点或基站进行实现，数据规模大可以用数据中心实现。通信网络可以是专用的局域网、广域网或采用互联网平台。终端依据数据以及应用的规模，可以是单台计算机，也可以由计算机集群系统构成。

2. 传感器节点结构

传感器节点的基本硬件结构由电池供电系统、基础数据传感模块、嵌入式处理器模块和射频模块四个部分构成。

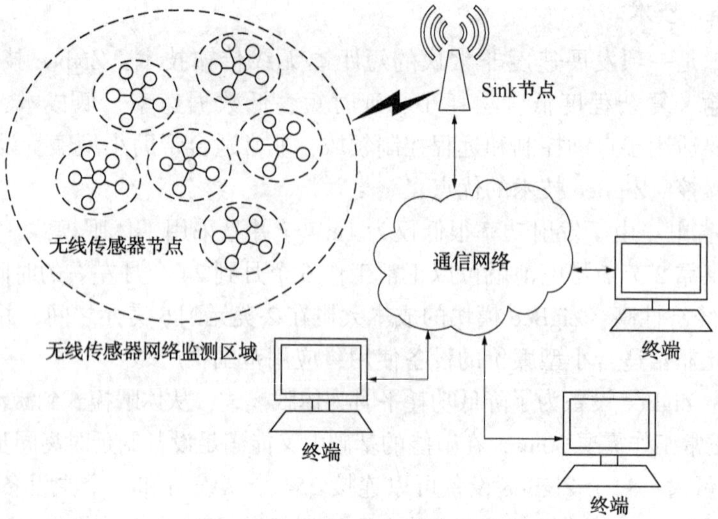

图 8-2 WSNs 体系结构示意图

在不同的应用场景中，传感器节点的实际结构会在基本结构的基础上有所变化。

在没有其他形式能源供电时，传感器节点通常使用电池供电，为了延长节点的工作时间，在电路设计中多使用低能耗器件，同时实现能耗管理，例如在没有数据通信任务的时候，会切断射频部分的电源以减少能耗。基础数据传感模块由传感器、信号调理电路和模数转换器构成，从监测环境中采集到的监测对象的数据被送到嵌入式处理器模块进行处理。嵌入式处理模块包括 CPU 和存储器。传感器节点的处理软件在嵌入式处理器模块上运行。嵌入式处理系统按照软件中设定的流程，对采集到的数据进行简单的预处理，如数据格式转换等。存储器则用于暂时存放传感器节点采集到的数据。处理好的数据被送到射频模块，通过无线通信发送到网络上其他节点。射频模块由网络控制器和无线收发器组成，采用无线网络协议实现通信功能。

传感器节点具有信息感知、数据处理和无线通信的功能。根据在网络中的功能不同可以分为终端节点和路由节点。终端节点仅负责采集数据；路由节点是一种特殊的节点，它不仅可以采集数据，也充当路由器的角色进行数据转发，通常传感器节点的通信距离比较短，只能和邻近的传感器节点交换数据包。同距离比较远的节点交换数据时一般需要使用路由节点实现多跳路由，最后把数据传送给 Sink 节点。

3. 功能结构

一般将 WSNs 分为四个功能层：传感层、网络通信层、数据处理层和应用接口层。传感层的功能是采集被监测对象产生的数据。网络通信层的功能是实现无线传感器网络的相关网络协议以实现节点之间的数据交换。数据处理层的功能是对 WSNs 中的数据进行处理，将传感器节点的测量数据转换为无线传感器网络应用所需的数据，同时，数据处理层还具备数据存储的功能。应用接口层的功能是实现无线传感器网络应用和数据处理层之间的接口，通常以数据服务的形式实现，为上层的无线传感器网络应用提供统一的数据访问接口。

三、应用层

（一）数据库

CO_2 浓度监测是一个长期连续的过程，涉及传输到应用层中的数据量相对较大，并且在具体运行中会遇到相关运行参数的修改等问题，因此需要建立相关数据库来有效完成数据的组织、存储、管理等工作。目前，有很多比较成熟的数据库管理系统，例如瑞典MySQL公司开发的MySQL数据库、美国Microsoft公司开发的SQL Server数据库和Oracle公司开发的Oracle数据库等，可根据需求自行选择或独立开发。

（二）软件设计

连接监测现场与数据库之间的重要纽带，需要能基本实现数据处理、数据显示、历史记录、故障报警、系统设置等功能。

① 管理平台显示界面：主要显示监测区域内所有节点编号、属性、工作状态是否正常，是否有节点丢失；其次可选择是否开启故障报警和其他模块的切换功能。

② 数据处理模块：主要包括数据的储存与提取功能，数据储存功能是将传输层输送来的数据进行分析处理之后导入数据库保存起来，数据提取功能支持数据转移时提取。

③ 数据显示模块：将各节点监测到的 CO_2 浓度系数和相关参数数据图形化。

④ 历史记录模块：通过设置查询条件，提取数据库中符合要求的相关数据，并将数据绘制成表格显示给操作人员。

⑤ 故障报警模块：监测现场各个传输节点，如果出现故障，可以及时通知监测人员。

⑥ 系统设置模块：主要针对查询周期和串口通信的选择进行设置，还包括软件系统的开启关闭和复位初始化。

第三节　CO_2 封存井下多参数监测仪

一、基本功能

在经历多年的更新与发展之后，国内外的井下多参数监测技术整个系统逐渐成熟完善，功能更加强大，并且具有较高的可靠性。但在实际应用过程中，还是会有故障出现，包括地面仪表的损坏、不平衡电压造成井下测试装置的损坏、电抗器的损坏等等。

井下多参数监测仪需要实现的功能包括：

数据/信号采集：①井下多参数信号的采集；②通过通信编码协议，将井下原始信号调制成一路信号；③将此一路输出信号耦合至电力线上。

数据处理：①接收井下状态信息，并进行解调；②井下数据实时显示；③数据存储；④将井下数据传送给电脑进行分析处理。

监测参数主要包括气体浓度、温度、湿度、气压等，数据最初收集可通过传感器完成。需要克服井下高温高压的问题，这涉及新型材料的研发。

二、实例

为解决黄土塬地区地下水取样分析的困难和满足监测及时性以及多参数监测的需求，延长石油集团针对水中 CO_2 浓度、pH 值、电导率、温度和压力传感器，开发了多参数在线监测系统。该系统通过将能够实时监测各种参数的传感器，直接置于待监测的水体中，实时获取监测水体的各环境指标变化情况，了解 CO_2 是否泄漏。系统的核心部件是 CO_2 浓度、pH 值、电导率、温度和压力传感器以及数据采集器和主机系统。采集器与监控主机之间采用铠装抗腐蚀防水电源电缆，由主机控制供电，为采集器提供电源。

地下水多参数一体化监测系统能够自动在线监测地下水的 CO_2 浓度、pH 值、电导率、温度和压力，实时监测水体的变化情况，监测数据在水下采集后，通过电缆实时传输至地表数据采集箱进行数据的储存与展示，并通过 RTU 系统将监测数据通过 4G、5G 或是有线传输至远端服务器，实现数据的远端访问，大大提高监测效率并减少人力的投入。

第四节　井地联合微震监测装备

一、地面微震传感器

地面微震数据采集设备由数字检波器(传感器)与采集站组成，数字检波器负责将震动信号转换为数字电信号，采集站负责控制检波器工作状态，存储地震信号以及应答上位机(软件)的控制命令。

根据检波器布设环境复杂的特点，地面微震检波器的传感器分为两种：MEMS 传感器芯片和传统动圈式传感器。

MEMS 传感器的优点在于其频率范围大、灵敏度高、具有线性相位的特点能够更加真实地反映信号特点，而且加速度传感器体积小、质量轻。选取的 MEMS 传感器更有利于研制灵敏且轻便的检波器。但 MEMS 芯片对噪声更加敏感，所以 MEMS 芯片采集数据会受到地面低信噪比微震信号的影响。

传统动圈式传感器在灵敏度、频带响应范围以及体积大小等方面表现均不如 MEMS 传感器，但传统动圈式传感器的频带响应范围刚好符合地面地震波的频率范围，且相对窄的频带也减少噪声对地震信号的影响。

结合两种传感器的特点，地面检波器的传感器可由两种不同类型的传感器配合使用，在背景噪声相对小的地区，可使用 MEMS 传感器；在背景噪声大的地区，可使用传统的动圈式检波器，确保采集微震信号的质量。

二、井中微震数据采集设备

井中微震数据采集设备由传感器电路、采集电路、供电电路以及通信电路几部分组成，如图 8-3 所示。传感器电路负责将微震信号转换为电信号；采集电路负责将传感器输出的信号进行调理并输出至通信电路；供电电路给所有电路板供电，并集成了电机驱动及控制电路；通信电路将采集到的微震信号发送至地面中继单元。

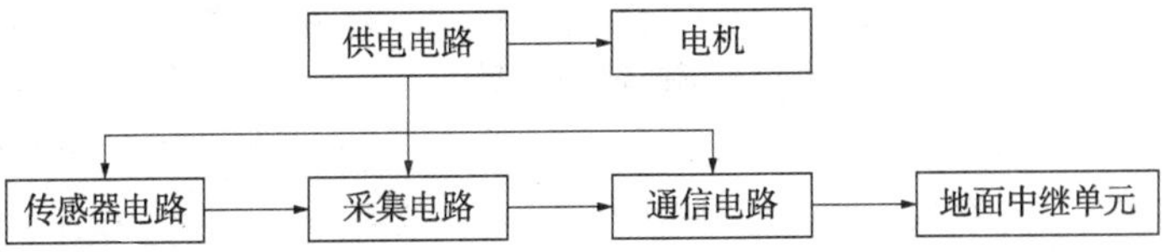

图 8-3 井中微震数据采集设备结构示意图

井中微震传感器需要重点考虑优化抗高温高压性能、耐酸碱及卤族元素腐蚀性能、井壁推靠耦合性能。井中微震传感器基本架构包括电子仪器节、推靠臂节等。

电子仪器节负责完成接收并传感振动信号、数模转换、数据传输、推靠臂控制等功能，由内置的电子仪器完成，电子仪器节外壳用于在高温高压及腐蚀性环境中密封并保护内部的电子仪器。

推靠臂节通过联轴器装置连接推靠动力节，接收来自推靠动力节的动力，使得井中微震传感器与井壁较好地耦合，保证来自地层的振动信号尽量无损地传递到电子仪器节。

思考题

1. 传感器的作用及分类有哪些？
2. 通过文献阅读，CO_2 地质封存与利用监测设备有哪些成功的应用实例？
3. 除本章介绍的设备外，CO_2 地质封存与利用还有哪些设备？
4. 梳理监测设备工作原理与其他章节内容的关系。

扫码获取更多学习资料

参考文献

[1] 沈平平，廖新维．二氧化碳地质埋存与提高石油采收率技术[M]．北京：石油工业出版社，2009.

[2] 李阳．碳中和与碳捕集利用封存技术进展[M]．北京：中国石化出版社，2021.

[3] 胡永乐，郝明强，陈国利．注二氧化碳提高石油采收率技术[M]．北京：石油工业出版社，2018.

[4] 戴玉婷．延长油田 CO_2 驱油地质封存机理及封存量计算方法研究[D]．北京：中国地质大学(北京)，2022.

[5] 胡永乐，郝明强，陈国利，等．中国 CO_2 驱油与埋存技术及实践[J]．石油勘探与开发，2019，46(4)：716-727.

[6] 喻英．非纯净 CO_2 地质封存中 CO_2-N_2-O_2 的运移规律研究—以鄂尔多斯盆地为例[D]．武汉：中国地质大学，2018.

[7] 于兴河．油气储层地质学基础．2 版．[M]．北京：石油工业出版社，2015.

[8] 刁玉杰．神华 CCS 示范工程场地储层表征与 CO_2 运移规律研究[D]．北京：中国矿业大学(北京)，2017.

[9] 李偲宇．CO_2-H_2O-岩石复杂多相系统内界面特性和流动状态的分子模拟研究[D]．南京：东南大学，2017.

[10] 田巍．CO_2 在老油田地质封存中的赋存状态[J]．地下空间与工程学报，2021，17(2)：618-625.

[11] 王永红，赵玉强，李志伟．柴达木盆地 CO_2 深部盐水层地质封存模拟实验[J]．北京交通大学学报，2013，37(1)：108-114，+119.

[12] 武博浩．CO_2 咸水层封存两相流动与传质特性研究[D]．大连：大连理工大学，2020.

[13] 靖晶．CO_2 储存过程多因素影响的数值模拟研究—以鄂尔多斯盆地石千峰组为例[D]．武汉：中国地质大学，2021.

[14] Nicolas Spycher，Karsten Pruess. A Phase-Partitioning Model for CO_2-Brine Mixtures at Elevated Temperatures and Pressures：Application to CO_2-Enhanced Geothermal Systems[J]. Transport in Porous Media，2010，82：173-196.

[15] 黄海东，张亮，任韶然，等．CO_2 驱与埋存中流体运移监测方法与结果[J]．科学技术与工程，2013，13(31)：9316-9321.

[16] 吴志良，张勇，唐人选．复杂断块油田 CO_2 驱油动态监测技术应用与分析[J]．石油实验地质，2009，31(5)：542-546.

[17] 陈龙龙，白远，云彦舒，等．气体示踪在非均质特低渗透油藏二氧化碳驱气地监测中的应用[J]．钻采工艺，2020，43(3)：56-59.

[18] 尼克．人工智能简史[M]．北京：人民邮电出版社，2021.

[19] 张力为．二氧化碳地质利用与封存的风险管理[M]．北京：科学出版社，2020.

[20] Maurice A. Biot. General Theory of Three-Dimensional Consolidation[J]. Journal of Applied Physics，1941，12(2)：155-164.

[21] Jonathan Saul Caine，James P. Evans，Craig B. Forster. Fault Zone Architecture and Permeability Structure[J]. Geology，1996，24(11)：1025-1028.

[22] 白剑锋，翟博文．二氧化碳驱油与埋存安全环境技术论文集[M]．北京：石油工业出版社，2021.

[23] 张士岩．考虑断层活化的 CO_2 地质封存流体泄漏及交换机理研究[D]．青岛：中国石油大学(华东)，2019.

[24] Werner Mischa，Sutter Daniel，Kraettli Andreas，et al. A Physical Model for Geological CO_2 Storage-Re-